绿色建筑设计技术要点

赵 民 编著

中国建筑工业出版社

图书在版编目（CIP）数据

绿色建筑设计技术要点/赵民编著．—北京：中国建筑工业出版社，2021.5

ISBN 978-7-112-26168-0

Ⅰ.①绿…　Ⅱ.①赵…　Ⅲ.①生态建筑－建筑设计　Ⅳ.①TU201.5

中国版本图书馆 CIP 数据核字（2021）第 096707 号

责任编辑：张文胜
责任校对：张　颖

绿色建筑设计技术要点

赵　民　编著

*

中国建筑工业出版社出版、发行（北京海淀三里河路 9 号）

各地新华书店、建筑书店经销

唐山龙达图文制作有限公司制版

北京同文印刷有限责任公司印刷

*

开本：787 毫米×1092 毫米　1/16　印张：16½　字数：410 千字
2021 年 5 月第一版　　2021 年 5 月第一次印刷
定价：**58.00** 元

ISBN 978-7-112-26168-0
(37580)

序　言

　　当前，我国正处于快速城镇化进程阶段，每年新建建筑面积 15 亿～20 亿 m²，据专家预测，最终城镇化率可能达到 65％～70％。降低产业碳排放是应对全球气候变化的重要手段，我国目前工业与交通领域所占碳排放比例正在递减，而建筑领域碳排放比例未来则可能达到我国总排放量的 50％左右。2020 年 9 月 22 日，习近平总书记在第七十五届联合国大会一般性辩论会上指出，中国将提高国家自主贡献力度，采取更加有力的政策和措施，二氧化碳排放力争于 2030 年前达到峰值，努力争取 2060 年前实现碳中和。紧紧抓住国家推进碳达峰、碳中和、新型城镇化、生态文明建设的重要战略机遇期，全面落实适用、经济、绿色、美观的新时期建筑方针，促进城镇建设向绿色、循环、低碳发展转型，是建筑行业当前面临的重要任务。

　　我们知道，建筑全生命周期包含建材生产、建材运输、建筑施工、建筑运营、建筑维修、建筑拆解和废弃物处理七个环节，而设计过程对建材的选择、施工、运营乃至维修都是至关重要的。2006 年我国首部《绿色建筑评价标准》实施至今经历了两次修订，目前正在实施的是 2019 年版，内容更加丰富，不同专业的绿色设计要求分散在多个章节中，这对不同专业人员全面了解和设计绿色建筑提出了更高的要求。因此，在实施《绿色建筑评价标准》的过程中，常有设计中疏漏绿色要求的现象。同时，《绿色建筑评价标准》中的各条款内容与设计规范之间的关系如何衔接，是哪本设计规范提出的要求以及规范中的具体要求又是什么等这一系列问题都困扰着设计人员，各种规范需要来回翻查也十分麻烦。本书针对这些问题，让不同专业人员快速掌握本专业所涉及的绿色设计要求和设计规范的详细规定，可方便设计人员根据工程项目的特点采取适宜的绿色技术。

　　赵民博士，自多年前认识后就成了我的忘年交。他为人热情，对绿色建筑尤为热爱，在中国建筑西北设计研究院承担了大量绿色建筑设计与工程咨询，在本单位和陕西当地一直积极推动绿色建筑发展。今天我很高兴他能从设计人员的视角出发，打通《绿色建筑评价标准》和相关设计规范之间的障碍，让设计人员快速、全面了解绿色建筑的要求，以促进我国绿色建筑的发展。

中国城市科学研究会绿色建筑与节能专业委员会主任委员

首部《绿色建筑评价标准》主编

前 言

　　随着我国生态文明建设和建筑科技的快速发展，我国绿色建筑也在快速蓬勃发展，自2006年我国首部《绿色建筑评价标准》GB/T 50378—2006（以下简称2006版）发布至今，期间经历两次修订，分别是《绿色建筑评价标准》GB/T 50378—2014（以下简称2014版）和《绿色建筑评价标准》GB/T 50378—2019（以下简称2019版）。目前实施的2019版《绿色建筑评价标准》是于2019年8月1日起开始实施的，相对于2006版和2014版的标准，2019版标准中涉及了更多的绿色建筑技术，并将原"四节一环保"的章节设置改为了安全耐久、健康舒适、生活便利、资源节约、环境宜居五个章节。五个章节中分别涉及了不同的专业内容，专业涉及面更加全面，专业内容分布更加分散，为了让不同专业的设计人员及相关从业人员更快、更好地全面了解本专业所涉及的绿色建筑内容，编制了《绿色建筑设计技术要点》（以下简称《技术要点》），以帮助设计院的各专业设计人员进行绿色建筑设计。同时，本书通过绿色建筑实践案例，为设计师及相关人员提供案例参考。

　　本《技术要点》对2019版《绿色建筑评价标准》中所有涉及专业的条文均按照专业划分编排。全书共分为13章，第1章简要阐述了绿色建筑设计的基本要求，包括绿色设计方法、绿色设计策划和星级指标的规定。第2～10章，分别从规划、建筑、结构、给水排水、暖通、电气、弱电、室内装修、景观9个专业，罗列了各专业在2019版《绿色建筑评价标准》中涉及的控制项及得分项条文，每个条文按照设计要点进行阐述。设计要点主要阐述了该条文涉及的国家标准、规范、导则、图集及其设计方法、实现途径。章节编号中的字母"G、A、S、P、H、E、T、I、L"分别代表"规划总图（General Drawing）、建筑（Architecture）、结构（Structure）、给水排水（Pipe）、暖通（Heating, Ventilation and Air Conditioning）、电气（Electric）、弱电（Telecommunications）、室内装修（Interior decoration）、景观（Landscape）"。第11章阐述了项目在施工及运营阶段需完成的绿色建筑技术要点。第12章结合住宅建筑和公共建筑的不同特点，根据绿色建筑评价标准不同星级要求，建立绿色建筑技术体系，其中"★、★★、★★★"标注的条文内容分别为一、二、三星级对应的优先推荐采用的绿色建筑技术。第13章是案例介绍。附录部分罗列了绿色建筑国家相关政策、绿色建筑国家相关政策、可再生能源应用政策要求、装配式建筑政策要求。第2～11章的"设计要点"引用了相关标准规范的原文（楷体部分），为了方便读者阅读，保留了其原文的体例格式以及章节、图表编号等。

　　本书由中国建筑西北设计研究院有限公司（以下简称中建西北院）教授级高级工程师赵民编著，在编制的过程中，俞超男工程师做了大量的文字汇总和编辑工作；康维斌工程师、李杨工程师、郭若妍工程师以及研究生刘磊等做了大量的资料整理和收集工作。赵民负责全书的审定及统稿工作。

　　本书服务全国各设计单位的全专业（规划、建筑、结构、给水排水、暖通、电气、景观、装修）设计人员，也可供从事绿色建筑咨询、节能服务人员，建设、运营管理者以及高校师生等参考。

　　本书是中建西北院科研业务建设绿色建筑相关课题的一项成果，得到中建西北院领导的指导和大力支持，在此衷心感谢！同时，本书得到了中国建筑工业出版社的支持和帮助，在此深表感谢！

　　由于时间仓促，作者水平有限，书中难免有疏漏和不足之处，恳请读者批评指正，提出宝贵意见。

目　录

第 1 章　绿色建筑设计基本要求

1.1　绿色设计方法

1.1.1　传统的建筑设计现状和特点

在我国，传统的建筑策划和方案设计一般是由建筑师与业主两方进行沟通完成的，在这个过程中，建筑师以建筑形体美学和使用功能为导向，以满足业主需求为目标，因此在建筑方案创作过程中，主要是与业主确定建筑的外观形式、建筑布局和基本功能等。在建筑方案确定之后，建筑师开始组织设计团队：规划、结构、给水排水、暖通、电气、景观等专业，开始进行初步设计或直接进入施工图设计阶段，此时项目的形式和要求已经基本确定，各专业只是在现有条件下，满足已经确定好的设计目标，完成"定型"设计（见图 1.1-1）。

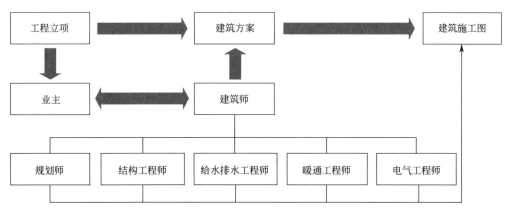

图 1.1-1　传统设计过程结构图

传统的设计过程是一种正向线性过程和顺序思维，这种方式以建筑师为核心，其他专业工程师主要起配合作用，项目的品质由业主和建筑师的认识水平来决定，当业主要求发生变化时，由建筑师修改设计，再由其他工程师做相应修改，这种设计形式具有以下特点：

（1）项目的决策和目标主要由业主和建筑师决定。

（2）项目初始方案阶段，各专业工程师没有机会与业主交流，各专业工程师一般在方案确定后才开始接触项目。

（3）项目初期缺少专业间的相互交流和合作。项目的最优化受到一定的限制。

（4）传统建筑设计方法注重前期成本，对运行成本和建筑寿命周期内的能耗关注很少。

（5）项目在设计的中、后期提高绿色建筑性能时，受约因素大，有些目标无法实现，有些目标带来很大的增量成本，设计时间也会相应增加。

1.1.2 绿色设计的特点

绿色建筑追求人与环境的协调，在最小的能源消耗下，使建筑对环境的影响最小，并营造最好的环境，为人们提供健康高效的空间，满足人与自然的和谐共生。绿色设计追求在健康舒适的条件下，建筑全寿命周期内能源消耗最小，因此绿色建筑的形成是建筑美学、建筑功能、环境设计等系统设计的合力（见图1.1-2）。

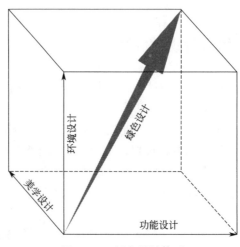

图 1.1-2 绿色设计体系

1.1.3 绿色设计方法

绿色设计方法是指从项目方案、策划阶段开始，就组建绿色设计的专业团队，依靠多专业之间的协作配合，通过不同专业对项目的认识和理解，全面认识项目，共同完成项目的设计过程。绿色设计方法与传统设计方法相比，在项目实施的整个过程中，采用不断迭代、循环反馈的思维方式，在明确最终设计目标后，从建筑的整个生命周期的视野高度，进行一次性的整体设计（见图1.1-3）。

绿色设计方法要求在项目的方案或策划时，就由尽量多的团队成员：建筑、规划、结构、给水排水、暖通、电气、智能化、景观、经济以及绿色建筑咨询顾问等方面的人员加入，并开始协作配合。

绿色设计过程中，业主的角色很重要，业主不仅要与建筑师频繁接触，同时也要与其他专业人员不断交流；建筑师不仅仅顾及业主的想法和要求，也是一个专业团队的领导核心。各专业人员在项目方案初期就进入角色，通过与业主的沟通，各专业工程师可以了解业主的要求，同时各专业工程师将最新的理念和适宜的技术灌输给业主，业主在全面了解各专业的信息背景下，可以对项目做出更好的决策，避免设计后期出现大量变更。各专业工程师通过合作、分享各自对项目的理解和认识，使项目设计高效，同时也控制了建造成本。

与传统设计方法比较，绿色设计方法有如下特点：

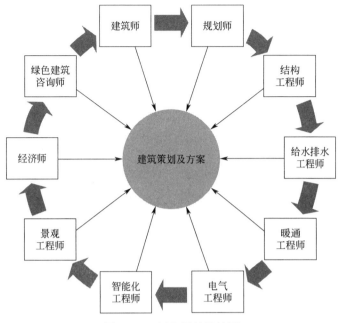

图 1.1-3　绿色设计结构图

（1）项目的决策不是来自业主和建筑师，而是整个团队。

（2）团队的各专业工程师在项目的最初阶段就进入到项目中。

（3）从方案开始各专业人员就进行紧密配合和交流。

（4）项目目标在初期方案设计阶段就已确定，为实现项目最优化创造了客观条件。

（5）绿色设计方法按绿色建筑的目标完成，关注的是项目全寿命周期内的成本最低，而不是传统设计仅注重前期成本。

（6）项目在开始时就确定了合理的绿色建筑目标，因此不会出现后期意外的增量成本。

1.2　绿色设计策划

　　绿色设计在项目初始阶段首先应进行绿色设计策划，绿色设计团队中各专业成员应与业主进行充分沟通，让业主了解绿色建筑的基本内容和要求，通过绿色设计策划确定项目的定位、建设目标及对应的技术策略、增量成本与效益等。

【设计要点】

《民用建筑绿色设计规范》JGJ/T 229—2010

4.2.1　绿色设计策划应包括下列内容：

1　前期调研；

2　项目定位与目标分析；

3　绿色设计方案；

4　技术经济可行性分析。

4.2.2 前期调研应包括下列内容：

1 场地调研：包括地理位置、场地生态环境、场地气候环境、地形地貌、场地周边环境、道路交通和市政基础设施规划条件等；

2 市场调研：包括建设项目的功能要求、市场需求、使用模式、技术条件等；

3 社会调研：包括区域资源、人文环境、生活质量、区域经济水平与发展空间、公众意见与建议、当地绿色建筑激励政策等。

4.2.3 项目定位与目标分析应包括下列内容：

1 明确项目自身特点和要求；

2 明确达到现行国家标准《绿色建筑评价标准》GB/T 50378 或其他绿色建筑相关标准的相应等级或要求；

3 确定适宜的实施目标，包括节地与室外环境的目标、节能与能源利用的目标、节水与水资源利用的目标、节材与材料资源利用的目标、室内环境质量的目标、运行管理的目标等。

4.2.4 绿色设计方案的确定宜符合下列要求：

1 优先采用被动设计策略；

2 选用适宜、集成技术；

3 选用高效能建筑产品和设备；

4 当实际条件不符合绿色建筑目标时，可采取调节、平衡与补偿措施。

4.2.5 技术经济可行性分析应包括下列内容：

1 技术可行性分析；

2 经济效益、环境效益与社会效益分析；

3 风险评估。

1.3 绿色建筑星级指标规定

2019 版《绿色建筑评价标准》将绿色建筑分为 4 个等级，并按绿色建筑不同星级等级提出了相应规定，具体如下：

1.3.1 绿色建筑划分为基本级、一星级、二星级、三星级 4 个等级。

1.3.2 绿色建筑星级等级应按下列规定确定：

1 当满足《绿色建筑评价标准》GB/T 50378—2019 全部控制项要求时，绿色建筑等级为基本级；

2 一星级、二星级、三星级 3 个等级的绿色建筑均应满足《绿色建筑评价标准》GB/T 50378—2019 全部控制项的要求，且每类指标的评分项得分不应低于其评分项满分值的 30%；

3 一星级、二星级、三星级 3 个等级的绿色建筑均应进行全装修，全装修工程质量、选用材料及产品质量应符合国家现行有关标准的规定。

第2章 规　　划

2.1　控制项

【条文】G.1.1　场地应避开滑坡、泥石流等地质危险地段，易发生洪涝地区应有可靠的防洪涝基础措施；场地应无危险化学品、易燃易爆危险源的威胁，应无电磁辐射、含氡土壤的危害。

　　注：本条对应2019版《绿色建筑评价标准》安全耐久，第4.1.1条。

【设计要点】

1.《防洪标准》GB 50201—2014

3.0.2　各类防护对象的防洪标准应根据经济、社会、政治、环境等因素对防洪安全的要求，统筹协调局部与整体、近期与长远及上下游、左右岸、干支流的关系，通过综合分析论证确定。有条件时，进行不同防洪标准所可能减免的洪灾经济损失与所需的防洪费用的对比分析。

2.《城市防洪工程设计规范》GB/T 50805—2012

1.0.3　城市防洪工程建设，应以所在江河流域防洪规划、区域防洪规划、城市总体规划和城市防洪规划为依据，全面规划、统筹兼顾，工程措施与非工程措施相结合，综合治理。

3.《城市抗震防灾规划标准》GB 50413—2007

1.0.3　城市抗震防灾规划应贯彻"预防为主，防、抗、避、救相结合"的方针，根据城市的抗震防灾需要，以人为本、平灾结合、因地制宜、突出重点、统筹规划。

4.《城市居住区规划设计标准》GB 50180—2018

3.0.2　所住区应选择在安全、适宜居住的地段进行建设，并符合下列规定与危险化学品及易燃易爆品等危险源的距离必须满足有关安全的规定。

5.《电磁环境控制限值》GB 8702—2014

5　豁免范围

　　从电磁环境保护角度，下列产生电场、磁场、电磁场的设施（设备）可免于管理：

　　——100kV以下电压等级的交流输变电设施。

　　——向没有屏蔽空间发射0.1MHz～300GHz电磁场的，其等效辐射功率小于表2所列数值的设施（设备）。

表2　可豁免设施（设备）的等效辐射功率

频率范围（MHz）	等效辐射功率（W）
0.1～3	300
>3～300000	100

6.《民用建筑工程室内环境污染控制标准》GB 50325—2020

4.1.1 新建、扩建的民用建筑工程，设计前应对建筑工程所在城市区域土壤中氡浓度或土壤表面氡析出率进行调查，并提交相应的调查报告。未进行过区域土壤中氡浓度或土壤表面氡析出率测定的，应对建筑场地土壤中氡浓度或土壤氡析出率进行测定，并提供相应的检测报告。

【条文】G.1.2 建筑、室外场地、公共绿地、城市道路相互之间应设置连贯的无障碍步行系统。

　　注：本条对应2019版《绿色建筑评价标准》生活便利，第6.1.1条。

【设计要点】

国家标准图集《无障碍设计》12J926

表3　无障碍设施技术要点一览表

无障碍设施	技术要点
缘石坡道	1. 坡面应平整、防滑，坡面材料宜选用透水砖、水泥砖、彩色沥青混凝土、预制混凝土砖、花岗岩板材等； 2. 坡道坡口与车行道之间高差应≤10mm； 3. 全宽式单面坡缘石坡道坡度≤1∶20，坡面宽度应与人行道相同； 4. 三面坡缘石坡道坡度≤1∶12，正面坡道坡口宽度≥1.20m； 5. 其他形式坡道坡度≤1∶12，坡口宽度≥1.50m
无障碍出入口	1. 出入口地面应平整、防滑，室外地面滤水箅子孔洞宽度≤15mm； 2. 平坡出入口地面坡度应≤1∶20，当场地条件好时，应宜≤1∶30； 3. 门开启后平台深度≥1.50m。入口设两道门时，同时开启后距离≥1.50m
轮椅坡道	1. 轮椅坡道坡面应平整、防滑、无反光，不宜设防滑条或礓磋，坡面材料可选用细石混凝土面层、环氧防滑涂料面层、水泥防滑面层、地砖面层、花岗岩面层等； 2. 轮椅坡道宜设计成直线形、直角形或折返形。坡道净宽应≥1.00m。无障碍出入口的轮椅坡道宽度应≥1.20m； 3. 轮椅坡道高度≥300mm，且坡度＞1∶20时，应两侧设扶手，扶手应连贯，起点、终点和中间休息平台的水平长度≥1.50m； 4. 轮椅坡道临空侧应设置高度≥50mm安全挡台或设置与地面空隙不大于100mm的斜向栏杆
无障碍通道、门	1. 无障碍通道应连续，地面应平整、防滑、反光小，不宜设厚地毯； 2. 室内通道宽度≥1.20m，人多或公建通道宽度宜≥1.80m，室外通道宜≥1.50m，检票口、结算口等通道宽度≥0.9m； 3. 斜向自动扶梯、楼梯等下部空间，净空高度＜2.00m处，应设安全挡牌 1. 平开门、推拉门、折叠门开启后的净宽≥800m，有条件时宜≥900mm；自动门开启净宽≥1.00m； 2. 门扇内外应留有直径≥1.50m的轮椅回转空间；单扇平开门、推拉门、折叠门门把手一侧墙面应有≥400mm的墙面，距地900mm设门把手，距地350mm范围内宜安装护门板
无障碍楼梯、台阶	1. 踏面平整、防滑，距踏步起点和终点250mm～300mm处宜设提示盲道，不应采用无踢面和直角形突缘的踏步； 2. 楼梯两侧均做扶手，栏杆式楼梯下方设≥50mm的安全挡台； 3. 三级及三级以上的台阶应在两侧设扶手
扶手	1. 扶手材质宜选用防滑、热惰性指标好的材料，如不锈钢管、尼龙、树脂等，扶手应安装牢固。圆形扶手直径为35～50mm，矩形扶手截面扶手尺寸为35～50mm，拉拔力≥1.0kN； 2. 上层扶手高度850～900mm，下层扶手高度650～700mm；扶手应连贯，靠墙扶手的起点和终点处水平延伸≥300mm，扶手向墙面延伸或末端向下≥100mm； 3. 扶手内侧距墙面应≥40mm

【条文】G.1.3 场地人行出入口500m内应设有公共交通站点或配备联系公共交通站点的专用接驳车。

　　注：本条对应2019版《绿色建筑评价标准》生活便利，第6.1.2条。

【设计要点】

《城市居住区规划设计标准》GB 50180—2018

附录 C 居住区配套设施规划建设控制要求

类别	设施名称	设置要求
交通场站	轨道交通站点	服务半径不宜大于800m
	公交车站	服务半径不宜大于500m

【条文】G.1.4 停车场应具有电动汽车充电设施或具备充电设施的安装条件，并应合理设置电动汽车和无障碍汽车停车位。

注：本条对应2019版《绿色建筑评价标准》生活便利，第6.1.3条。

【设计要点】

1. 《无障碍设计规范》GB 50763—2012

7.3.3 居住区停车场和车库的总停车位应设置不少于0.5%的无障碍机动车停车位，若设有多个停车场和车库，宜每处设置不少于1个无障碍机动车停车位；地面停车场的无障碍机动车停车位宜靠近停车场的出入口设置。

8.1.2 公共建筑，建筑基地内总停车数在100辆以下时应设置不少于1个无障碍机动车停车位，100辆以上时应设置不少于总停车数1%的无障碍机动车停车位。

2. 《电动汽车充电基础设施发展指南（2015—2020年）》

各地要将充电基础设施专项规划的有关内容纳入城乡规划，完善独立占地的充电基础设施布局，明确各类建筑物配建停车场及社会公共停车场中充电设施的建设比例或预留条件要求。原则上，新建住宅配建停车位应100%建设充电基础设施或预留建设安装条件，大型公共建筑物配建停车场、社会公共停车场建设充电基础设施或预留建设安装条件的车位比例不低于10%，每2000辆电动汽车应至少配套建设一座公共充电站。

【条文】G.1.5 自行车停车场所应位置合理、方便出入。

注：本条对应2019版《绿色建筑评价标准》生活便利，第6.1.4条。

【设计要点】

《城市停车规划规范》GB/T 51149—2016

5.1.5 非机动车单个停车位建筑面积宜采用1.5m^2～1.8m^2。

5.2.13 建筑物配建非机动车停车场应采用分散与集中相结合的原则就近设置在建筑物出入口附近，且地面停车位规模不应小于总规模的50%。

【条文】G.1.6 建筑规划布局应满足日照标准，且不得降低周边建筑的日照标准。

注：本条对应2019版《绿色建筑评价标准》环境宜居，第8.1.1条。

【设计要点】

《城市居住区规划设计规范》GB 50180—2018

4.0.9 住宅建筑的间距应符合表4.0.9的规定；对特定情况，还应符合下列规定：

1 老年人居住建筑日照标准不应低于冬至日日照时数2h；

2 在原设计建筑外增加任何设施不应使相邻住宅原有日照标准降低，既有住宅建进行无障碍改造加装电梯除外；

  3 旧区改建项目内新建住宅建筑日照标准不应低于大寒日日照时数 1h。

表 4.0.9   住宅建筑日照标准

建筑气候区划	Ⅰ、Ⅱ、Ⅲ、Ⅶ气候区		Ⅳ气候区		Ⅴ、Ⅵ气候区
城区常住人口(万人)	≥50	<50	≥50	<50	无限定
日照标准日	大寒日				冬至日
日照时数(h)	≥2		≥3		≥1
有效日照时间带(当地真太阳时)	8时～16时				9时～15时
计算起点	底层窗台面				

  注：底层窗台面是指距室内地坪 0.9m 高的外墙位置。

【条文】G.1.7 室外热环境应满足国家现行有关标准的要求。

  注：本条对应 2019 版《绿色建筑评价标准》环境宜居，第 8.1.2 条。

【设计要点】

《城市居住区热环境设计标准》JGJ 286—2013

2.1.4   迎风面积比

  建筑物在设计风向上的迎风面积与最大可能迎风面积的比值。

2.1.5   平均迎风面积比

  居住区或设计地块范围内各个建筑物的迎风面积比的平均值。

3.3.1   当进行评价性设计时，应采用逐时湿球黑球温度和平均热岛强度作为居住区热环境的设计指标，设计指标应符合下列规定：

  1 居住区夏季逐时湿球黑球温度不应大于 33℃；

  2 居住区夏季平均热岛强度不应大于 1.5℃。

4.1.1   居住区的夏季平均迎风面积比应符合表 4.1.1 的规定。

表 4.1.1   居住区的夏季平均迎风面积比（ζ_s）限值

建筑气候区	Ⅰ、Ⅱ、Ⅵ、Ⅶ建筑气候区	Ⅲ、Ⅴ建筑气候区	Ⅳ建筑气候区
平均迎风面积比(ζ_s)	≤0.85	≤0.80	≤0.70

4.1.4   在Ⅲ、Ⅳ、Ⅴ建筑气候区，当夏季主导风向上的建筑物迎风面宽度超过 80m 时，该建筑底层的通风架空率不应小于 10%。当不满足本条文要求时，居住区的夏季逐时湿球黑球温度和夏季平均热岛强度应符合本标准第 3.1.1 条的规定。

4.2.1   居住区夏季户外活动场地应有遮阳，遮阳覆盖率不应小于表 4.2.1 的规定。

表 4.2.1   居住区活动场地的遮阳覆盖率限值（％）

场地	建筑气候区	
	Ⅰ、Ⅱ、Ⅵ、Ⅶ	Ⅲ、Ⅳ、Ⅴ
广场	10	25
游憩场	15	30
停车场	15	30
人行道	25	50

4.3.1 居住区户外活动场地和人行道路地面应有雨水渗透与蒸发能力，渗透与蒸发指标不应低于表4.3.1的规定。当不满足本条文要求时，居住区的夏季逐时湿球黑球温度和夏季平均热岛强度应符合本标准第3.3.1条的规定。

表4.3.1 居住区地面的渗透与蒸发指标

地面	Ⅰ、Ⅱ、Ⅵ、Ⅶ建筑气候区			Ⅲ、Ⅳ、Ⅴ建筑气候区		
	渗透面积比率 β(%)	地面透水系数 k(mm/s)	蒸发量 m [kg/(m²·d)]	渗透面积比率 β(%)	地面透水系数 k(mm/s)	蒸发量 m [kg/(m²·d)]
广场	40	3	1.6	50	3	1.3
游憩场	50			60		
停车场	60			70		
人行道	50			60		

4.4.1 城市居住区详细规划阶段热环境设计时，居住区应做绿地和绿化，绿地率不应低于30%，每100m²绿地上不少于3株乔木。

4.4.2 居住区内建筑屋面的绿化面积不应低于可绿化屋面面积的50%。当不满足本条文要求时，居住区的夏季逐时湿球黑球温度和夏季平均热岛强度应符合本标准第3.3.1条的规定。

【条文】G.1.8 建筑内外均应设置便于识别和使用的标识系统。

注：本条对应2019版《绿色建筑评价标准》环境宜居，第8.1.5条。

【设计要点】

《公共建筑标识系统技术规范》GB/T 51223—2017

3.1 标识及标识系统

3.1.1 公共建筑标识分类应符合表3.1.1的要求。

表3.1.1 公共建筑标识分类

序号	分类方式	标识类别
1	传递信息的属性	引导类标识、识别类标识、定位类标识、说明类标识、限制类标识
2	标识本体设置安装方式	附着式标识、吊挂式标识、悬挑式标识、落地式标识、移动式标识、嵌入式标识
3	显示方式	静态标识、动态标识
4	感知方式	视觉标识、听觉标识、触觉标识、感应标识、交互式标识
5	设置时效	长期式标识、临时性标识

3.1.2 公共建筑标识分类应符合表3.1.2的要求。

表3.1.2 公共建筑标识系统分类

序号	分类方式	表示系统识别
1	所在空间的位置	室外空间标识系统、导入/导出空间标识系统、交通空间标识系统、核心功能空间标识系统、辅助功能空间标识系统
2	使用对象	人行导向标识系统、车行导向标识系统
3	构成形式	点状形式标识系统、线状形式标识系统、枝状形式标识系统、环状形式标识系统、复合形式标识系统

3.1.3 公共建筑标识系统应包括导向标识系统和非导向标识系统。导向标识系统的构成应符合表 3.1.3 的规定。

表 3.1.3 导向标识系统构成及功能

序号	系统构成		功能	设置范围
1	通行导向标识系统	人行导向标识系统	引导使用者进入、离开及转换公共建筑区域空间	临近公共建筑的道路、道路平面交叉口、公共交通设施至公共建筑的空间，以及公共建筑附近的城市规划建筑红线内外区域及地面出入口、内部交通空间等
		车行导向标识系统		
2	服务导向标识系统		引导使用者利用公共建筑服务功能	公共建筑所有使用空间
3	应急导向标识系统		在突发事件下引导使用者应急疏散	公共建筑所有使用空间

3.1.4 人行和车行导向标识系统宜由引导类标识、识别类标识、定位类标识、说明类标识、限制类标识构成。

3.1.5 公共建筑标识系统宜使用图形、符号、文字、数字、色彩、明暗、声音听觉显示和言语听觉显示等多种构成元素。

3.2 公共建筑标识系统设置

3.2.1 公共建筑用地红线范围内的室外和室内空间均应进行公共建筑导向标识系统的专项设计。

3.2.2 公共建筑导向标识系统应包括无障碍标识系统。

3.2.3 公共建筑标识系统的设计使用年限应根据标识系统的安全、功能、用途、位置，以及建筑物规模、等级和重要程度等，并综合考虑经济成本，合理确定。

长期性标识版面的工艺材料设计使用年限不宜少于 5 年，长期性标识本体结构的设计使用年限不宜少于 10 年。

3.2.4 公共建筑标识系统的设置应综合考虑使用者的需求，对公共建筑物的物业管理、空间功能、环境空间、建筑流线等方面进行整体规划布局。当需求功能及设置条件发生变化时，应及时增减、调换、更新标识。

3.2.5 公共建筑导向标识系统的设计应根据服务对象的人机工程学参数，合理确定标识的点位、空间位置、型式和版面。

3.2.6 当视觉标识设计需要满足高龄使用者及弱视群体需求时，应在字号、字距、边距、行距、色彩对比度和版式设计方面作相应强化设计。

3.2.7 公共建筑的无障碍设施，应设置相应的无障碍标识。无障碍标识宜采用无障碍通用设计的技术和产品。

3.2.8 标识系统应定期开展维护和保养，发现损毁、灭失、缺少的标识应及时修复和补充。

3.2.9 应急导向标识系统的设置，应符合现行国家标准《应急导向系统 设置原则与要求》GB/T 23809 和《消防应急照明和疏散指示系统》GB 17945 的规定。

【条文】 **G.1.9** 场地内不应有排放超标的污染源。

　　注：本条对应 2019 版《绿色建筑评价标准》环境宜居，第 8.1.6 条。

【设计要点】

1.《大气污染物综合排放标准》GB 16297—1996

5 排放速率标准分级

本标准规定的最高允许排放速率，现有污染源分为一、二、三级，新污染源分为二、三级。按污染源所在的环境空气质量功能区类别，执行相应级别的排放速率标准，即：位于一类区的污染源执行一级标准（一类区禁止新、扩建污染源，一类区现有污染源改建时执行现有污染源的一级标准）；

位于二类区的污染源执行二级标准；

位于三类区的污染源执行三级标准。

6.2 1997年1月1日起设立（包括新建、扩建、改建）的污染源（以下简称为新污染源）执行表2所列标准值。

表2 新污染源大气污染物排放限值

序号	污染物	最高允许排放浓度（mg/m³）	最高允许排放速率(kg/h)			无组织排放监控浓度限值	
			排气筒高度(m)	二级	三级	监控点	浓度（mg/m³）
1	二氧化硫	960（硫、二氧化硫、硫酸和其他含硫化合物生产）	15	2.6	3.5	周界外浓度最高点[1]	0.40
			20	4.3	6.6		
			30	15	22		
		550（硫、二氧化硫、硫酸和其他含硫化合物生产）	40	25	38		
			50	39	58		
			60	55	83		
			70	77	120		
			80	110	160		
			90	130	200		
			100	170	270		
2	氮氧化物	1400（硝酸、氮肥和火炸药生产）	15	0.77	1.2	周界外浓度最高点	0.12
			20	1.3	2.0		
			30	4.4	6.6		
			40	7.5	11		
		240（硝酸使用和其他）	50	12	18		
			60	16	25		
			70	23	35		
			80	31	47		
			90	40	61		
			100	52	78		
3	颗粒物	18（炭黑尘、染料尘）	15	0.15	0.74	周界外浓度最高点	1.0
			20	0.85	1.3		
			30	3.4	5.0		
			40	5.8	8.5		
		60[2]（玻璃棉尘、石英粉尘、矿渣棉尘）	15	1.9	2.6	周界外浓度最高点	1.0
			20	3.1	4.5		
			30	12	18		
			40	21	31		

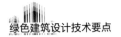

绿色建筑设计技术要点

续表

序号	污染物	最高允许排放浓度 (mg/m³)	最高允许排放速率(kg/h)			无组织排放监控浓度限值	
			排气筒高度(m)	二级	三级	监控点	浓度 (mg/m³)
3	颗粒物	120 (其他)	15	3.5	5.0	周界外浓度最高点	1.0
			20	5.9	8.5		
			30	23	34		
			40	39	59		
			50	60	94		
			60	85	130		
4	氟化氢	100	15	0.26	0.39	周界外浓度最高点	0.20
			20	0.43	0.65		
			30	1.4	2.2		
			40	2.6	3.8		
			50	3.8	5.9		
			60	5.4	8.3		
			70	7.7	12		
			80	10	16		
5	铬酸雾	0.070	15	0.008	0.012	周界外浓度最高点	0.0060
			20	0.013	0.020		
			30	0.043	0.066		
			40	0.076	0.12		
			50	0.12	0.18		
			60	0.16	0.25		
6	硫酸雾	430 (火炸药厂)	15	1.5	2.4	周界外浓度最高点	1.2
			20	2.6	3.9		
			30	8.8	13		
		45 (其他)	40	15	23		
			50	23	35		
			60	33	50		
			70	46	70		
			80	63	95		
7	氟化物	90 (普钙工业)	15	0.10	0.15	周界外浓度最高点	20 (μg/m³)
			20	0.17	0.26		
			30	0.59	0.88		
		90 (其他)	40	1.0	1.5		
			50	1.5	2.3		
			60	2.2	3.3		
			70	3.1	4.7		
			80	4.2	6.3		
8	氯气[3]	65	25	0.52	0.78	周界外浓度最高点	0.40
			30	0.87	1.3		
			40	2.9	4.4		
			50	5.0	7.6		
			60	7.7	12		
			70	11	17		
			80	15	23		
9	铅及其化合物	0.70	15	0.004	0.006	周界外浓度最高点	0.0060
			20	0.006	0.009		
			30	0.027	0.041		

12

序号	污染物	最高允许排放浓度（mg/m³）	最高允许排放速率（kg/h）			无组织排放监控浓度限值	
			排气筒高度(m)	二级	三级	监控点	浓度（mg/m³）
9	铅及其化合物	0.70	40	0.047	0.071	周界外浓度最高点	0.0060
			50	0.072	0.11		
			60	0.10	0.15		
			70	0.15	0.22		
			80	0.20	0.30		
			90	0.26	0.40		
			100	0.33	0.51		
10	汞及其化合物	0.012	15	1.5×10^{-3}	2.4×10^{-3}	周界外浓度最高点	0.012
			20	2.6×10^{-3}	3.9×10^{-3}		
			30	7.8×10^{-3}	13×10^{-3}		
			40	15×10^{-3}	23×10^{-3}		
			50	23×10^{-3}	35×10^{-3}		
			60	33×10^{-3}	50×10^{-3}		
11	镉及其化合物	0.85	15	0.050	0.080	周界外浓度最高点	0.040
			20	0.090	0.13		
			30	0.29	0.44		
			40	0.50	0.77		
			50	0.77	1.2		
			60	1.1	1.7		
			70	1.5	2.3		
			80	2.1	3.2		
12	铍及其化合物	0.012	15	1.1×10^{-3}	1.7×10^{-3}	周界外浓度最高点	0.0008
			20	1.8×10^{-3}	2.8×10^{-3}		
			30	6.2×10^{-3}	9.4×10^{-3}		
			40	11×10^{-3}	16×10^{-3}		
			50	16×10^{-3}	25×10^{-3}		
			60	23×10^{-3}	35×10^{-3}		
			70	33×10^{-3}	50×10^{-3}		
			80	44×10^{-3}	67×10^{-3}		
13	镍及其化合物	4.3	15	0.15	0.24	周界外浓度最高点	0.040
			20	0.26	0.34		
			30	0.88	1.3		
			40	1.5	2.3		
			50	2.3	3.5		
			60	3.3	5.0		
			70	4.6	7.0		
			80	6.3	10		
14	锡及其化合物	8.5	15	0.31	0.47	周界外浓度最高点	0.24
			20	0.52	0.79		
			30	1.8	2.7		
			40	3.0	4.6		
			50	4.6	7.0		
			60	6.6	10		
			70	9.3	14		
			80	13	19		

序号	污染物	最高允许排放浓度（mg/m³）	最高允许排放速率(kg/h)			无组织排放监控浓度限值	
			排气筒高度(m)	二级	三级	监控点	浓度（mg/m³）
15	苯	12	15	0.50	0.80	周界外浓度最高点	0.40
			20	0.90	1.3		
			30	2.9	4.4		
			40	5.6	7.6		
16	甲苯	40	15	3.1	4.7	周界外浓度最高点	2.4
			20	5.2	7.9		
			30	18	27		
			40	30	46		
17	二甲苯	70	15	1.0	1.5	周界外浓度最高点	1.2
			20	1.7	2.6		
			30	5.9	8.8		
			40	10	15		
18	酚类	100	15	0.10	0.15	周界外浓度最高点	0.080
			20	0.17	0.26		
			30	0.58	0.88		
			40	1.0	1.5		
			50	1.5	2.3		
			60	2.2	3.3		
19	甲醛	25	15	0.26	0.39	周界外浓度最高点	0.20
			20	0.43	0.65		
			30	1.4	2.2		
			40	2.6	3.8		
			50	3.8	5.9		
			60	5.4	8.3		
20	乙醛	125	15	0.050	0.080	周界外浓度最高点	0.040
			20	0.090	0.13		
			30	0.29	0.44		
			40	0.50	0.77		
			50	0.77	1.2		
			60	1.1	1.6		
21	丙烯腈	22	15	0.77	1.2	周界外浓度最高点	0.60
			20	1.3	2.0		
			30	4.4	6.6		
			40	7.5	11		
			50	12	18		
			60	16	25		
22	丙烯醛	16	15	0.52	0.78	周界外浓度最高点	0.40
			20	0.87	1.3		
			30	2.9	4.4		
			40	5.0	7.6		
			50	7.7	12		
			60	11	17		
23	氰化氢[4]	1.9	25	0.15	0.24	周界外浓度最高点	0.024
			30	0.26	0.39		
			40	0.88	1.3		
			50	1.5	2.3		

序号	污染物	最高允许排放浓度（mg/m³）	最高允许排放速率(kg/h)			无组织排放监控浓度限值	
			排气筒高度(m)	二级	三级	监控点	浓度（mg/m³）
23	氰化氢[4)	1.9	60	2.3	3.5	周界外浓度最高点	0.024
			70	3.3	5.0		
			80	4.6	7.0		
24	甲醇	190	15	5.1	7.8	周界外浓度最高点	12
			20	8.6	13		
			30	29	44		
			40	50	70		
			50	77	120		
			60	100	170		
25	苯胺类	20	15	0.52	0.78	周界外浓度最高点	0.40
			20	0.87	1.3		
			30	2.9	4.4		
			40	5.0	7.6		
			50	7.7	12		
			60	11	17		
26	氯苯类	60	15	0.52	0.78	周界外浓度最高点	0.40
			20	0.87	1.3		
			30	2.5	3.8		
			40	4.3	6.5		
			50	6.6	9.9		
			60	9.3	14		
			70	13	20		
			80	18	27		
			90	23	35		
			100	29	44		
27	硝基苯类	16	15	0.050	0.080	周界外浓度最高点	0.040
			20	0.090	0.13		
			30	0.29	0.44		
			40	0.50	0.77		
			50	0.77	1.2		
			60	1.1	1.7		
28	氯乙烯	36	15	0.77	1.2	周界外浓度最高点	0.60
			20	1.3	2.0		
			30	4.4	6.6		
			40	7.5	11		
			50	12	18		
			60	16	25		
29	苯并[a]芘	0.3×10^{-3}（沥青及碳素制品生产和加工）	15	0.050×10^{-3}	0.08×10^{-3}	周界外浓度最高点	0.008（μg/m³）
			20	0.085×10^{-3}	0.13×10^{-3}		
			30	0.29×10^{-3}	0.43×10^{-3}		
			40	0.50×10^{-3}	0.76×10^{-3}		
			50	0.77×10^{3}	1.2×10^{-3}		
			60	1.1×10^{-3}	1.7×10^{-3}		
30	光气[5)	3.0	25	0.10	0.15	周界外浓度最高点	0.080
			30	0.17	0.26		
			40	0.59	0.88		
			50	1.0	1.5		

续表

序号	污染物	最高允许排放浓度 (mg/m³)	最高允许排放速率(kg/h)			无组织排放监控浓度限值	
			排气筒高度(m)	二级	三级	监控点	浓度 (mg/m³)
31	沥青烟	140 (吹制沥青)	15	0.18	0.27	生产设备不得明显的无组织排放存在	
			20	0.30	0.45		
			30	1.3	2.0		
		40 (熔炼、浸涂)	40	2.3	3.5		
			50	3.6	5.4		
		75 (建筑搅拌)	60	5.6	7.5		
			70	7.4	11		
			80	10	15		
32	石棉尘	1根(纤维)/cm³ 或 10mg/m³	15	0.55	0.83	生产设备不得明显的无组织排放存在	
			20	0.93	1.4		
			30	3.6	5.4		
			40	6.2	9.3		
			50	9.4	14		
33	非甲烷总烃	120 (使用溶剂汽油或其他混合烃类物质)	15	10	16	周界外浓度最高点	4.0
			20	17	27		
			30	53	83		
			40	100	150		

1) 周界外浓度最高点一般应设置在无组织排放源下风向的单位周界外10m范围内,若预计无组织排放的最大落地浓度越出10m范围,可将监控点移至该预计浓度最高点,详见附录C,下同。
2) 均指含游离二氧化硅超过10%以上的各种尘。
3) 排放氯气的排气筒不得低于25m。
4) 排放氰化氢的排气筒不得低于25m。
5) 排放光气的排气筒不得低于25m

7.4 新污染源的排气筒一般不应低于15m。若某新污染源的排气筒必须低于15m时,其排放速率标准值按7.3的外推计算结果再严格50%执行。

7.5 新污染源的无组织排放应从严控制,一般情况下不应有无组织排放存在,无法避免的无组织排放应达到表2规定的标准值。

7.6 工业生产尾气确需燃烧排放的,其烟气黑度不得超过林格曼1级。

2.《饮食业油烟排放标准》GB 18483—2001

4.2 饮食业单位油烟的最高允许排放浓度和油烟净化设施最低去除效率,按表2的规定执行。

表2 饮食业单位的油烟最高允许排放浓度和油烟净化设施最低去除效率

规模	小型	中型	大型
最高允许排放浓度(mg/m³)		2.0	
净化设施最低去除效率(%)	60	75	85

3.《车库建筑设计规范》JGJ 100—2015

3.2.8 地下车库排风口宜设于下风向,并应做消声处理。排风口不应朝向邻近建筑的可开启外窗;当排风口与人员活动场所的距离小于10m时,朝向人员活动场所的排风口底部距人员活动地坪的高度不应小于2.5m。

4. 《污水综合排放标准》GB 8978—1996

4.2 标准值

4.2.1 本标准将排放的污染物按其性质及控制方式分为二类。

4.2.1.1 第一类污染物，不分行业和污水排放方式，也不分受纳水体的功能类别，一律在车间或车间处理设施排放口采样，其最高允许排放浓度必须达到本标准要求（采矿行业的尾矿坝出水口不得视为车间排放口）。

4.2.1.2 第二类污染物，在排污单位排放口采样，其最高允许排放浓度必须达到本标准要求。

4.2.2 本标准按年限规定了第一类污染物和第二类污染物最高允许排放浓度及部分行业最高允许排水量，分别为：

4.2.2.2 1998年1月1日起建设（包括改、扩建）的单位，水污染物的排放必须同时执行表1、表4、表5的规定。

4.2.2.3 建设（包括改、扩建）单位的建设时间，以环境影响评价报告书（表）批准日期为准划分。

注：4.2.2.2条中表5是指"部分行业最高允许排水量"，涉及的行业为"矿山工业、焦化企业、有色金属冶炼及金属加工、石油炼制工业、合成洗涤剂工业"等工业领域，故该表未列入本书。

表1 第一类污染物最高允许排放浓度 单位：mg/L

序号	污染物	最高允许排放浓度
1	总汞	0.05
2	烷基汞	不得检出
3	总镉	0.1
4	总铬	1.5
5	六价铬	0.5
6	总砷	0.5
7	总铅	1.0
8	总镍	1.0
9	苯并(a)芘	0.00003
10	总铍	0.005
11	总银	0.5
12	总 α 放射性	1Bq/L
13	总 β 放射性	10Bq/L

表4 第二类污染物最高允许排放浓度（1998年1月1日后建设的单位） 单位：mg/L

序号	污染物	适用范围	一级标准	二级标准	三级标准
1	pH	一切排污单位	6～9	6～9	6～9
2	色度（稀释倍数）	一切排污单位	50	80	—
3	悬浮物(SS)	采矿、选矿、选煤工业	70	300	—
		脉金选矿	70	400	—
		边远地区砂金选矿	70	800	—
		城镇二级污水处理厂	20	30	—
		其他排污单位	70	150	400

序号	污染物	适用范围	一级标准	二级标准	三级标准
4	五日生化需氧量（BOD₅）	甘蔗制糖、芝麻脱胶、湿法纤维板、染料、洗毛工业	20	60	600
		甜菜制糖、酒精、味精、皮革、化纤浆粕工业	20	100	600
		城镇二级污水处理厂	20	30	—
		其他排污单位	20	30	300
5	化学需氧量（COD）	甜菜制糖、合成脂肪酸、湿法纤维板、染料、洗毛、有机磷农药	100	200	1000
		味精、酒精、医药原料药、生物制药、芝麻脱胶、皮革、化纤浆粕工业	100	300	1000
		石油化工工业（包括石油炼制）	60	120	500
		城镇二级污水处理厂	60	120	—
		其他排污单位	100	150	500
6	石油类	一切排污单位	5	10	20
7	动植物油	一切排污单位	10	15	100
8	挥发酚	一切排污单位	0.5	0.5	2.0
9	总氰化合物	一切排污单位	0.5	0.5	1.0
10	硫化物	一切排污单位	1.0	1.0	1.0
11	氨氮	医药原料药、染料、石油化工工业	15	50	—
		其他排污单位	15	25	—
12	氟化物	黄磷工业	10	15	20
		低氟地区（水体含氧量＜0.5mg/L）	10	20	30
		其他排污单位	10	10	20
13	磷酸盐（P）	一切排污单位	0.5	1.0	—
14	甲醛	一切排污单位	1.0	2.0	5.0
15	苯胺酸	一切排污单位	1.0	2.0	5.0
16	硝基苯类	一切排污单位	2.0	3.0	5.0
17	阴离子表面活性剂(LAS)	一切排污单位	5.0	10	20
18	总铜	一切排污单位	0.5	1.0	2.0
19	总锌	一切排污单位	2.0	5.0	5.0
20	总锰	合成脂肪酸工业	2.0	5.0	5.0
		其他排污单位	2.0	2.0	5.0
21	彩色显影剂	电影洗片	1.0	2.0	3.0
22	显影剂及氧化物总量	电影洗片	3.0	3.0	6.0
23	元素磷	一切排污单位	0.1	0.1	0.3
24	有机磷农药（以P计）	一切排污单位	不得检出	0.5	0.5

序号	污染物	适用范围	一级标准	二级标准	三级标准
25	乐果	一切排污单位	不得检出	1.0	2.0
26	对硫磷	一切排污单位	不得检出	1.0	2.0
27	甲基对硫磷	一切排污单位	不得检出	1.0	2.0
28	马拉硫磷	一切排污单位	不得检出	5.0	10
29	五氯酚及五氯酚钠	一切排污单位	5.0	8.0	10
30	可吸附有机卤化物（AOX）（以 Cl 计）	一切排污单位	1.0	5.0	8.0
31	三氯甲烷	一切排污单位	0.3	0.6	1.0
32	四氯甲烷	一切排污单位	0.03	0.06	0.5
33	三氯乙烯	一切排污单位	0.3	0.6	1.0
34	四氯乙烯	一切排污单位	0.1	0.2	0.5
35	苯	一切排污单位	0.1	0.2	0.5
36	甲苯	一切排污单位	0.1	0.2	0.5
37	乙苯	一切排污单位	0.4	0.6	1.0
38	邻-二甲苯	一切排污单位	0.4	0.6	1.0
39	对-二甲苯	一切排污单位	0.4	0.6	1.0
40	间-二甲苯	一切排污单位	0.4	0.6	1.0
41	氯苯	一切排污单位	0.2	0.4	1.0
42	邻-二氯苯	一切排污单位	0.4	0.6	1.0
43	对-二氯苯	一切排污单位	0.4	0.6	1.0
44	对-硝基氯苯	一切排污单位	0.5	1.0	5.0
45	2,4-二硝基氯苯	一切排污单位	0.5	1.0	5.0
46	苯酚	一切排污单位	0.3	0.4	1.0
47	间-甲酚	一切排污单位	0.1	0.2	0.5
48	2,4-二氯酚	一切排污单位	0.6	0.8	1.0
49	2,4,6-三氯酚	一切排污单位	0.6	0.8	1.0
50	邻苯二甲酸二丁酯	一切排污单位	0.2	0.4	2.0
51	邻苯二甲酸 L 二辛酯	一切排污单位	0.3	0.6	2.0
52	丙烯腈	一切排污单位	2.0	5.0	5.0
53	总硒	一切排污单位	0.1	0.2	0.5
54	粪大肠菌群数	医院*、兽医院及医疗机构含病原体污水	500 个/L	1000 个/L	5000 个/L
		传染病、结核病医院污水	100 个/L	500 个/L	1000 个/L

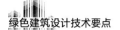

续表

序号	污染物	适用范围	一级标准	二级标准	三级标准
55	总余氯(采用氯化消毒的医院污水)	医院*、兽医院及医疗机构含病原体污水	<0.5**	>3(接触时间≥1h)	>2(接触时间≥1h)
		传染病、结核病医院污水	<0.5**	>6.5(接触时间≥1.5h)	>5(接触时间≥1.5h)
56	总有机碳(TOC)	合成脂肪酸工业	20	40	—
		苎麻脱胶工业	20	60	—
		其他排污单位	20	30	—

注:其他排污单位:指除在该控制项目中所列行业之外的一切排污单位。

　*指50个床位以上的医院。

　**加氯消毒后须进行脱氯处理,达到本标准。

5.《医疗机构水污染物排放标准》GB 18466—2005

4.1 污水排放标准

4.1.1 传染病和结核病医疗机构污水排放一律执行表1的规定。

4.1.2 县级及县级以上或20张床位及以上的综合医疗机构和其他医疗机构污水排放执行表2的规定。直接或间接排入地表水体和海域的污水执行排放标准,排入终端已建有正常运行城镇二级污水处理厂的下水道的污水,执行预处理标准。

表1 传染病、结核病医疗机构水污染物排放限值(日均值)

序号	控制项目	标准值
1	粪大肠菌群数/(MPN/L)	100
2	肠道致病菌	不得检出
3	肠道病毒	不得检出
4	结核杆菌	不得检出
5	pH	6-9
6	化学需氧量(COD) 浓度(mg/L) 最高允许排放负荷[g/(床位·d)]	 60 20
7	生化需氧量(BOD) 浓度(mg/L) 最高允许排放负荷[g/(床位·d)]	 20 20
8	悬浮物(SS) 浓度(mg/L) 最高允许排放负荷[g/(床位·d)]	 20 20
9	氨氮(mg/L)	15
10	动植物油(mg/L)	5
11	石油类(mg/L)	5
12	阴离子表面活性剂(mg/L)	5
13	色度(稀释倍数)	30
14	挥发酚(mg/L)	0.5

第 2 章 规划

续表

序号	控 制 项 目	标 准 值
15	总氰化物(mg/L)	0.5
16	总汞(mg/L)	0.05
17	总镉(mg/L)	0.1
18	总铬(mg/L)	1.5
19	六价铬(mg/L)	0.5
20	总砷(mg/L)	0.5
21	总铅(mg/L)	1.0
22	总银(mg/L)	0.5
23	总 A(Bq/L)	1
24	总 B(Bq/L)	10
25	总余氯[1),2)]/(mg/L) (直接排入水体的要求)	0.5

注:1) 采用含氯消毒剂消毒的工艺控制要求为:消毒接触池的接触时间≥1.5h,接触池出口总余氯6.5mg/L～10mg/L。
2) 采用其他消毒剂对总余氯不做要求

表 2　综合医疗机构和其他医院机构水污染物排放限值（日均值）

序号	控 制 项 目	排放标准	预处理标准
1	粪大肠菌群数(MPN/L)	500	5000
2	肠道致病菌	不得检出	—
3	肠道病毒	不得检出	—
4	pH	6～9	6～9
5	化学需氧量(COD) 　　　浓度(mg/L) 　　　最高允许排放负荷[g/(床位·d)]	60 60	250 250
6	生化需氧量(BOD) 　　　浓度(mg/L) 　　　最高允许排放负荷[g/(床位·d)]	20 20	100 100
7	悬浮物(SS) 　　　浓度(mg/L) 　　　最高允许排放负荷[g/(床位·d)]	20 20	60 60
8	氨氮(mg/L)	15	—
9	动植物油(mg/L)	5	20
10	石油类(mg/L)	5	20
11	阴离子表面活性剂(mg/L)	5	10
12	色度(稀释倍数)	30	—
13	挥发酚(mg/L)	0.5	1.0
14	总氰化物(mg/L)	0.5	0.5
15	总汞(mg/L)	0.05	0.05

续表

序号	控制项目	排放标准	预处理标准
16	总镉(mg/L)	0.1	0.1
17	总铬(mg/L)	1.5	1.5
18	六价铬(mg/L)	0.5	0.5
19	总砷(mg/L)	0.5	0.5
20	总铅(mg/L)	1.0	1.0
21	总银(mg/L)	0.5	0.5
22	总 α(Bq/L)	1	1
23	总 β(Bq/L)	10	10
24	总余氯[1),2)]/(mg/L)	0.5	—

注:1) 采用含氯消毒剂消毒的工艺控制要求为:
　　　排放标准:消毒接触池的接触时间≥1h,接触池出口总余氯3mg/L～10mg/L。
　　　预处理标准:消毒接触池的接触时间≥1h,接触池出口总余氯2mg/L～8mg/L。
　　2) 采用其他消毒剂对总余氯不做要求

4.1.3 县级以下或20张床位以下的综合医疗机构和其他所有医疗机构污水经消毒处理后方可排放。

4.1.4 禁止向GB 3838 Ⅰ、Ⅱ类水域和Ⅲ类水域的饮用水保护区和游泳区,GB 3097 一、二类海域直接排放医疗机构污水。

4.1.5 带传染病房的综合医疗机构,应将传染病房污水与非传染病房污水分开。传染病房的污水、粪便经过消毒后方可与其他污水合并处理。

4.1.6 采用含氯消毒剂进行消毒的医疗机构污水,若直接排入地表水体和海域,应进行脱氯处理,使总余氯小于0.5mg/L。

4.2 废气排放要求

4.2.1 污水处理站排出的废气应进行除臭除味处理,保证污水处理站周边空气中污染物达到表3要求。

表3 污水处理站周边大气污染物最高允许浓度

序号	控制项目	标准值
1	氨(mg/m³)	1.0
2	硫化氢(mg/m³)	0.03
3	臭气浓度(无量纲)	10
4	氯气(mg/m³)	0.1
5	甲烷(指处理站内最高体积百分数%)	1

4.2.2 传染病和结核病医疗机构应对污水处理站排出的废气进行消毒处理。

4.3 污泥控制与处置

4.3.1 栅渣、化粪池和污水处理站污泥属危险废物,应按危险废物进行处理和处置。

4.3.2 污泥清掏前应进行监测,达到表4要求。

表4 医疗机构污泥控制标准

医疗机构类别	粪大肠菌群数（MPN/g）	肠道致病菌	肠道病毒	结核杆菌	蛔虫卵死亡率（%）
传染病医疗机构	≤100	不得检出	不得检出	—	＞95
结核病医疗机构	≤100	—	—	不得检出	＞95
综合医疗机构和其他医疗机构	≤100	—	—	—	＞95

6.《污水排入城镇下水道水质标准》GB/T 31962—2015

3.4 一级处理

在格栅、沉砂等预处理基础上，通过沉淀等去除污水中悬浮物的过程。包括投加混凝剂或生物污泥以提高处理效果的一级强化处理。

3.5 二级处理

在一级处理的基础上，用生物等方法进一步去除污水中胶体和溶解性有机物的过程。包括增加除磷脱氮功能的二级强化处理。

4.1 一般规定

4.1.1 严禁向城镇下水道倾倒垃圾、粪便、积雪、工业废渣、餐厨废物、施工泥浆等造成下水道堵塞的物质。

4.1.2 严禁向城镇下水道排入易凝聚、沉积等导致下水道淤积的污水或物质。

4.1.3 严禁向城镇下水道排入具有腐蚀性的污水或物质。

4.1.4 严禁向城镇下水道排入有毒、有害、易燃、易爆、恶臭等可能危害城镇排水与污水处理设施安全和公共安全的物质。

4.1.5 本标准未列入的控制项目，包括病原体、放射性污染物等，根据污染物的行业来源，其限值应按国家现行有关标准执行。

4.1.6 水质不符合本标准规定的污水，应进行预处理。不得用稀释法降低浓度后排入城镇下水道。

4.2 水质标准

4.2.1 根据城镇下水道末端污水处理厂的处理程度，将控制项目限值分为A、B、C三个等级，见表1。

　　a) 采用再生处理时，排入城镇下水道的污水水质应符合A级的规定。

　　b) 采用二级处理时，排入城镇下水道的污水水质应符合B级的规定。

　　c) 采用一级处理时，排入城镇下水道的污水水质应符合C级的规定。

表1 污水排入城镇下水道水质控制项目限值

序号	控制项目名称	单位	A级	B级	C级
1	水温	℃	40	40	40
2	色度	倍	64	64	64
3	易沉固体	mL/(L·15min)	10	10	10
4	悬浮物	mg/L	400	400	250
5	溶解性总固体	mg/L	1500	2000	2000

23

序号	控制项目名称	单位	A级	B级	C级
6	动植物油	mg/L	100	100	100
7	石油类	mg/L	15	15	10
8	pH	—	6.5~9.5	6.5~9.5	6.5~9.5
9	五日生化需氧量(BOD_5)	mg/L	350	350	150
10	化学需氧量(COD)	mg/L	500	500	300
11	氨氮(以N计)	mg/L	45	45	25
12	总氮(以P计)	mg/L	70	70	45
13	总磷(以P计)	mg/L	8	8	8
14	阴离子表面活性剂(LAS)	mg/L	20	20	10
15	总氰化物	mg/L	0.5	0.5	0.5
16	总余氯(以Cl_2计)	mg/L	8	8	8
17	硫化物	mg/L	1	1	1
18	氟化物	mg/L	20	20	20
19	氯化物	mg/L	500	800	800
20	硫酸盐	mg/L	400	600	600
21	总汞	mg/L	0.005	0.005	0.005
22	总镉	mg/L	0.05	0.05	0.05
23	总铬	mg/L	1.5	1.5	1.5
24	六价铬	mg/L	0.5	0.5	0.5
25	总砷	mg/L	0.3	0.3	0.3
26	总铅	mg/L	0.5	0.5	0.5
27	总镍	mg/L	1	1	1
28	总铍	mg/L	0.005	0.005	0.005
29	总银	mg/L	0.5	0.5	0.5
30	总硒	mg/L	0.5	0.5	0.5
31	总铜	mg/L	2	2	2
32	总锌	mg/L	5	5	5
33	总锰	mg/L	2	5	5
34	总铁	mg/L	5	10	10
35	挥发酚	mg/L	1	1	0.5
36	苯系物	mg/L	2.5	2.5	1
37	苯胺类	mg/L	5	5	2
38	硝基苯类	mg/L	5	5	3
39	甲醛	mg/L	5	5	2
40	三氯甲烷	mg/L	1	1	0.6
41	四氯化碳	mg/L	0.5	0.5	0.006

序号	控制项目名称	单位	A级	B级	C级
42	三氯乙烯	mg/L	1	1	0.6
43	四氯乙烯	mg/L	0.5	0.5	0.2
44	可吸附有机卤化物（AOX，以Cl计）	mg/L	8	8	8
45	有机磷农药（以P计）	mg/L	0.5	0.5	0.5
46	五氯酚	mg/L	5	5	5

4.2.2 下水道末端无城镇污水处理设施时，排入城镇下水道的污水水质，应根据污水的最终去向符合国家和地方现行污染物排放标准，且应符合C级的规定。

【条文】G.1.10 生活垃圾应分类收集，垃圾容器和收集点的设置应合理并应与周围景观协调。

　　注：本条对应2019版《绿色建筑评价标准》环境宜居，第8.1.7条。

【设计要点】

1.《生活垃圾分类标志》GB/T 19095—2019

3　生活垃圾分类标志类别构成

　　生活垃圾分类标志由4个大类标志和11个小类标志组成，类别构成见表1。

表1　标志的类别构成

序号	大类	小类
1	可回收物	纸类
2		塑料
3		金属
4		玻璃
5		织物
6	有害垃圾	灯管
7		家用化学品
8		电池
9	厨余垃圾[a]	家庭厨余垃圾
10		餐厨垃圾
11		其他厨余垃圾
12	其他垃圾[b]	—

除上述4大类外，家具、家用电器等大件垃圾和装修垃圾应单独分类

[a] "厨余垃圾"也可称为"湿垃圾"。

[b] "其他垃圾"也可称为"干垃圾"

2.《环境卫生设施设置标准》CJJ 27—2012

3.1　一般规定

3.1.1 居住区、商业文化街、城镇道路以及商场、集贸市场、影剧院、体育场（馆）、车站、客运码头、大型公共绿地等场所附近及其他公众活动频繁处，应设置垃圾收集点、废物箱、公共厕所等环境卫生公共设施。环境卫生公共设施的设置应方便居民使用，不影响市容观瞻。

3.1.2 生活废物中的有害垃圾应使用可封闭容器，单独收集、运输和处理，其相关容器、设备应具有标志，标志的图案和色泽应符合现行国家标准《城市生活垃圾分类标志》GB/T 19095 的规定。

3.2 废物箱

3.2.1 道路两侧或路口以及各类交通客运设施、公共设施、广场、社会停车场等的出入口附近应设置废物箱。废物箱应卫生、耐用、美观，并应能防雨、防老化、防腐、阻燃。

3.2.2 废物箱应有明显标识并易于识别。

3.2.3 城市道路两侧的废物箱的设置间隔宜符合下列规定：

    1 商业、金融业街道：50m～100m；

    2 主干路、次干路、有辅道的快速路：100m～200m；

    3 支路、有人行道的快速路：200m～400m。

3.2.4 镇（乡）建成区的道路两侧以及各类交通设施运输、公共设施、广场、社会停车场等的出入口附近等应设置废物箱。

3.2.5 镇（乡）建成区道路两侧设置废物箱间隔宜符合本章第 3.2.3 条的规定，并应乘以 1.2～1.5 的调整系数计算。

3.2.6 广场应按每 $300m^2$～$1000m^2$ 设置一处。

3.3 垃圾收集点

3.3.1 垃圾收集点的位置应固定，其标志应清晰、规范、便于识别。

3.3.2 城市垃圾收集点的服务半径不宜超过 70m，镇（乡）建成区垃圾收集点的服务半径不宜超过 100m，村庄垃圾收集点的服务半径不宜超过 200m。

3.3.3 垃圾容器的容量和数量应按使用人口、各类垃圾日排出量、种类和收集频率计算。垃圾存放的总容纳量应满足使用需要，垃圾不得溢出而影响环境。垃圾日排出量及垃圾容器设置数量的计算方法应符合本标准附录 A 的规定。

3.3.4 垃圾容器间设置应规范，宜设有给排水和通风设施。混合收集垃圾容器间占地面积不宜小于 $5m^2$，分类收集垃圾容器间占地面积不宜小于 $10m^2$。

3. 《生活垃圾收集站技术规程》CJJ 179—2012

3.1 规划选址

3.1.1 收集站选址应符合环境卫生专业规划。

3.1.2 环境卫生专业规划应提出收集站的具体要求。

3.1.3 收集站宜设置在交通便利的地方，并应具备供水、供电、污水排放等条件。

3.1.4 有条件的居住区，可设置专门的垃圾运输通道。

3.2 设置

3.2.1 大于 5000 人的居住区宜单独设置收集站；小于 5000 人的居住区，可与相邻区域提前规划，联合设置收集站。

3.2.2 大于 1000 人的学校、企事业等社会单位宜单独设置收集站；小于 1000 人的学校、企事业等社会单位，可与相邻区域提前规划，联合设置收集站。

3.2.3 成片区域采用收集站模式时，收集站设置数量不应少于 1 座/km^2。

3.2.4 收集点的设置应符合下列规定：

    1 收集点位置应当固定，应方便居民投放垃圾，并应便于垃圾清运。人行道内侧或外侧可设置港湾式收集点。

2 垃圾收集点的服务半径不宜超过 70m。

3 收集点应根据垃圾量设置收集箱或垃圾桶。每个收集点设 2~10 个垃圾桶。塑料垃圾桶应符合现行国家标准《塑料垃圾桶通用技术条件》CJ/T 280 的要求。

4 分类垃圾收集点应根据分类收集要求设置垃圾桶，垃圾桶的色彩标志及分类标识应符合现行国家标准《生活垃圾分类标志》GB/T 19095 的要求。

3.2.5 收集站服务半径应符合下列规定：

1 采用人力收集，服务半径宜为 0.4km 以内，最大不超过 1km。

2 采用小型机动车收集，服务半径不应超过 2km。

4.1.1 收集站的设计规模应考虑远期发展的需要，设计收集能力不宜大于 30t/d。

4.1.2 设计规模和作业能力应满足其服务区域内生活垃圾"日产日清"的要求。采用分类收站，应满足其分类收运和简单分拣、储存的要求。

4.1.3 收集站的用地指标应符合表 4.1.3 的规定。

表 4.1.3 收集站用地指标

规模（t/d）	占地面积（m²）	与相邻建筑间隔（m）	绿化隔离带宽度（m）
20~30	300~400	≥10	≥3
10~20	200~300	≥8	≥2
10 以下	120~200	≥8	≥2

注：1 带有分类收集功能或环卫工人休息功能的收集站，应适当增加占地面积；

2 占地面积含站内设置绿化隔离带用地；

3 表中的绿化隔离带宽度包括收集站外道路的绿化隔离带宽度；

4 与相邻建筑间隔自收集站外墙起计算。

4.1.4 收集站的设计规模可按下式计算：

$$Q = A \cdot n \cdot q / 1000$$

式中 Q——收集站日收集能力（t/d）；

A——生活垃圾产量变化系数，该系数要充分考虑到区域和季节等因素的变化影响。取值时应按当地实际资料采用，无实测值时，一般可采用 1~1.4；

n——服务区实际服务人数；

q——服务区内人均垃圾排放量（kg/d），应按当地实测值选用；无实测值时，居住区可取 0.5~1，企事业等社会单位可取 0.3~0.5。

4.2.1 收集站按建筑形式可分为独立式收集站、合建式收集站。

4.2.2 收集站按收集设备可分为压缩式收集站、非压缩式收集站。

2.2 得分项

【条文】 **G.2.1** 采取人车分流措施，且步行和自行车交通系统有充足照明。

注：本条对应 2019 版《绿色建筑评价标准》安全耐久，第 4.2.5 条。

【设计要点】

1．《办公建筑设计标准》JGJ/T 67—2019

3.2.2 总平面应合理组织基地内各种交通流线，妥善布置地上和地下建筑的出入口。锅炉房、厨房等后勤用房的燃料、货物及垃圾等物品的运输宜设有单独通道和出入口。

2．《疗养院建筑设计标准》JGJ/T 40—2019

4.2.6 疗养院道路系统设计应满足通行运输、消防疏散的要求，并应符合下列规定：

1 宜实行人车分流，院内车行道应采取减速慢行措施；

3．《城市地下空间规划标准》GB/T 51358—2019

7.1.2 地下空间交通组织应遵守人车分离、管道化流线组织的原则。

4．人、车分流类型及特点如表 2.2-1 所示。

人、车分流类型及特点　　　　　　　　　　　　　表 2.2-1

类型	特点
立体分流	通过建立在立体空间不同层面上的道路系统来实现人车分行的目的
平面分流	通过对道路的专门化设计建立自成系统的专用道路网络，引导各种交通各行其路。例如住宅小区，在小区的入口设置地下车库，车不能进入小区，对小区内的居民活动不产生影响

【条文】G.2.2 场地与公共交通站点联系便捷。场地出入口到达公共交通站点的步行距离不超过 500m，或到达轨道交通站点的步行距离不大于 800m；场地出入口步行距离 800m 范围内设有不少于 2 条公交线路的公共交通站点。

注：本条对应 2019 版《绿色建筑评价标准》生活便利，第 6.2.1 条。

【设计要点】

参照 G.1.3，项目周边公共交通可通过查阅项目交评报告或查阅地图实际情况确定。

【条文】G.2.3 提供便利的公共服务（见表 2.2-2）。

公共服务设施　　　　　　　　　　　　　表 2.2-2

建筑类型	公共服务设施条件
住宅建筑	场地出入口到达幼儿园的步行距离不大于 300m
	场地出入口到达小学的步行距离不大于 500m
	场地出入口到达中学的步行距离不大于 1000m
	场地出入口到达医院的步行距离不大于 1000m
	场地出入口到达群众文化活动设施的步行距离不大于 800m
	场地出入口到达老年人日间照料设施的步行距离不大于 500m
	场地周边 500m 范围内具有不少于 3 种商业服务设施
公共建筑	建筑内至少兼容 2 种面向社会得公共服务功能
	建筑面向社会公众提供开放的公共活动空间
	电动汽车充电桩的车位数占总车位数的比例不低于 10%
	周边 500m 范围内设有社会公共停车场（库）
	场地不封闭或场内步行公共通道向社会开放

注：本条对应 2019 版《绿色建筑评价标准》生活便利，第 6.2.3 条。

【设计要点】

1.《城市居住区规划设计标准》GB 50180—2018

C.0.1 十五分钟生活圈居住区、十分钟生活圈居住区配套设施规划建设应符合表 C.0.1 的规定。

表 C.0.1 十五分钟生活圈居住区、十分钟生活圈居住区配套设施规划建设控制要求

类别	设施名称	单项规模		服务内容	设置要求
		建筑面积(m²)	用地面积(m²)		
公共管理与公共服务设施	初中*	—	—	满足 12 周岁~18 周岁青少年入学要求	(1)选址应避开城市干道交叉口等交通繁忙路段; (2)服务半径不宜大于1000m; (3)学校规模应根据适龄青少年人口确定,且不宜超36班; (4)鼓励教学区和运动场地相对独立设置,并向社会错时开放运动场地
	小学*	—	—	满足 6 周岁~12 周岁儿童入学要求	(1)选址应避开城市干道交叉口等交通繁忙路段; (2)服务半径不宜大于500m;学生上下学穿越城市道路时,应有相应的安全措施; (3)学校规模应根据适龄儿童人口确定,且不宜超过 36 班; (4)应设不低于 200m 环形跑道和 60m 直跑道的运动场,并配置符合标准的球类场地; (5)鼓励教学区和运动场地相对独立设置,并向社会错时开放运动场地
公共管理与公共服务设施	体育场(馆)或全民健身中心	2000~5000	1200~15000	具备多种健身设施,专用于开展体育健身活动的综合体育场(馆)或健身馆	(1)服务半径不宜大于1000m; (2)体育场应设置60m~100m直跑道和环形跑道; (3)全民健身中心应具备大空间球类活动、乒乓球、体能训练和体质检测等用房
	大型多功能运动场地	—	3150~5620	多功能运动场地或同等规模的球类场地	(1)宜结合公共绿地等公共活动空间统筹布局; (2)服务半径不宜大于1000m; (3)宜集中设置篮球、排球、7人足球场地
	中型多功能运动场地	—	1310~2460	多功能运动场地或同等规模的球类场地	(1)宜结合公共绿地等公共活动空间统筹布局; (2)服务半径不宜大于500m; (3)宜集中设置篮球、排球、5人足球场地
	卫生服务中心*(社区医院)	1700~2000	1420~2860	预防、医疗、保健、康复、健康教育、计生等	(1)一般结合街道办事处所辖区域进行设置。且不宜与菜市场、学校、幼儿园、公共娱乐场所、消防站、垃圾转运站等设施毗邻; (2)服务半径不宜大于1000m; (3)建筑面积不得低于1700m²
	门诊部	—	—		(1)宜设置于辖区内位置适中、交通方便的地段; (2)服务半径不宜大于1000m

类别	设施名称	单项规模		服务内容	设置要求
		建筑面积(m²)	用地面积(m²)		
公共管理与公共服务设施	养老院*	7000~17500	3500~22000	对自理、介助和介护老年人给予生活起居、餐饮服务、医疗保健、文化娱乐等综合服务	(1)宜临近社区卫生服务中心、幼儿园、小学以及公共服务中心; (2)一般规模宜为200床~500床
	老年养护院*	3500~17500	1750~22000	对介助和介护老年人给予生活护理、餐饮服务、医疗保健、心理疏导、临终关怀等服务	(1)宜临近社区卫生服务中心、幼儿园、小学以及公共服务中心; (2)一般中型规模为100床~500床
	文化活动中心*(含青少年活动中心、老年活动中心)	3000~6000	3000~12000	开展图书阅览、科普知识宣传与教育,影视厅、球类、棋类、科技与艺术等活动;宜包括儿童之家服务功能	(1)宜结合或靠近绿地设置; (2)服务半径不宜大于1000m
公共管理与公共服务设施	社区服务中心(街道级)	700~1500	600~1200	—	(1)一般结合街道办事处所辖区域设置; (2)服务半径不宜大于1000m; (3)建筑面积不应低于700m²
	街道办事处	1000~2000	800~1500	—	(1)一般结合所辖区域设置; (2)服务半径不宜大于1000m
	司法所	80~240	—	法律事务援助,人民调解、服务保释、监外执行人员的社区矫正等	(1)一般结合街道所辖区域设置; (2)宜与街道办事处或其他行政管理单位结合建设,应设置单独出入口
	派出所	1000~1600	1000~2000	—	(1)宜设置于辖区内位置适中、交通方便的地段; (2)2.5万~5万人宜设置一处; (3)服务半径不宜大于800m
商业服务业设施	商场	1500~3000	—	—	(1)应集中布局在居住区相对居中的位置; (2)服务半径不宜大于500m
	菜市场或生鲜超市	750~1500或2000~2500	—	—	(1)服务半径不宜大于500m; (2)应设置机动车、非机动车停车场
	健身房	600~2000	—	—	服务半径不宜大于1000m
商业服务业设施	银行营业网点	—	—	—	宜与商业服务设施结合或邻近设置
	电信营业场所	—	—	—	根据专业规划设置
	邮政营业场所	—	—	包括邮政局、邮政支局等邮政设施以及其他快递营业设施	(1)宜与商业服务设施结合或邻近设置; (2)服务半径不宜大于1000m

类别	设施名称	单项规模		服务内容	设置要求
		建筑面积(m²)	用地面积(m²)		
市政公用设施	开闭所*	200~300	500	—	(1)0.6万套~1.0万套住宅设置1所; (2)用地面积不应小于500m²
	燃料供应站*	—	—	—	根据专业规划设置
	燃气调压站*	50	100~200	—	按每个中低压调压站负荷半径500m设置;无管道燃气地区不设置
	供热站或热交换站*	—	—	—	根据专业规划设置
	通信机房*	—	—	—	根据专业规划设置
	有线电视基站*	—	—	—	根据专业规划设置
市政公用设施	垃圾转运站*	—	—	—	根据专业规划设置
	消防站*	—	—	—	根据专业规划设置
	市政燃气服务网点和应急抢修站*	—	—	—	根据专业规划设置
交通场站	轨道交通站点*	—	—	—	服务半径不宜大于800m
	公交首末站*	—	—	—	根据专业规划设置
	公交车站	—	—	—	服务半径不宜大于500m
	非机动车停车场(库)	—	—	—	(1)宜就近设置在非机动车(含共享单车)与公共交通换乘接驳地区; (2)宜设置在轨道交通站点周边非机动车车程15min范围内的居住街坊出入口处,停车面积不应小于30m²
	机动车停车场(库)	—	—	—	根据所在地城市规划有关规定配置

注： 1　加 * 的配套设施，其建筑面积与用地面积规模应满足国家相关规划及标准规范的有关规定；
　　 2　小学和初中可合并设置九年一贯制学校，初中和高中可合并设置完全中学；
　　 3　承担应急避难功能的配套设施，应满足国家有关应急避难场所的规定。

C.0.2 五分钟生活圈居住区配套设施规划建设应符合表 C.0.2 的规定。

表 C.0.2　五分钟生活圈居住区配套设施规划建设要求

设施名称	单位规模		服务内容	设置要求
	建筑面积(m²)	用地面积(m²)		
社区服务站	600~1000	500~800	社区服务站含社区大厅、警务室、社区居委会办公室、居民活动用房、活动室、阅览室、残疾人康复室	(1)服务半径不宜大于300m; (2)建筑面积不得低于600m²
社区食堂	—	—	为社区居民尤其是老年人提供助餐服务	宜结合社区服务站、文化活动站等设置

绿色建筑设计技术要点

设施名称	单位规模		服务内容	设置要求
	建筑面积(m²)	用地面积(m²)		
文化活动站	250~1200	—	书报阅览、书画、文娱、健身、音乐欣赏、茶座等可供青少年和老年人活动的场所	(1)宜结合或靠近公共绿地设置; (2)服务半径不宜大于500m
小型多功能运动(球类)场地	—	770~1310	—	(1)服务半径不宜大于300m; (2)用地面积不宜小于800m²; (3)宜配置半场篮球场1个、门球场地1个、乒乓球场地2个; (4)门球活动场地应提供休憩服务和安全防护措施
室外综合健身场地(含老年户外活动场地)	—	150~750	健身场所,含广场舞场地	(1)服务半径不宜大于300m; (2)用地面积不宜小于150m²; (3)老年人户外活动场地应设置休憩设施,附近宜设置公共厕所; (4)广场舞等活动场地的设置应避免噪声扰民
幼儿园*	3150~4550	5240~7580	保教3周岁~6周岁的学龄前儿童	(1)应设于阳光充足、接近公共绿地,便于家长接送的地段;其生活用房应满足冬至日底层满窗日照不少于3h的日照标准;宜设置于可遮挡冬季寒风的建筑物背风面; (2)服务半径不宜大于300m; (3)幼儿园规模应根据适龄儿童人口确定,办园规模不宜超过12班,每班座位数宜为20座~35座;建筑层数不宜超过3层; (4)活动场地应有不少于1/2的活动面积在标准的建筑日照阴影线之外
托儿所	—	—	服务0周岁~3周岁的婴幼儿	(1)应设于阳光充足、便于家长接送的地段;其生活用房应满足冬至日底层满窗日照不少于3h的日照标准;宜设置于可遮挡冬季寒风的建筑物背风面; (2)服务半径不宜大于300m; (3)托儿所规模宜根据适龄儿童人口确定; (4)活动场地应有不少于1/2的活动面积在标准的建筑日照阴影线之外
老年人日间照料中心*(托老所)	350~750		老年人日托服务,包括餐饮、文娱、健身、医疗保健等	服务半径不宜大于300m

设施名称	单位规模		服务内容	设置要求
	建筑面积(m²)	用地面积(m²)		
社区卫生服务站*	120～270	—	预防、医疗、计生等服务	(1)在人口较多、服务半径较大、社区卫生服务中心难以覆盖的社区，宜设置社区卫生站加以补充； (2)服务半径不宜大于300m； (3)建筑面积不得低于120m²； (4)社区卫生服务站应安排在建筑首层并应有专用出入口
小超市	—	—	居民日常生活用品销售	服务半径不宜大于300m
再生资源回收点*	—	6～10	居民可再生物资回收	(1)1000人～3000人设置1处； (2)用地面积不宜小于6m²，其选址应满足卫生、防疫及居住环境等要求
生活垃圾收集站*	—	120～200	居民生活垃圾收集	(1)居住人口规模大于5000人的居住区及规模较大的商业综合体可单独设置收集站； (2)采用人力收集的，服务半径宜为400m，最大不宜超过1km；采用小型机动车收集的，服务半径不宜超过2km
公共厕所*	30～80	60～120	—	(1)宜设置于人流集中处； (2)宜结合配套设施及室外综合健身场地(含老年户外活动场地)设置
非机动车停车场(库)	—	—	—	(1)宜就近设置在自行车(含共享单车)与公共交通换乘接驳地区； (2)宜设置在轨道交通站点周边非机动车车程15min范围内的居住街坊出入口处，停车面积不应小于30m²
机动车停车场(库)	—	—	—	根据所在地城市规划有关规定配置

注：1 加*的配套设施，其建筑面积与用地面积规模应满足国家相关规划和建设标准的有关规定；
2 承担应急避难功能的配套设施，应满足国家有关应急避难场所的规定。

C.0.3 居住街坊配套设施规划建设应符合表C.0.3的规定。

表C.0.3 居住街坊配套设施规划建设控制要求

设施名称	单位规模		服务内容	设置要求
	建筑面积(m²)	用地面积(m²)		
物业管理与服务	—	—	物业管理服务	宜按照不低于物业总建筑面积的2‰配置物业管理用房

设施名称	单位规模		服务内容	设置要求
	建筑面积(m²)	用地面积(m²)		
儿童、老年人活动场地	—	170～450	儿童活动及老年人休憩设施	(1)宜结合集中绿地设置,并宜设置休憩设施; (2)用地面积不应小于170m²
室外健身器械	—	—	器械健身和其他简单运动设施	(1)宜结合绿地设置; (2)宜在居住街坊范围内设置
便利店	50～100	—	居民日常生活用品销售	1000人～3000人设置1处
邮件和快件送达设施			智能快件箱、智能信包箱等可接收邮件和快件的设施或场所	应结合物业管理设施或在居住街坊内设置
生活垃圾收集点*	—	—	居民生活垃圾投放	(1)服务半径不应大于70m,生活垃圾收集点应采用分类收集,宜采用的密闭方式; (2)生活垃圾收集点可采用放置垃圾容器或建造垃圾容器间方式; (3)采用混合收集垃圾容器间时,建筑面积不宜小于5m²; (4)采用分类收集垃圾容器间时,建筑面积不宜小于10m²
非机动车停车场(库)	—	—		宜设置于居住街坊出入口附近;并按照每套住宅配建1辆～2辆配置;停车场面积按照0.8m²/辆～1.2m²/辆配置,停车库面积按照1.5m²/辆～1.8m²/辆配置;电动自行车较多的城市,新建居住街坊宜集中设置电动自行车停车场,并宜配置充电控制设施
机动车停车场(库)	—	—		根据所在地城市规划有关规定配置,服务半径不宜大于150m

注:加 * 的配套设施,其建筑面积与用地面积规模应满足国家相关规划标准有关规定。

2. 建筑主要公共服务功能包括各类公共设施、服务用房、公共空间等,如会议设施、展览设施、健身设施、餐饮设施、家属室、母婴室、活动室,以及可沟通、交往、休息逗留的与建筑主要使用功能相适应的公共空间。

3. 面向社会公众提供开放的公共活动空间是指:文化活动中心、图书馆、体育运动场、体育馆等,通过科学管理错时向社会公众开放;办公建筑的室外场地、停车库等在非办公时间可向周边居民开放,会议室可向社会开放。

4. 《电动汽车充电基础设施发展指南(2015—2020 年)》

　　新建住宅配建停车位应100%建设充电基础设施或预留建设安装条件,大型公共建筑物配建停车场、社会公共停车场建设充电基础设施或预留建设安装条件的车位比例不低于10%,每2000辆电动汽车应至少配套建设一座公共充电站。

【条文】G.2.4 城市绿地、广场及公共运动场地等开敞空间，步行可达：场地出入口到达城市公园绿地、居住区公园、广场的步行距离不大于300m；到达中型多功能运动场地的步行距离不大于500m。

　　注：本条对应2019版《绿色建筑评价标准》生活便利，第6.2.4条。

【设计要点】

1.《城市绿地分类标准》CJJ/T 85—2017

表 2.0.4-1　城市建设用地内的绿地分类和代码

类别代码			类别名称	内容	备注
大类	中类	小类			
G1			公园绿地	向公众开放，以游憩为主要功能，兼具生态、景观、文教和应急避险等功能，有一定游憩和服务设施的绿地	
	G11		综合公园	内容丰富，适合开展各类户外活动，具有完善的游憩和配套管理服务设施的绿地	规模宜大于10hm²
	G12		社区公园	用地独立，具有基本的游憩和服务设施，主要为一定社区范围内居民就近开展日常休闲活动服务的绿地	规模宜大于1hm²
	G13		专类公园	具有特定内容或形式，有相应的游憩和服务设施的绿地	
G1	G13	G131	动物园	在人工饲养条件下，移地保护野生动物，进行动物饲养、繁殖等科学研究，并供科普、观赏、游憩等活动，具有良好设施和解说标识系统的绿地	
		G132	植物园	进行植物科学研究、引种驯化、植物保护，并供观赏、游憩及科普等活动，具有良好设施和解说标识系统的绿地	
		G133	历史名园	体现一定历史时期代表性的造园艺术，需要特别保护的园林	
		G134	遗址公园	以重要遗址及其背景环境为主形成的，在遗址保护和展示等方面具有示范意义，并具有文化、游憩等功能的绿地	
		G135	游乐公园	单独设置，具有大型游乐设施，生态环境较好的绿地	绿化占地比例应大于或等于65%
		G913	其他专类公园	除以上各种专类公园外，具有特定主题内容的绿地。主要包括儿童公园、体育健身公园、滨水公园、纪念性公园、雕塑公园以及位于城市建设用地内的风景名胜公园、城市湿地公园和森林公园等	绿化占地比例宜大于或等于65%
G1	G14		游园	除以上各种公园绿地以外，用地独立，规模较小或形状多样，方便居民就近进入，具有一定游憩功能的绿地	带状游园的宽度宜大于12m；绿化占地比例应大于或等于65%

2.《城市居住区规划设计标准》GB 50180—2018

4.0.4 新建各级生活圈居住区应配套规划建设公共绿地，并应集中设置具有一定规模，且能开展休闲、体育活动的居住区公园。

表 C.0.1：中型多功能运动场地：用地面积：1310m²～2460m²；服务内容：多功能运动场地或同等规模的球类场地；设置要求：（1）宜结合公共绿地等公共活动空间统筹布局；（2）服务半径不宜大于 500m；（3）宜集中设置篮球、排球、5 人足球场地。

【条文】G.2.5 场地内的环境噪声优于现行国家标准《声环境质量标准》GB 3096 的要求。

注：本条对应 2019 版《绿色建筑评价标准》环境宜居，第 8.2.6 条。

【设计要点】

《声环境质量标准》GB 3096—2008

4 声环境功能区分类

按区域的使用功能特点和环境质量要求，声环境功能区分为以下五种类型：

0 类声环境功能区：指康复疗养区等特别需要安静的区域。

1 类声环境功能区：指以居民住宅、医疗卫生、文化教育、科研设计、行政办公为主要功能，需要保持安静的区域。

2 类声环境功能区：指以商业金融、集市贸易为主要功能，或者居住、商业、工业混杂，需要维护住宅安静的区域。

3 类声环境功能区：指以工业生产、仓储物流为主要功能，需要防止工业噪声对周围环境产生严重影响的区域。

4 类声环境功能区：指交通干线两侧一定距离之内，需要防止交通噪声对周围环境产生严重影响的区域，包括 4a 类和 4b 两种类型。4a 类为高速公路、一级公路、二级公路、城市快速路、城市主干路、城市次干路、城市轨道交通（地面段）、内河机道两侧区域；4b 类为铁路干线两侧区域。

5.1 各类声环境功能区适用表 1 规定的环境噪声等效声级噪声。

表 1 环境噪声限值　　　　　　单位：dB（A）

声环境功能区类别		时段 昼间	夜间
0 类		50	40
1 类		55	45
2 类		60	50
3 类		65	55
4 类	4a 类	70	55
	4b 类	70	60

【条文】G.2.6 采取措施降低热岛强度：

1 场地中处于建筑阴影区外的步道、游憩场、庭院、广场等室外活动场地设有乔木、花架等遮阴措施的面积比例，住宅建筑达到 30%，公共建筑达到 10%；

2 场地中处于建筑阴影区外的机动车道，路面太阳辐射反射系数不小于 0.4 或设有遮阴面积较大的行道树的路段长度超过 70%；

3 屋顶的绿化面积、太阳能板水平投影面积以及太阳辐射反射系数不小于 0.4 的屋面面积合计达到 75%。

注：本条对应 2019 版《绿色建筑评价标准》环境宜居，第 8.2.9 条。

【设计要点】

1. 建筑阴影区：夏至日 8：00～16：00 时段在 4h 日照等时线内的区域。乔木遮阴面积按照成年乔木的树冠正投影面积计算；构筑物遮阴面积按照构筑物正投影面积计算。
2. 对于不透明的表面，太阳辐射反射系数在数值上等于 1 减去太阳辐射吸收系数。太阳辐射吸收系数是指吸收的与入射的太阳辐射能通量之比。
3.《城市居住区热环境设计标准》JGJ 286—2013

表 B. 0. 2-1　地表太阳辐射吸收系数取值

地表类型	地面特征	太阳吸收系数
道路、广场	普通水泥	0.74
	普通沥青	0.87
	透水砖	0.74
	透水沥青	0.89
	植草砖	0.74
绿地	草地	0.80
	乔、灌、草绿地	0.78
水面	—	0.96

4.《民用建筑热工设计规范》GB 50176—2016

表 B. 5　常用围护结构表面太阳辐射吸收系数 ρ_s 值

面层类型	表面性质	表面颜色	太阳辐射吸收系数 ρ_s 值
石灰粉刷墙面	光滑、新	白色	0.48
抛光铝反射体片	—	浅色	0.12
水泥拉毛墙	粗糙、旧	米黄色	0.65
白水泥粉刷墙面	光滑、新	白色	0.48
水刷石墙面	粗糙、旧	浅色	0.68
水泥粉刷墙面	光滑、新	浅灰	0.56
砂石粉刷面	—	深色	0.57
浅色饰面砖	—	浅黄、浅白	0.50
红砖墙	旧	红色	0.70～0.78
硅酸盐砖墙	不光滑	黄灰色	0.45～0.50
硅酸盐砖墙	不光滑	灰白色	0.50
混凝土砌块	—	灰色	0.65

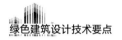

续表

面层类型	表面性质	表面颜色	太阳辐射吸收系数 ρ_s 值
混凝土墙	平滑	深灰	0.73
红褐陶瓦屋面	旧	红褐	0.65~0.74
灰瓦屋面	旧	浅灰	0.52
水泥屋面	旧	素灰	0.74
水泥瓦屋面	—	深灰	0.69
石棉水泥瓦屋面	—	浅灰色	0.75
绿豆砂保护屋面	—	浅黑色	0.65
白石子屋面	粗糙	灰白色	0.62
浅色油毡屋面	不光滑、新	浅黑色	0.72
黑色油毡屋面	不光滑、新	深黑色	0.86
绿色草地		—	0.78~0.80
水(开阔湖、海面)	—	—	0.96
棕色、绿色喷泉漆	光亮	中棕、中绿色	0.79
红涂料、油漆	光平	大红	0.74
浅色涂料	光亮	浅黄、浅红	0.50

第3章 建　　筑

3.1　控制项

【条文】A.1.1　建筑结构应满足承载力和建筑使用功能要求。建筑外墙、屋面、门窗、幕墙及外保温等围护结构应满足安全、耐久和防护的要求。

注：本条对应2019版《绿色建筑评价标准》安全耐久，第4.1.2条。

【设计要点】
《民用建筑设计统一标准》GB 50352—2019

6.11.6　窗的设置应符合下列规定：

1　窗扇的开启形式应方便使用、安全和易于维修、清洗；

2　公共走道的窗扇开启时不得影响人员通行，其底面距走道地面高度不应低于2.0m；

3　公共建筑临空外窗的窗台距楼地面净高不得低于0.8m，否则应设置防护设施，防护设施的高度由地面起算不应低于0.8m；

4　居住建筑临空外窗的窗台距楼地面净高不得低于0.9m，否则应设置防护设施，防护设施的高度由地面起算不应低于0.9m；

5　当防火墙上必须开设窗洞口时，应按现行国家标准《建筑设计防火规范》GB 50016执行。

6.11.7　当凸窗窗台高度低于或等于0.45m时，其防护高度从窗台面起算不应低于0.9m；当凸窗窗台高度高于0.45m时，其防护高度从窗台面起算不应低于0.6m。

【条文】A.1.2　外遮阳、太阳能设施、空调室外机位、外墙花池等外部设施应与建筑主体结构统一设计、施工，并应具备安装、检修与维护条件。

注：本条对应2019版《绿色建筑评价标准》安全耐久，第4.1.3条。

【设计要点】
1.《建筑遮阳工程技术规范》JGJ237—2011

3.0.7　遮阳装置及其与主体建筑结构的连接应进行结构设计。

5.1.1　建筑遮阳工程应根据遮阳装置的形式、所在地域气候条件、建筑部件等具体情况进行结构设计，并应符合现行国家标准《建筑抗震设计规范》GB 50011的相关规定。

5.1.2　活动外遮阳装置及后置式固定外遮阳装置应分别按系统自重、风荷载、正常使用荷载、施工阶段及检修中的荷载等验算其静态承载能力，同时应在结构主体计算时考虑遮阳装置对主体结构的作用，当采用长度尺寸在 3m 及以上或系统自重大于 100kg 及以上大型外遮阳装置时，应做抗风振、抗地震承载力验算，并应考虑以上荷载的组合效应。

5.1.3 对于长度尺寸在 4m 以上的特大型外遮阳装置，且系统复杂难以通过计算判断其安全性能时，应通过风压试验或结构试验，用实体试验检验其系统安全性能，遮阳装置的风压试验、结构试验的实体试验应按本规范附录 A 的规定进行。

5.1.4 活动外遮阳装置及后置式固定外遮阳装置应有详细的构件、组装和与主体结构连接的构造设计，并应符合下列规定：

    1 长度尺寸不大于 3m 的外遮阳装置的结构构造可直接在建筑施工图中表达；

    2 3m 以上大型外遮阳装置应编制专门的遮阳结构施工图；

    3 节点、细部构造应明确与主体结构构件的连接方式、锚固件种类与个数；

    4 外遮阳装置连接节点与保温、防水等相关建筑构造的关系；

    5 遮阳装置安装施工说明应明确主要安装材料的材质、防腐、锚固件拉拔力等要求。

2.《民用建筑太阳能热水系统应用技术标准》GB 50364—2018

3.0.4 在既有建筑上增设或改造太阳能热水系统，必须经建筑结构安全复核，并应满足建筑结构的安全性要求。

3.0.6 建筑的主体结构或结构构件应能承受太阳能热水系统传递的荷载和作用。

3.0.7 太阳能集热器的支撑结构应满足太阳能集热器运行状态的最大荷载和作用。

3.0.8 太阳能热水系统的连接件与主体结构的锚固承载力设计值应大于连接件本身的承载力设计值。

3.0.9 安装在屋面、阳台、墙面的集热器与建筑主体结构通过预埋件连接，预埋件应在主体结构施工时埋入，位置应准确；当没有条件采用预埋件连接时，应采用其他可靠的连接措施，并通过试验确定承载力。

4.2.3 安装太阳能集热器的建筑部位，应设置防止集热器损坏后部件坠落伤人的安全设施。

3.《民用建筑太阳能光伏系统应用技术规范》JGJ 203—2010

3.1.2 光伏组件或方阵的选型和设计应与建筑结合，在综合考虑发电效率、发电量、电气和结构安全、适用、美观的前提下，应优先选用光伏构件，并应与建筑模数相协调，满足安装、清洁、维护和局部更换的要求。

3.1.3 太阳能光伏系统输配电和控制用缆线应与其他管线统筹安排，安全、隐蔽、集中布置，满足安装维护的要求。

3.1.4 光伏组件或方阵连接电缆及其输出总电缆应符合现行国家标准《光伏（PV）组件安全鉴定第 1 部分：结构要求》GB/T 20047.1 的相关规定。

3.1.5 在人员有可能接触或接近光伏系统的位置，应设置防触电警示标识。

4.3.1 光伏系统各组成部分在建筑中的位置应合理确定，并应满足其所在部位的建筑防水、排水和系统的检修、更新与维护的要求。

4.3.2 建筑体形及空间组合应为光伏组件接收更多的太阳能创造条件。宜满足光伏组件冬至日全天有 3h 以上建筑日照时数的要求。

4.3.3 建筑设计应为光伏系统提供安全的安装条件，并应在安装光伏组件的部位采取安全防护措施。

4.3.4 光伏组件不应跨越建筑变形缝设置。

4.3.5 光伏组件的安装不应影响所在建筑部位的雨水排放。

4.3.6 晶体硅电池光伏组件的构造及安装应符合通风降温要求,光伏电池温度不应高于 85℃。

4.3.7 在多雪地区建筑屋面上安装光伏组件时,宜设置人工融雪、清雪的安全通道。

4.3.8 在平屋面上安装光伏组件应符合下列规定:

1 光伏组件安装宜按最佳倾角进行设计;当光伏组件安装倾角小于 10°时,应设置维修、人工清洗的设施与通道;

2 光伏组件安装支架宜采用自动跟踪型或手动调节型的可调节支架;

3 采用支架安装的光伏方阵中光伏组件的间距应满足冬至日投射到光伏组件上的阳光不受遮挡的要求;

4 在建筑平屋面上安装光伏组件,应选择不影响屋面排水功能的基座形式和安装方式;

5 光伏组件基座与结构层相连时,防水层应铺设到支座和金属埋件的上部,并应在地脚螺栓周围做密封处理;

6 在平屋面防水层上安装光伏组件时,其支架基座下部应增设附加防水层;

7 对直接构成建筑屋面面层的建材型光伏构件,除应保障屋面排水通畅外,安装基层还应具有一定的刚度;在空气质量较差的地区,还应设置清洗光伏组件表面的设施;

8 光伏组件周围屋面、检修通道、屋面出入口和光伏方阵之间的人行通道上部应铺设保护层;

9 光伏组件的引线穿过平屋面处应预埋防水套管,并应做防水密封处理;防水套管应在平屋面防水层施工前埋设完毕。

4.3.9 在坡屋面上安装光伏组件应符合下列规定:

1 坡屋面坡度值按光伏组件全年获得电能最多的倾角设计;

2 光伏组件宜采用顺坡镶嵌或顺坡架空安装方式;

3 建材型光伏构件与周围屋面材料连接部位应做好建筑构造处理,并应满足屋面整体的保温、防水等功能要求;

4 顺坡支架安装的光伏组件与屋面之间的垂直距离应满足安装和通风散热间隙的要求。

4.3.10 在阳台或平台上安装光伏组件应符合下列规定:

1 低纬度地区安装在阳台或平台栏板上的晶体硅光伏组件应有适当的倾角;

2 安装在阳台或平台栏板上的光伏组件支架应与栏板主体结构上的预埋件牢固连接;

3 构成阳台或平台栏板的光伏构件,应满足刚度、强度、防护功能和电气安全要求;

4 应采取保护人身安全的防护措施。

4.3.11 在墙面上安装光伏组件应符合下列规定:

1 低纬度地区安装在墙面上的晶体硅光伏组件宜有适当的倾角;

2 安装在墙面的光伏组件支架应与墙面结构主体上的预埋件牢固锚固;

3 光伏组件与墙面的连接不应影响墙体的保温构造和节能效果;

4 对设置在墙面上的光伏组件,引线穿过墙面处应预埋防水套管;穿墙管线不宜设在结构柱处；

    5 光伏组件镶嵌在墙面时，宜与墙面装饰材料、色彩、分格等协调处理；

    6 对安装在墙面上提供遮阳功能的光伏构件、应满足室内采光和日照的要求；

    7 当光伏组件安装在窗面上时，应满足窗面采光、通风等使用功能要求；

    8 应采取保护人身安全的防护措施。

4.3.12 在建筑幕墙上安装光伏组件应符合下列规定：

    1 安装在建筑幕墙上的光伏组件宜采用建材型光伏构件；

    2 光伏组件尺寸应符合幕墙设计模数，光伏组件表面颜色、质感应与幕墙协调统一；

    3 光伏幕墙的性能应满足所安装幕墙整体物理性能的要求，并应满足建筑节能的要求；

    4 对有采光和安全双重性能要求的部位，应使用双玻光伏幕墙，其使用的夹胶层材料应为聚乙烯醇缩丁醛（PVB），并应满足建筑室内对视线和透光性能的要求；

    5 玻璃光伏幕墙的结构性能和防火性能应满足现行行业标准《玻璃幕墙工程技术规范》JGJ 102 的要求；

    6 由玻璃光伏幕墙构成的雨篷、檐口和采光顶，应满足建筑相应部位的刚度、强度排水功能及防止空中坠物的安全性能要求。

【条文】A.1.3 建筑外门窗必须安装牢固，其抗风压性能和水密性能应符合国家现行有关标准的规定。

    注：本条对应 2019 版《绿色建筑评价标准》安全耐久，第 4.1.5 条。

【设计要点】

1.《塑料门窗工程技术规程》JGJ 103—2008

3.2.1 塑料外门窗所承受的风荷载应按现行国家标准《建筑结构荷载规范》GB 50009 规定的围护结构风荷载标准值进行计算确定，且不应小于 1000Pa。

3.2.2 塑料门窗玻璃的抗风压设计及玻璃的厚度、最大许用面积、安装尺寸等，应按国家现行标准《建筑玻璃应用技术规程》JGJ 113 的规定执行；单片玻璃厚度不宜小于 4mm。

3.2.3 门窗构件在风荷载标准值作用下产生的最大挠度值应符合下式要求：

$$f_{max} \leqslant [f] \tag{3.2.3}$$

式中 f_{max}——构件弯曲最大挠度值；

      $[f]$——构件弯曲允许挠度值，门窗镶嵌单层玻璃挠度按 $L/120$ 计算，门窗镶嵌夹层玻璃、中空玻璃挠度按 $L/180$ 计算。

3.2.4 门窗构件的连接计算应符合下式要求：

$$\sigma_k \leqslant \frac{f_k}{K} \tag{3.2.4}$$

式中 σ_k——连接荷载（标准值）作用所产生的应力；

      f_k——连接材料强度标准值；

      K——安全系数。

3.2.5 门窗连接材料的强度标准值和安全系数应符合表 3.2.5 的规定。

表 3.2.5　门窗连接材料强度标准值和安全系数

连接件	材料强度标准值(f_k)		应力	安全系数
不锈钢连接螺栓、螺钉	A1-50、A2-50、A4-50	$\sigma_{P0.2}=210MPa$	抗拉	1.55
	A1-70、A2-70、A4-70	$\sigma_{P0.2}=450MPa$	抗剪	2.67
	A1-80、A2-80、A4-80	$\sigma_{P0.2}=600MPa$		
碳钢连接件	Q235　$\sigma_s=235\ MPa$		抗拉(压)	1.55
	Q345　$\sigma_R=345\ MPa$		抗剪	2.67
			抗挤压	1.10
不锈钢连接件	0Cr18Ni9　　$\sigma_{P0.2}=205MPa$		抗拉(压)	1.55
	0Cr17Ni12Mo2　$\sigma_{P0.2}=205MPa$		抗剪	2.67
			抗挤压	1.10
铝合金连接件	合金牌号 6061 状态 T4　$\sigma_{P0.2}=110MPa$		抗拉(压)	1.80
	合金牌号 6061 状态 T6　$\sigma_{P0.2}=245MPa$		抗剪	3.10
	合金牌号 6063 状态 T5　$\sigma_{P0.2}=110MPa$			
	合金牌号 6063 状态 T5　$\sigma_{P0.2}=180MPa$			
	合金牌号 6063A 状态 T5 壁厚小于 10mm　$\sigma_{P0.2}=160MPa$		抗挤压	1.10
	合金牌号 6063A 状态 T6 壁厚小于 10mm　$\sigma_{P0.2}=190MPa$			

3.2.6　用于门窗框、扇连接的配件，其设计承载力应小于承载力许用值。对于不能提供承载力许用值的配件，应进行试验确定其承载力，并根据安全使用的最小荷载除以安全系数 K（取 1.65）来换算承载力许用值。

3.3.1　塑料门窗的水密性能应符合现行国家标准《建筑外窗水密性能分级及检测方法》GB/T 7018 的有关规定。水密性设计值应按下式计算，且不得小于 100Pa。

$$P=0.9\mu_z V_0^2 \tag{3.3.1-1}$$

式中　P——水密性设计值（Pa）；

　　　ρ——空气密度，按现行国家标准《建筑结构荷载规范》GB 50009 的规定采用；

　　　μ_z——风压高度变化系数，按现行国家标准《建筑结构荷载规范》GB 50009 的规定采用；

　　　V_0——根据气象资料和建筑物重要性确定的水密性能设计风速（m/s）。

当缺少气象资料无法确定水密性能设计风速时，水密性设计值也可按下式计算：

$$P\geqslant C\mu_z W_0 \tag{3.3.1-2}$$

式中　C——水密性能设计计算系数，受热带风暴和台风袭击的地区取值为 0.5，其他地区取值为 0.4；

　　　W_0——基本风压（Pa），按现行国家标准《建筑结构荷载规范》GB 50009 的规定采用。

3.3.2　门窗水密性能构造设计应符合下列要求：

1　在外门、外窗的框、扇下横边应设置排水孔，并应根据等压原理设置气压平衡孔槽；排水孔的位置、数量及开口尺寸应满足排水要求，内外侧排水槽应横向错开，避免直通；排水孔宜加盖排水孔帽；

2 拼樘料与窗框连接处应采取有效可靠的防水密封措施；

3 门窗框与洞口墙体安装间隙应有防水密封措施；

4 在带外墙外保温层的洞口安装塑料门窗时，宜安装室外披水窗台板，且窗台板的边缘与外墙间妥善收口。

3.3.3 外墙窗楣应做滴水线或滴水槽，外窗台流水坡度不应小于2%。平开窗宜在开启部位安装披水条（图3.3.3）。

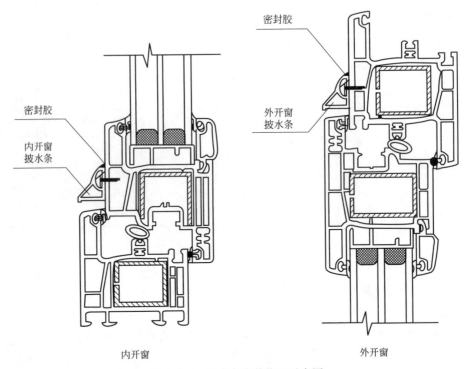

图3.3.3 披水条安装位置示意图

2. 《铝合金门窗工程技术规范》JGJ 214—2010

4.4 抗风压性能

4.4.1 建筑外门窗的抗风压性能指标值（P_3）应按不低于门窗所受的风荷载标准值（W_k）确定，且不应小于$1.0kN/m^2$。

4.4.2 铝合金门窗主要受力杆件在风荷载标准值作用下的挠度值应符合本规范第5.4.1条的规定。

4.5 水密性能

4.5.1 铝合金门窗水密性能设计指标即门窗不发生雨水渗漏的最高风压力差值（ΔP）的计算应符合下列规定：

1 应根据建筑物所在地的气象观测数据和建筑设计需要，确定门窗设防雨水渗漏的最高风力等级；

2 应按照风力等级与风速的对应关系，确定水密性能设计风速（V_0）值；

3 铝合金门窗水密性能设计指标（ΔP）应按下式计算：

$$\Delta P = 0.9\rho\mu_z^2 V_0^2$$

(4.5.1)

式中 ΔP——任意高度 Z 处门窗的瞬时风速压力差值（Pa）；

ρ——空气密度（t/m³），按现行国家标准《建筑结构荷载规范》GB 50009 的规定进行计算；

μ_z——风压高度变化系数，按现行国家标准《建筑结构荷载规范》GB 50009 确定；

V_0——水密性能设计用 10min 平均风速（m/s）。

4.5.2 铝合金门窗的水密性能设计指标可按下式计算：

$$\Delta P \geqslant C\mu_z W_0 \qquad\qquad (4.5.2)$$

式中 ΔP——任意高度 Z 处门窗的瞬时风速风压力差值（Pa）；

C——水密性能设计计算系数：对于热带风暴和台风地区取值为 0.5，其他非热带风暴和台风地区取值为 0.4；

μ_z——风压高度变化系数；

W_0——基本风压（Pa）。

4.5.3 铝合金门窗水密性能构造设计宜采取下列措施：

1 在门窗水平缝隙上方设置一定宽度的披水条；

2 下框室内侧翼缘设计有足够高度的挡水槽；

3 合理设置门窗排水孔，保证排水系统的通畅；

4 对门窗型材构件连接缝隙、附件装配缝隙、螺栓、螺钉孔采取密封防水措施；

5 提高窗杆件刚度，采用多道密封和多点锁紧装置，加强窗可开启部分密封防水性能；

6 门窗框与洞口墙体的安装间隙进行防水密封处理，窗下框与洞口墙体之间设置披水板。

4.5.4 铝合金门窗洞口墙体外表面应有排水措施，外墙窗楣应做滴水线或滴水槽，窗台面应做成流水坡度，滴水槽的宽度和深度均不应小于 10mm。建筑外窗宜与外墙外表面有一定距离。

【条文】**A.1.4** 卫生间、浴室的地面应设置防水层，墙面、顶棚应设置防潮层。

注：本条对应 2019 版《绿色建筑评价标准》安全耐久，第 4.1.6 条。

【设计要点】

1.《住宅室内防水工程技术规范》JGJ 298—2013

5.2.1 卫生间、浴室的楼、地面应设置防水层，墙面、顶棚应设置防潮层，门口应有阻止积水外溢的措施。

2.《民用建筑设计统一标准》GB 50352—2019

6.13.3 厕所、浴室、盥洗室等受水或非腐蚀性液体经常浸湿的楼地面应采取防水、防滑的构造措施，并设排水坡坡向地漏。有防水要求的楼面应低于相邻楼地面 15.0mm。经常有水流淌的楼地面应设置防水层，宜设门槛等挡水设施，且应有排水措施，其楼面应采用不吸水、易冲洗、防滑的面层材料，并应设置防水隔离层。

3.《旅馆建筑设计规范》JGJ 62—2014

5.3.1 厨房、卫生间、盥洗室、浴室、游泳池、水疗室等与相邻房间的隔墙、顶棚采取防潮或防水措施。

5.3.2 厨房、卫生间、盥洗室、浴室、游泳池、水疗室等与其下层房间的楼板应采取防水措施。

【条文】 **A.1.5** 走廊、疏散通道等通行空间应满足紧急疏散、应急救护等要求，且应保持畅通。

　　注：本条对应 2019 版《绿色建筑评价标准》安全耐久，第 4.1.7 条。

【设计要点】

1.《建筑设计防火规范》GB 50016—2014

5.5.1 民用建筑应根据其建筑高度、规模、使用功能和耐火等级等因素合理设置安全疏散和避难设施。安全出口和疏散门的位置、数量、宽度及疏散楼梯间的形式，应满足人员安全疏散的要求。

5.5.2 建筑内的安全出口和疏散门应分散布置，且建筑内每个防火分区或一个防火分区的每个楼层、每个住宅单元每层相邻两个安全出口以及每个房间相邻两个疏散门最近边缘之间的水平距离不应小于 5m。

5.5.3 建筑的楼梯间宜通至屋面，通向屋面的门或窗应向外开启。

5.5.4 自动扶梯和电梯不应计作安全疏散设施。

5.5.5 除人员密集场所外，建筑面积不大于 500m² 、使用人数不超过 30 人且埋深不大于 10m 的地下或半地下建筑（室），当需要设置 2 个安全出口时，其中一个安全出口可利用直通室外的金属竖向梯。

　　除歌舞娱乐放映游艺场所外，防火分区建筑面积不大于 200m² 的地下或半地下设备间、防火分区建筑面积不大于 50m² 且经常停留人数不超过 15 人的其他地下或半地下建筑（室），可设置 1 个安全出口或 1 部疏散楼梯。

　　除本规范另有规定外，建筑面积不大于 200m² 的地下或半地下设备间、建筑面积不大于 50m² 且经常停留人数不超过 15 人的其他地下或半地下房间，可设置 1 个疏散门。

5.5.6 直通建筑内附设汽车库的电梯，应在汽车库部分设置电梯候梯厅，并应采用耐火极限不低于 2.00h 的防火隔墙和乙级防火门与汽车库分隔。

5.5.7 高层建筑直通室外的安全出口上方，应设置挑出宽度不小于 1.0m 的防护挑檐。

5.5.8 公共建筑内每个防火分区或一个防火分区的每个楼层，其安全出口的数量应经计算确定，且不应少于 2 个。设置 1 个安全出口或 1 部疏散楼梯的公共建筑应符合下列条件之一：

　　1 除托儿所、幼儿园外，建筑面积不大于 200m² 且人数不超过 50 人的单层公共建筑或多层公共建筑的首层；

　　2 除医疗建筑，老年人照料设施，托儿所、幼儿园的儿童用房，儿童游乐厅等儿童活动场所和歌舞娱乐放映游艺场所等外，符合表 5.5.8 规定的公共建筑。

表 5.5.8　设置 1 部疏散楼梯的公共建筑

耐火等级	最多层数	每层最大建筑面积(m²)	人数
一级、二级	3 层	200	第二、三层的人数之和不超过 50 人
三级	3 层	200	第二、三层的人数之和不超过 25 人
四级	2 层	200	第二层人数不超过 15 人

5.5.9　一、二级耐火等级公共建筑内的安全出口全部直通室外确有困难的防火分区，可利用通向相邻防火分区的甲级防火门作为安全出口，但应符合下列要求：

1　利用通向相邻防分区的甲级防火门作为安全出口时，应采用防火墙与相邻防火分区进行分隔；

2　建筑面积大于 $1000m^2$ 的防火分区，直通室外的安全出口不应少于 2 个；建筑面积不大于 $1000m^2$ 的防火分区，直通室外的安全出口不应少于 1 个；

3　该防火分区通向相邻防火分区的疏散净宽度不应大于其按本规范第 5.5.21 条规定计算所需疏散总净宽度的 30%，建筑各层直通室外的安全出口总净宽度不应小于按照本规范第 5.5.21 条规定计算所需疏散总净宽度。

5.5.10　高层公共建筑的疏散楼梯，当分散设置确有困难且从任一疏散门至最近疏散楼梯间入口的距离不大于 10m 时，可采用剪刀楼梯间，但应符合下列规定：

1　楼梯间应为防烟楼梯间；

2　梯段之间应设置耐火极限不低于 1.00h 的防火隔墙；

3　楼梯间的前室应分别设置。

5.5.11　设置不少于 2 部疏散楼梯的一、二级耐火等级多层公共建筑，如顶层局部升高，当高出部分的层数不超过 2 层、人数之和不超过 50 人且每层建筑面积不大于 $200m^2$ 时，高出部分可设置 1 部疏散楼梯，但至少应另外设置 1 个直通建筑主体上人平屋面的安全出口，且上人屋面应符合人员安全疏散的要求。

5.5.12　一类高层公共建筑和建筑高度大于 32m 的二类高层公共建筑，其疏散楼梯应采用防烟楼梯间。

裙房和建筑高度不大于 32m 的二类高层公共建筑，其疏散楼梯应采用封闭楼梯间。

注：当裙房与高层建筑主体之间设置防火墙时，裙房的疏散楼梯可按本规范有关单、多层建筑的要求确定。

5.5.13　下列多层公共建筑的疏散楼梯，除与敞开式外廊直接相连的楼梯间外，均应采用封闭楼梯间：

1　医疗建筑、旅馆及类似使用功能的建筑；

2　设置歌舞娱乐放映游艺场所的建筑；

3　商店、图书馆、展览建筑、会议中心及类似使用功能的建筑；

4　6 层及以上的其他建筑。

5.5.13A　老年人照料设施的疏散楼梯或疏散楼梯间宜与敞开式外廊直接连通，不能与敞开式外廊直接连通的室内疏散楼梯应采用封闭楼梯间。建筑高度大于 24m 的老年人照料设施，其室内疏散楼梯应采用防烟楼梯间。

建筑高度大于 32m 的老年人照料设施，宜在 32m 以上部分增设能连通老年人居室和公共活动场所的连廊，各层连廊应直接与疏散楼梯、安全出口或室外避难场地连通。

5.5.14　公共建筑内的客、货电梯宜设置电梯候梯厅，不宜直接设置在营业厅、展览厅、多功能厅等场所内。老年人照料设施内的非消防电梯应采取防烟措施，当火灾情况下需用于辅助人员疏散时，该电梯及其设置应符合本规范有关消防电梯及其设置的要求。

5.5.15　公共建筑内房间的疏散门数量应经计算确定且不应少于 2 个。除托儿所、幼儿园、老年人照料设施、医疗建筑、教学建筑内位于走道尽端的房间外，符合下列条件之一的房间可设置1个疏散门：

1 位于两个安全出口之间或袋形走道两侧的房间，对于托儿所、幼儿园、老年人照料设施，建筑面积不大于50m²；对于医疗建筑、教学建筑，建筑面积不大于75m²；对于其他建筑或场所，建筑面积不大于120m²。

2 位于走道尽端的房间，建筑面积小于50m²且疏散门的净宽度不小于0.90m，或由房间内任一点至疏散门的直线距离不大于15m、建筑面积不大于200m²且疏散门的净宽度不小于1.40m。

3 歌舞娱乐放映游艺场所内建筑面积不大于50m²且经常停留人数不超过15人的厅、室。

5.5.16 剧场、电影院、礼堂和体育馆的观众厅或多功能厅，其疏散门的数量应经计算确定且不应少于2个，并应符合下列规定：

1 对于剧场、电影院、礼堂的观众厅或多功能厅，每个疏散门的平均疏散人数不应超过250人；当容纳人数超过2000人时，其超过2000人的部分，每个疏散门的平均疏散人数不应超过400人。

2 对于体育馆的观众厅，每个疏散门的平均疏散人数不宜超过400人～700人。

5.5.17 公共建筑的安全疏散距离应符合下列规定：

1 直通疏散走道的房间疏散门至最近安全出口的直线距离不应大于表5.5.17的规定。

2 楼梯间应在首层直通室外，确有困难时，可在首层采用扩大的封闭楼梯间或防烟楼梯间前室。当层数不超过4层且未采用扩大的封闭楼梯间或防烟楼梯间前室时，可将直通室外的门设置在离楼梯间不大于15m处。

3 房间内任一点至房间直通疏散走道的疏散门的直线距离，不应大于表5.5.17规定的袋形走道两侧或尽端的疏散门至最近安全出口的直线距离。

4 一、二级耐火等级建筑内疏散门或安全出口不少于2个的观众厅、展览厅、多功能厅、餐厅、营业厅等，其室内任一点至最近疏散门口或安全出口的直线距离不应大于30m；当疏散门不能直通室外地面或疏散楼梯间时，应采用长度不大于10m的疏散走道通至最近的安全出口。当该场所设置自动喷水灭火系统时，室内任一点至最近安全出口的安全疏散距离可分别增加25%。

表5.5.17 直通疏散走道的房间疏散至最近安全出口的直线距离（m）

名称			位于两个安全出口之间的疏散门			位于袋形走道两侧或尽端的疏散门		
			一、二级	三级	四级	一、二级	三级	四级
托儿所、幼儿园、老年人照料设施			25	20	15	20	15	10
歌舞娱乐放映游艺场所			25	20	15	9	—	—
医疗建筑	单、多层		35	30	25	20	15	10
	高层	病房部分	24	—	—	12	—	—
		其他部分	30	—	—	15	—	—
教学建筑	单、多层		35	30	25	22	20	10
	高层		30	—	—	15	—	—

名称		位于两个安全出口 之间的疏散门			位于袋形走道两侧 或尽端的疏散门		
		一、二级	三级	四级	一、二级	三级	四级
高层旅馆、展览建筑		30	—	—	15	—	—
其他 建筑	单、多层	40	35	25	22	20	15
	高层	40	—	—	20	—	—

注：1 建筑内开向敞开式外廊的房间疏散门至最近安全出口的直线距离可按本表的规定增加5m。

2 直通疏散走道的房间疏散门至最近敞开楼梯间的直线距离，当房间位于两个楼梯之间时，应按本表的规定减少5m；当房间位于袋形走道两侧或尽端时，应按本表的规定减少2m。

3 建筑物内全部设置自动喷水灭火系统时，其安全疏散距离可按本表的规定增加25%。

5.5.18 除本规范另有规定外，公共建筑内疏散门和安全出口的净宽度不应小于0.90m，疏散走道和疏散楼梯的净宽度不应小于1.10m。

高层公共建筑内楼梯间的首层疏散门、首层疏散外门、疏散走道和疏散楼梯的最小净宽度应符合表5.5.18的规定。

表5.5.18 高层公共建筑内楼梯间的首层疏散门、首层疏散外门、疏散走道和疏散楼梯的最小净宽度（m）

建筑类别	楼梯间的首层疏散门、 首层疏散外门	走道		疏散楼梯
		半面布层	双面布层	
高层医疗建筑	1.30	1.40	1.50	1.30
其他高层公共建筑	1.20	1.30	1.40	1.20

5.5.19 人员密集的公共场所、观众厅的疏散门不应设置门槛，其净宽度不应小于1.40m，且紧靠门口内外各1.40m范围内不应设置踏步。

人员密集的公共场所的室外疏散通道的净宽度不应小于3.00m，并应直接通向宽敞地带。

5.5.20 剧场、电影院、礼堂、体育馆等场所的疏散走道、疏散楼梯、疏散门、安全出口的各自总净宽度，应符合下列规定：

1 观众厅内疏散走道的净宽度应按每100人不小于0.60m计算，且不应小于1.00m；边走道的净宽度不宜小于0.80m。

布置疏散走道时，横走道之间的座位排数不宜超过20排；纵走道之间的座位数：剧场、电影院、礼堂等，每排不宜超过22个；体育馆，每排不宜超过26个；前后排座椅的排距不小于0.90m时，可增加1.0倍，但不得超过50个；仅一侧有纵走道时，座位数应减少一半。

2 剧场、电影院、礼堂等场所供观众疏散的所有内门、外门、楼梯和走道的各自总净宽度，应根据疏散人数按每100人的最小疏散净宽度不小于表5.5.20-1的规定计算确定。

表5.5.20-1 剧场、电影院、礼堂等场所每100人所需最小疏散净宽度（m/百人）

观众厅座位数(座)			≤2500	≤1200
耐火等级			一、二级	三级
疏散部位	门和走道	平坡地面	0.65	0.85
		阶梯地面	0.75	1.00
	楼梯		0.75	1.00

3 体育馆供观众疏散的所有内门、外门、楼梯和走道的各自总净宽度，应根据疏散人数按每100人的最小疏散净宽度不小于表5.5.20-2的规定计算确定。

表5.5.20-2 体育馆每100人所需最小疏散净宽度（m/百人）

观众厅座位数范围(座)		3000～5000	5001～10000	10001～20000
疏散部位	门和走道 平坡地面	0.43	0.37	0.32
	门和走道 阶梯地面	0.50	0.43	0.37
	楼梯	0.50	0.43	0.37

注：本表中对应较大座位数范围按规定计算的疏散总净宽度，不应小于对应相邻较小座位数范围按其最多座位数计算的疏散总净宽度。对于观众厅座位数少于3000个的体育馆，计算供观众疏散的所有内门、外门、楼梯和走道的各自总净宽度时，每100人的最小疏散净宽度不应小于表5.5.20-1的规定。

4 有等场需要的入场门不应作为观众厅的疏散门。

5.5.21 除剧场、电影院、礼堂、体育馆外的其他公共建筑，其房间疏散门、安全出口、疏散走道和疏散楼梯的各自总净宽度，应符合下列规定：

1 每层的房间疏散门、安全出口、疏散走道和疏散楼梯的各自总净宽度，应根据疏散人数按每100人的最小疏散净宽度不小于表5.5.21-1的规定计算确定。当每层疏散人数不等时，疏散楼梯的总净宽度可分层计算，地上建筑内下层楼梯的总净宽度应按该层及以上疏散人数最多一层的人数计算；地下建筑内上层楼梯的总净宽度应按该层及以下疏散人数最多一层的人数计算。

表5.5.21-1 每层的房间疏散门安全出口、疏散走道和疏散楼梯的每100人最小疏散净宽度（m/百人）

建筑层数		建筑耐火等级		
		一、二级	三级	四级
地上楼层	1～2层	0.65	0.75	1.00
	3层	0.75	1.00	—
	≥4层	1.00	1.25	—
地下楼层	与地面出入口地面的高差 $\Delta H \leq 10m$	0.75	—	—
	与地面出入口地面的高差 $\Delta H > 10m$	1.00	—	—

2 地下或半地下人员密集的厅、室和歌舞娱乐放映游艺场所，其房间疏散门安全出口、疏散走道和疏散楼梯的各自总净宽度，应根据疏散人数按每100人不小于1.00m计算确定。

3 首层外门的总净宽度应按该建筑疏散人数最多一层的人数计算确定，不供其他楼层人员疏散的外门，可按本层的疏散人数计算确定。

4 歌舞娱乐放映游艺场所中录像厅的疏散人数，应根据厅、室的建筑面积按不于1.0人/m^2计算；其他歌舞娱乐放映游艺场所的疏散人数，应根据厅、室的建筑面积按不于0.5人/m^2计算。

5 有固定座位的场所，其疏散人数可按实际座位数的1.1倍计算。

6 展览厅的疏散人数应根据展览厅的建筑面积和人员密度计算，展览厅内的人员密度不宜小于 0.75 人/m²。

7 商店的疏散人数应按每层营业厅的建筑面积乘以表 5.5.21-2 规定的人员密度计算。对于建材商店、家具和灯饰展示建筑，其人员密度可按表 5.5.21-2 规定值的 30% 确定。

表 5.5.21-2　商店营业厅内的人员密度（人/m²）

楼层位置	地下第二层	地下第一层	地上第一、第二层	地上第三层	地上第四层及以上各层
人员密度	0.56	0.60	0.43~0.60	0.39~0.54	0.30~0.42

5.5.22 人员密集的公共建筑不宜在窗口、阳台等部位设置封闭的金属栅栏，确需设置时，应能从内部易于开启；窗口、阳台等部位直根据其高度设置适用的辅助疏散逃生设施。

5.5.23 建筑高度大于100m的公共建筑，应设置避难层（间）。避难层（间）应符合下列规定：

1 第一个避难层（间）的楼地面至灭火救援场地地面的高度不应大于50m，两个避难层（间）之间的高度不宜大于50m。

2 通向避难层（间）的疏散楼梯应在避难层分隔、同层错位或上下层断开。

3 避难层（间）的净面积应能满足设计避难人数避难的要求，并宜按5.0人/m²计算。

4 避难层可兼作设备层。设备管道宜集中布置，其中的易燃、可燃液体或气体管道应集中布置，设备管道区应采用耐火极限不低于3.00h的防火隔墙与避难区分隔。管道井和设备间应采用耐火极限不低于2.00h的防火隔墙与避难区分隔，管道井和设备间的门不应直接开向避难区；确需直接开向避难区时，与避难层区出入口的距离不应小于5m，且应采用甲级防火门。

避难间内不应设置易燃可燃液体或气体管道，不应开设除外窗、疏散门之外的其他开口。

5 避难层应设置消防电梯出口。

6 应设置消火栓和消防软管卷盘。

7 应设置消防专线电话和应急广播。

8 在避难层（间）进入楼梯间的入口处和疏散楼梯通向避难层（间）的出口处，应设置明显的指示标志。

9 应设置直接对外的可开启窗口或独立的机械防烟设施，外窗应采用乙级防火窗。

5.5.24 高层病房楼应在二层及以上的病房楼层和洁净手术部设置避难间。避难间应符合下列规定：

1 避难间服务的护理单元不应超过2个，其净面积应按每个护理单元不小于25.0m²确定。

2 避难间兼作其他用途时，应保证人员的避难安全，且不得减少可供避难的净面积。

3 应靠近楼梯间，并应采用耐火极限不低于2.00h的防火隔墙和甲级防火门与其他部位分隔。

    4   应设置消防专线电话和消防应急广播。

    5   避难间的入口处应设置明显的指示标志。

    6   应设置直接对外的可开启窗或独立的机械防烟设施，外窗应采用乙级防火窗。

5.5.24A   3层及3层以上总建筑面积大于3000m²（包括设置在其他建筑内三层及以上楼层）的老年人照料设施，应在二层及以上各层老年人照料设施部分的每座疏散楼梯间的相邻部位设置1间避难间；当老年人照料设施设置与疏散楼梯或安全出口直接连通的开敞式外廊、与疏散走道直接连通且符合人员避难要求的室外平台等时，可不设置避难间。避难间内可供避难的净面积不应小于12m²，避难间可利用疏散楼梯间的前室或消防电梯的前室，其他要求应符合本规范第5.5.24条的规定。

    供失能老年人使用且层数大于2层的老年人照料设施。应按核定使用人数配备简易防毒面具。

5.5.25   住宅建筑安全出口的设置应符合下列规定：

    1   建筑高度不大于27m的建筑，当每个单元任一层的建筑面积大于650m²，或任一户门至最近安全出口的距离大于15m时，每个单元每层的安全出口不应少于2个；

    2   建筑高度大于27m、不大于54m的建筑，当每个单元任一层的建筑面积大于650m²，或任一户门至最近安全出口的距离大于10m时，每个单元每层的安全出口不应少于2个；

    3   建筑高度大于54m的建筑，每个单元每层的安全出口不应少于2个。

5.5.26   建筑高度大于27m，但不大于54m的住宅建筑，每个单元设置一座疏散楼梯时，疏散楼梯应通至屋面，且单元之间的疏散楼梯应能通过屋面连通，户门应采用乙级防火门。当不能通至屋面或不能通过屋面连通时，应设置2个安全出口。

5.5.27   住宅建筑的疏散楼梯设置应符合下列规定：

    1   建筑高度不大于21m的住宅建筑可采用敞开楼梯间；与电梯井相邻布置的疏散楼梯应采用封闭楼梯间，当户门采用乙级防火门时，仍可采用敞开楼梯间。

    2   建筑高度大于21m、不大于33m的住宅建筑应采用封闭楼梯间；当户门采用乙级防火门时，可采用敞开楼梯间。

    3   建筑高度大于33m的住宅建筑应采用防烟楼梯间。户门不宜直接开向前室，确有困难时，每层开向同一前室的户门不应大于3樘且应采用乙级防火门。

5.5.28   住宅单元的疏散楼梯，当分散设置确有困难且任一户门至最近疏散楼梯间入口的距离不大于10m时，可采用剪刀楼梯间。但应符合下列规定：

    1   应采用防烟楼梯间。

    2   梯段之间应设置耐火极限不低于1.00h的防火隔墙。

    3   楼梯间的前室不宜共用；共用时，前室的使用面积不应小于6.0m²。

    4   楼梯间的前室或共用前室不宜与消防电梯的前室合用；楼梯间的共用前室与消防电梯的前室合用时，合用前室的使用面积不应小于12.0m²，且短边不应小于2.4m。

5.5.29   住宅建筑的安全疏散距离应符合下列规定：

    1   直通疏散走道的户门至最近安全出口的直线距离不应大于表5.5.29的规定。

表 5.5.29　住宅建筑直通疏散走道的户门至最近安全出口的直线距离（m）

住宅建筑类别	位于两个安全出口之间的户门			位于袋形走道两侧或尽端的户门		
	一、二级	三级	四级	一、二级	三级	四级
单、多层	40	35	25	22	20	15
高层	40	—	—	20	—	—

注：1　开向敞开式外廊的户门至最近安全出口的最大直线距离可按本表的规定增加 5m。

　　2　直通疏散走道的户门至最近敞开楼梯间的直线距离，当户门位于两个楼梯间之间时，应按本表的规定减少 5m；当户门位于袋形走道两侧或尽端时，应按本表的规定减少 2m。

　　3　住宅建筑内全部设置自动喷水灭火系统时，其安全疏散距离可按本表的规定增加 25%。

　　4　跃廊式住宅的户门至最近安全出口的距离，应从户门算起，小楼梯的一段距离可按其水平投影长度的 1.50 倍计算。

　　2　楼梯间应在首层直通室外，或在首层采用扩大的封闭楼梯间或防烟楼梯间前室。层数不超过 4 层时，可将直通室外的门设置在离楼梯间不大于 15m 处。

　　3　户内任一点至直通疏散走道的户门的直线距离不应大于表 5.5.29 规定的袋形走道两侧或尽端的疏散门至最近安全出口的最大直线距离。

　　注：跃层式住宅，户内楼梯的距离可按其梯段水平投影长度的 1.50 倍计算。

5.5.30　住宅建筑的户门、安全出口、疏散走道和疏散楼梯的各自总净宽度应经计算确定，且户门和安全出口的净宽度不应小于 0.90m，疏散走道、疏散楼梯和首层疏散外门的净宽度不应小于 1.10m。建筑高度不大于 18m 的住宅中一边设置栏杆的疏散楼梯，其净宽度不应小于 1.0m。

5.5.31　建筑高度大于 100m 的住宅建筑应设置避难层，避难层的设置应符合本规范第 5.5.23 条有关避难层的要求。

2.《防灾避难场所设计规范》GB 51143—2015

7.2.6　避难建筑的出入门应向疏散方向开启，并应易于从内部打开，防火安全出口数量、宽度和总宽度应根据避难人数按照现行国家标准《建筑设计防火规范》GB 50016 的要求确定，并应符合下列规定：

　　1　防火安全出口的有效宽度不应小于 1.10m；安全出口门不应设置门槛；

　　2　避难建筑通往周边场地防火疏散的安全出口的总净宽度和疏散通道的总净宽度按所有使用人员计算不应小于每百人 0.65m。

【条文】**A.1.6**　应具有安全防护的警示和引导标识系统。

　　注：本条对应 2019 版《绿色建筑评价标准》安全耐久，第 4.1.8 条。

【设计要点】

1.《安全标志及其使用导则》GB 2894—2008

4　标志类型

　　安全标志分禁止标志、警告标志、指令标志和提示标志四大类型。

2.《公共建筑标识系统技术规范》GB/T 51223—2017

4.1.1　导向标识系统的规划布局，应以公共建筑空间功能布局及流线为依据，并宜分层级设置。

4.1.2 对于新建的公共建筑，导向标识系统设计应与建筑设计、景观设计、室内设计协同进行。

4.1.3 导向标识系统的信息分级和分布密度，应根据公共建筑类型、建筑规模、建筑空间形态和功能等因素综合确定。

4.1.4 标识的点位规划应考虑与空间环境及其他设施的关系，避免冲突、遮蔽，必要时可与其他设施合并设置。

4.4.2 人行导向标识点位的设置应符合下列规定：

　　1 在人行流线的起点、终点、转折点、分叉点、交汇点等容易引起行人对人行路线疑惑的位置，应设置导向标识点位；

　　2 在连续通道范围内，导向标识点位的间距应考虑其所处环境、标识大小与字体、人流密集程度等因素综合确定，并不应超过 50m；

　　3 公共建筑应设置楼梯、电梯或自动扶梯所在位置的标识；

　　4 在不同功能区域，或进出上下不同楼层及地下空间的过渡区域应设置导向标识点位。

【条文】**A.1.7** 室内空气中的氨、甲醛、苯、总挥发性有机物、氡等污染物浓度应符合现行国家标准《室内空气质量标准》GB/T 18883 的有关规定。建筑室内和建筑主出入口处应禁止吸烟，并应在醒目位置设置禁烟标志。

　　注：本条对应 2019 版《绿色建筑评价标准》健康舒适，第 5.1.1 条。

【设计要点】

《室内空气质量标准》GB/T 18883—2002

表1　室内空气质量标准

序号	参数类别	参数	单位	标准值	备注
1	物理性	温度	℃	22～28	夏季空调
				16～24	冬季采暖
2		相对湿度	%	40～80	夏季空调
				30～60	冬季采暖
3		空气流速	m/s	0.3	夏季空调
				0.2	冬季采暖
4		新风量	m³/(h·人)	30ᵃ	
5	化学性	二氧化硫 SO_2	mg/m³	0.50	1h均值
6		二氧化氮 SO_2	mg/m³	0.24	1h均值
7		一氧化碳 CO	mg/m³	10	1h均值
8		二氧化碳 CO_2	%	0.10	1h均值
9		氨 NH_3	mg/m³	0.20	1h均值
10		臭氧 O_3	mg/m³	0.16	1h均值
11		甲醛 HCHO	mg/m³	0.10	1h均值
12		苯 C_6H_6	mg/m³	0.11	1h均值
13		甲苯 C_7H_8	mg/m³	0.20	1h均值

序号	参数类别	参数	单位	标准值	备注
14	化学性	二甲苯 C_8H_{10}	mg/m^3	0.20	1h 均值
15		苯[a]并芘 B(a)P	ng/m^3	1.0	日平均值
16		可吸入颗粒物 PM_{10}	mg/m^3	0.15	日平均值
17		总挥发性有机物 TOVC	mg/m^3	0.60	8 小时均值
18	生物性	菌落总数	cfu/m^3	2500	依据仪器定[b]
19	放射性	氡^{222}Rn	Bq/m^3	400	年平均值(0 行动水平[c])

a 新风量要求≥标准值,除温度、相对湿度外的其他参数要求≤标准值;

b 见附录D;

c 达到此水平建议采取干预行动以降低室内氡浓度

【条文】A.1.8 应采取措施避免厨房、餐厅、打印复印室、卫生间、地下车库等区域的空气和污染物串通到其他空间;应防止厨房、卫生间的排气倒灌。

注:本条对应 2019 版《绿色建筑评价标准》健康舒适,第 5.1.2 条。

【设计要点】

1.《住宅设计规范》GB 50096—2011

5.3.3 厨房应设置洗涤池、案台、炉灶及排油烟机、热水器等设施或为其预留位置。

5.3.4 厨房应按炊事操作流程布置。排油烟机的位置应与炉灶位置对应,并应与排气道直接连通。

8.5.1 排油烟机的排气管道可通过竖向排气道或外墙排向室外。当通过外墙直接排至室外时,应在室外排气口设置避风、防雨和防止污染墙面的构件。

8.5.2 严寒、寒冷、夏热冬冷地区的厨房,应设置供厨房房间全面通风的自然通风设施。

8.5.3 无外窗的暗卫生间,应设置防止回流的机械通风设施或预留机械通风设置条件。

8.5.4 以煤、薪柴、燃油为燃料进行分散式采暖的住宅,以及以煤、薪柴为燃料的厨房,应设烟囱;上下层或相邻房间合用一个烟囱时,必须采取防止串烟的措施。

2.《住宅建筑规范》GB 50368—2005

8.3.6 厨房和无外窗的卫生间应有通风措施,且应预留安装排风机的位置和条件。

8.3.7 当采用竖向通风道时,应采取防止支管回流和竖井泄漏的措施。

3.《建筑设计防火规范》GB 50016—2018

9.1.4 民用建筑内空气中含有容易起火或爆炸危险物质的房间,应设置自然通风或独立的机械通风设施,且其空气不应循环使用。

4.《民用建筑设计统一标准》GB 50352—2019

7.2.2 采用直接自然通风的空间,通风开口有效面积应符合下列规定:

1 生活、工作的房间的通风开口有效面积不应小于该房间地面面积的 1/20;

2 厨房的通风开口有效面积不应小于该房间地板面积的 1/10,并不得小于 $0.6m^2$;

3 进出风开口的位置应避免设在通风不良区域,且应避免进出风开口气流短路。

7.2.3 严寒地区居住建筑中的厨房、厕所、卫生间应设自然通风道或通风换气设施。

【条文】A.1.9 主要功能房间的室内噪声级和隔声性能应符合下列规定:

1 室内噪声级应符合现行国家标准《民用建筑隔声设计规范》GB 50118 中的低限要求；

2 外墙、隔墙、楼板和门窗的隔声性能应满足现行国家标准《民用建筑隔声设计规范》GB 50118 中的低限要求。

注：本条对应 2019 版《绿色建筑评价标准》健康舒适，第 5.1.4 条。

【设计要点】

《民用建筑隔声设计规范》GB 50118—2010

4 住宅建筑

4.1 允许噪声级

4.1.1 卧室、起居室（厅）内的噪声级，应符合表 4.1.1 的规定。

表 4.1.1 卧室、起居室（厅）内的允许噪声级

房间名称	允许噪声级（A 声级，dB）	
	昼间	夜间
卧室	≤45	≤37
起居室（厅）	≤45	

4.1.2 高要求住宅的卧室、起居室（厅）内的噪声级，应符合表 4.1.2 的规定。

表 4.1.2 高要求住宅的卧室、起居室（厅）内允许的噪声级

房间名称	允许噪声级（A 声级，dB）	
	昼间	夜间
卧室	≤40	≤30
起居室（厅）	≤40	

4.2 隔声标准

4.2.1 分户墙、分户楼板及分隔住宅和非居住用途空间楼板的空气隔声性能，应符合表 4.2.1 的规定。

表 4.2.1 分户构件空气声隔声标准

构件名称	空气声隔声单值评价量＋频谱修正量(dB)	
分户墙、分户楼板	计权隔声量＋粉红噪声频谱修正量 R_w+C	＞45
分隔住宅和非居住用途空间的楼板	计权隔声量＋交通噪声频谱修正量 R_w+C_{tr}	＞51

4.2.2 相邻两户房间之间及住宅和非居住区用途空间分隔楼板上下的房间之间的空气隔声性能，应符合表 4.2.2 的规定。

表 4.2.2 房间之间空气声隔声标准

构件名称	空气声隔声单值评价量＋频谱修正量(dB)	
卧室、起居室（厅）与邻户房间之间	计权标准化声压级差＋粉红噪声频谱修正量 $D_{nt.w}+C$	≥45
住宅和非居住区用途空间分隔楼板上下的房间之间	计权标准化声压级差＋交通噪声频谱修正量 $D_{nt.w}+C_{tr}$	≥51

4.2.3 高要求住宅的分户墙、分户楼板的空气隔声性能，应符合表4.2.3的规定。

表4.2.3 高要求住宅的分户构件空气声隔声标准

构件名称	空气声隔声单值评价量+频谱修正量(dB)	
分户墙、分户楼板	计权隔声量+粉红噪声频谱修正量 R_w+C	≥50

4.2.4 高要求住宅相邻两户房间之间的空气声隔声性能，应符合表4.2.4的规定。

表4.2.4 高要求住宅房间之间空气声隔声标准

房间名称	空气声隔声单值评价量+频谱修正量(dB)	
卧室、起居室(厅)与邻户房间之间	计权标准化声压级差+粉红噪声频谱修正量 $D_{nt.w}+C$	≥50
相邻两户的卫生间之间	计权标准化声压级差+交通噪声频谱修正量 $D_{nt.w}+C_{tr}$	≥50

4.2.5 外窗（包括未封闭阳台的门）的空气声隔声性能，应符合表4.2.5的规定。

表4.2.5 外窗（包括未封闭阳台的门）的空气声隔声性能标准

构件名称	空气声隔声单值评价量+频谱修正量(dB)	
交通干线两侧卧室、起居室(厅)的窗	计权隔声量+交通噪声频谱修正量 R_w+C_{tr}	≥30
其他窗	计权隔声量+交通噪声频谱修正量 R_w+C_{tr}	≥25

4.2.6 外墙、户（套）门和户内分室墙的空气声隔声性能，应符合表4.2.6的规定。

表4.2.6 外墙、户（套）门和户内分室墙的空气声隔声标准

构件名称	空气声隔声单值评价量+频谱修正量(dB)	
外墙	计权隔声量+交通噪声频谱修正量 R_w+C_{tr}	≥45
户(套)门	计权隔声量+粉红噪声频谱修正量 R_w+C	≥25
户内卧室墙	计权隔声量+粉红噪声频谱修正量 R_w+C	≥35
户内其他分室墙	计权隔声量+粉红噪声频谱修正量 R_w+C	≥30

4.2.7 卧室、起居室（厅）的分户楼板的撞击声隔声性能，应符合表4.2.7的规定。

表4.2.7 分户楼板撞击声隔声标准

构件名称	撞击声隔声单值评价量(dB)	
卧室、起居室(厅) 的分户楼板	计权规范化撞击声压级 $L_{n.w}$（实验室测量）	＜75
	计权规范化撞击声压级 $L'_{nT.w}$（现场测量）	≤75

注：当确有困难时，可允许住宅分户楼板的撞击声隔声单值评价量小于或等于85dB，但在楼板结构上应预留改善的可能条件。

4.2.8 高要求住宅卧室、起居室（厅）的分户楼板的撞击声隔声性能，应符合表4.2.8

的规定。

表 4.2.8 高要求住宅分户楼板撞击声隔声标准

构件名称	撞击声隔声单值评价量(dB)	
卧室、起居室(厅)的分户楼板	计权规范化撞击声压级 $L_{n,w}$(实验室测量)	<65
	计权规范化撞击声压级 $L'_{nT,w}$(现场测量)	≤65

5 学校建筑

5.1 允许噪声级

5.1.1 学校建筑中各种教学用房内的噪声级,应符合表 5.1.1 的规定。

表 5.1.1 室内允许噪声级

房间名称	允许噪声级(A 声级,dB)
语言教室、阅览室	≤40
普通教室、实验室、计算机房	≤45
音乐教室、琴房	≤45
舞蹈教室	≤50

5.1.2 学校建筑中教学辅助用房内的噪声级,应符合表 5.1.2 的规定。

表 5.1.2 室内允许噪声级

房间名称	允许噪声级(A 声级,dB)
教师办公室、休息室、会议室	≤45
健身房	≤50
教学楼中封闭的走廊、楼梯间	≤50

5.2 隔声标准

5.2.1 教学楼用房隔墙、楼板的空气隔声性能,应符合表 5.2.1 的规定。

表 5.2.1 教学楼用房隔墙、楼板的空气隔声标准

构件名称	空气声隔声单值评价量+频谱修正量(dB)	
语言教室、阅览室的隔墙与楼板	计权隔声量+粉红噪声频谱修正量 R_w+C	>50
普通教室与各种产生噪声的房间之间的隔墙、楼板	计权隔声量+粉红噪声频谱修正量 R_w+C	>50
普通教室之间的隔墙与楼板	计权隔声量+粉红噪声频谱修正量 R_w+C	>45
音乐教室、琴房之间的隔墙与楼板	计权隔声量+粉红噪声频谱修正量 R_w+C	>45

注:产生噪声的房间系指音乐教室、舞蹈教室、琴房、健身房,以下相同。

5.2.2 教学用房与相邻房间之间的空气隔声性能,应符合表 5.2.2 的规定。

表 5.2.2　教学用房与相邻房间之间的空气隔声标准

房间名称	空气声隔声单值评价量＋频谱修正量(dB)	
语言教室、阅览室与相邻房间之间	计权标准化声压级差＋粉红噪声频谱修正量 $D_{nt.w}+C$	≥50
普通教室与各种产生噪声的房间之间	计权标准化声压级差＋粉红噪声频谱修正量 $D_{nt.w}+C$	≥50
普通教室之间	计权标准化声压级差＋粉红噪声频谱修正量 $D_{nt.w}+C$	≥45
音乐教室、琴房之间	计权标准化声压级差＋粉红噪声频谱修正量 $D_{nt.w}+C$	≥45

5.2.3　教学用房的外墙、外窗和门的空气声隔声性能，应符合表 5.2.3 的规定。

表 5.2.3　外墙、外窗和门的空气声隔声标准

房间名称	空气声隔声单值评价量＋频谱修正量(dB)	
外墙	计权隔声量＋交通噪声频谱修正量 R_w+C_{tr}	≥45
临交通干线的外窗	计权隔声量＋交通噪声频谱修正量 R_w+C_{tr}	≥30
其他外窗	计权隔声量＋交通噪声频谱修正量 R_w+C_{tr}	≥25
产生噪声房间的门	计权隔声量＋粉红噪声频谱修正量 R_w+C	≥25
其他门	计权隔声量＋粉红噪声频谱修正量 R_w+C	≥20

5.2.4　教学用房楼板的撞击声隔声性能，应符合表 5.2.4 的规定。

表 5.2.4　教学用房楼板的撞击声隔声标准

构件名称	撞击声隔声单值评价量(dB)	
	计权规范化撞击声压级 $L_{n.w}$ (实验室测量)	计权规范化撞击声压级 $L'_{nT.w}$(现场测量)
语言教室、阅览室与上层房间之间的楼板	<65	≤65
普通教室、实验室、计算机房与 上层产生噪声的房间之间的楼板	<65	≤65
琴房、音乐教室之间的楼板	<65	≤65
普通教室之间的楼板	<75	≤75

注：当确有困难时，可允许住普通教室之间楼板的撞击声隔声单值评价量小于或等于85dB，但在楼板结构上应预留改善的可能条件。

6　医院建筑

6.1　允许噪声级

6.1.1 医院主要房间内的噪声级,应符合表6.1.1的规定。

表6.1.1 室内允许噪声级

房间名称	允许噪声级(A 声级,dB)			
	高要求标准		低限标准	
	昼间	夜间	昼间	夜间
病房、医护人员休息室	≤40	≤35	≤45	≤40
各类重症监护室	≤40	≤35	≤45	≤40
诊室	≤40		≤45	
手术室、分娩室	≤40		≤45	
洁净手术室	—		≤50	
人工生殖中心净化区	—		≤40	
听力测听室	—		≤25	
化验室、分析实验室	—		≤40	
入口大厅、候诊室	≤50		≤55	

注:1 对特殊要求的病房,室内允许噪声级应小于或等于30dB;

　　2 表中听力测听室允许噪声级的数值,适用于采用纯音气导和骨导听阈测听法的听力测听室,采用声场测听法的听力测听室的允许噪声级另有规定。

6.2 隔声标准

6.2.1 医院各类房间隔墙、楼板的空气声隔声性能应符合表6.2.1的规定。

表6.2.1 各类房间隔墙、楼板的空气声隔声标准

构件名称	空气声隔声单值评价量+频谱修正量(dB)	高要求标准(dB)	低限标准(dB)
病房与产生噪声的房间之间的隔墙、楼板	计权隔声量+交通噪声频谱修正量 R_w+C_{tr}	>55	>50
手术室与产生噪声的房间之间的隔墙、楼板	计权隔声量+交通噪声频谱修正量 R_w+C_{tr}	>50	>45
病房之间及病房、手术室与普通房间之间的隔墙、楼板	计权隔声量+粉红噪声频谱修正量 R_w+C	>50	>45
诊室之间的隔墙、楼板	计权隔声量+粉红噪声频谱修正量 R_w+C	>45	>40
听力测试室的隔墙、楼板	计权隔声量+粉红噪声频谱修正量 R_w+C	—	>50
体外震波碎石室、核磁共振室的隔墙、楼板	计权隔声量+交通噪声频谱修正量 R_w+C_{tr}	—	>50

6.2.2 相邻房间之间的空气声隔声性能,应符合表6.2.2的规定。

表6.2.2 相邻房间之间的空气声隔声标准

房间名称	空气声隔声单值评价量+频谱修正量(dB)	高要求标准(dB)	低限标准(dB)
病房与产生噪声的房间之间	计权标准化声压级差+交通噪声频谱修正量 $D_{nt,w}+C_{tr}$	≥55	≥50

房间名称	空气声隔声单值评价量+ 频谱修正量(dB)	高要求标准(dB)	低限标准(dB)
手术室与产生噪声的房间之间	计权标准化声压级差+ 交通噪声频谱修正量 $D_{nt.w}+C_{tr}$	≥50	≥45
病房之间及手术室、病房与普通房间之间	计权标准化声压级差+ 粉红噪声频谱修正量 $D_{nt.w}+C$	≥50	≥45
诊室之间	计权标准化声压级差+ 粉红噪声频谱修正量 $D_{nt.w}+C$	≥45	≥40
听力测听室与毗邻房间之间	计权标准化声压级差+ 粉红噪声频谱修正量 $D_{nt.w}+C$	—	≥50
体外震波碎石室、核磁共振室与毗邻房间之间	计权标准化声压级差+ 交通噪声频谱修正量 $D_{nt.w}+C_{tr}$		≥50

6.2.3 外墙、外窗和门的空气声隔声性能，应符合表6.2.3的规定。

表6.2.3 外墙、外窗和门的空气声隔声标准

构件名称	空气声隔声单值评价量+频谱修正量(dB)	
外墙	计权隔声量+交通噪声频谱修正量 R_w+C_{tr}	≥45
外窗	计权隔声量+交通噪声频谱修正量 R_w+C_{tr}	≥30(临街一侧病房)
		≥25(其他)
门	计权隔声量+粉红噪声频谱修正量 R_w+C	≥30(听力测试室)
		≥20(其他)

6.2.4 各类房间与上层房间之间楼板的撞击声隔声性能，应符合表6.2.4的规定。

表6.2.4 各类房间与上层房间之间楼板的撞击声隔声标准

构件名称	撞击声隔声单值评价量(dB)	高标准要求(dB)	低限要求(dB)
病房、手术室与上层房间之间的楼板	计权规范化撞击声压级 $L_{n.w}$(实验室测量)	<65	<75
	计权规范化撞击声压级 $L'_{nT.w}$(现场测量)	≤65	≤75
听力测试室与上层房间之间的楼板	计权规范化撞击声压级 $L'_{nT.w}$(现场测量)	—	≤60

注：当确有困难时，可允许住上层为普通房间的病房、手术室顶部楼板的撞击声隔声单值评价量小于或等于85dB，但在楼板结构上应预留改善的可能条件。

7 旅馆建筑

7.1 允许噪声级

7.1.1 旅馆建筑各房间的噪声级，应符合表7.1.1的规定。

表 7.1.1 室内允许噪声级

房间名称	允许噪声级(A 声级,dB)					
	特级		一级		二级	
	昼间	夜间	昼间	夜间	昼间	夜间
客房	≤35	≤30	≤40	≤35	≤45	≤40
办公室、会议室	≤40		≤45		≤45	
多用途厅	≤40		≤45		≤50	
餐厅、宴会厅	≤45		≤50		≤55	

7.2 隔声标准

7.2.1 客房之间的隔墙或楼板、客房与走廊之间的隔墙、客房外墙(含窗)的空气隔声性能,应符合表 7.2.1 的规定。

表 7.2.1 客房墙、楼板的空气声隔声标准

构件名称	空气声隔声单值评价量+频谱修正量	特级(dB)	一级(dB)	二级(dB)
客房之间的隔墙、楼板	计权隔声量+粉红噪声频谱修正量 R_w+C	>50	>45	>40
客房与走廊之间的隔墙	计权隔声量+粉红噪声频谱修正量 R_w+C	>45	>45	>40
客房外墙(含窗)	计权隔声量+交通噪声频谱修正量 R_w+C_{tr}	>40	>35	>30

7.2.2 客房之间、走廊与客房之间,以及室外与客房之间的空气隔声性能,应符合表 7.2.2 的规定。

表 7.2.2 客房之间、走廊与客房之间以及室外与客房之间的空气隔声标准

房间名称	空气声隔声单值评价量+频谱修正量	特级(dB)	一级(dB)	二级(dB)
客房之间	计权标准化声压级差+粉红噪声频谱修正量 $D_{nt.w}+C$	≥50	≥45	≥40
走廊与客房之间	计权标准化声压级差+粉红噪声频谱修正量 $D_{nt.w}+C$	≥40	≥40	≥35
室外与客房	计权标准化声压级差+交通噪声频谱修正量 $D_{nt.w}+C_{tr}$	≥40	≥35	≥30

7.2.3 客房外窗与客房门的空气声隔声性能,应符合表 7.2.3 的规定。

表 7.2.3 客房外窗与客房门之间的空气隔声标准

构件名称	空气声隔声单值评价量+频谱修正量	特级(dB)	一级(dB)	二级(dB)
客房外窗	计权隔声量+交通噪声频谱修正量 R_w+C_{tr}	≥35	≥30	≥25
客房门	计权隔声量+粉红噪声频谱修正量 R_w+C	≥30	≥25	≥20

7.2.4 客房与上层房间之间的楼板的撞击声隔声性能,应符合表 7.2.4 的规定。

表 7.2.4　客房楼板撞击声隔声标准

楼板部位	撞击声隔声单值评价量	特级(dB)	一级(dB)	二级(dB)
客房与上层房间之间的楼板	计权规范化撞击声压级 $L_{n,w}$（实验室测量）	<55	<65	<75
	计权规范化撞击声压级 $L'_{nT,w}$（现场测量）	≤55	≤65	≤75

7.2.5　客房及其他对噪声敏感的房间与有噪声或振动源的房间之间的隔墙和楼板，其空气声隔声性能标准、撞击声隔声性能标准应根据噪声和振动源的具体情况确定，并应对噪声和振动源进行减噪和隔振处理，使客房及其他对噪声敏感的房间内的噪声级满足本规范表 7.1.1 的规定。

7.2.6　不同级别旅馆建筑的声学指标（包括室内允许噪声级、空气声隔声标准及撞击声隔声标准）所应达到的等级，应符合本规范表 7.2.6 的规定。

表 7.2.6　声学指标等级与旅馆建筑等级的对应关系

声学指标的等级	旅馆建筑的等级
特级	五星级以上旅游饭店及同档次旅馆建筑
一级	三、四星级旅游饭店及同档次旅馆建筑
二级	其他档次的旅馆建筑

8　办公建筑

8.1　允许噪声级

8.1.1　办公室、会议室内的噪声级，应符合表 8.1.1 的规定。

表 8.1.1　办公室、会议室内允许噪声级

房间名称	允许噪声级(A 声级,dB)	
	高要求标准	低限标准
单人办公室	≤35	≤40
多人办公室	≤40	≤45
电视电话会议室	≤35	≤40
普通会议室	≤40	≤45

8.2　隔声标准

8.2.1　办公室、会议室隔墙、楼板的空气声隔声性能，应符合表 8.2.1 的规定。

表 8.2.1　办公室、会议室隔墙、楼板的空气声隔声标准

构件名称	空气声隔声单值评价量＋频谱修正量(dB)	高要求标准	低限标准
办公室、会议室与产生噪声的房间之间的隔墙、楼板	计权隔声量＋交通噪声频谱修正量 R_w+C_{tr}	>50	>45
办公室、会议室与普通房间之间的隔墙、楼板	计权隔声量＋粉红噪声频谱修正量 R_w+C	>50	>45

8.2.2　办公室、会议室与相邻房间之间的空气声隔声性能，应符合表 8.2.2 的规定。

表 8.2.2　办公室、会议室与相邻房间之间的空气声隔声标准

房间名称	空气声隔声单值评价量＋频谱修正量(dB)	高要求标准	低限标准
办公室、会议室与产生噪声的房间之间	计权标准化声压级差＋交通噪声频谱修正量 $D_{nt.w}+C_{tr}$	≥50	≥45
办公室、会议室与普通房间之间	计权标准化声压级差＋粉红噪声频谱修正量 $D_{nt.w}+C$	≥50	≥45

8.2.3　办公室、会议室的外墙、外窗（包括未封闭阳台的门）和门的空气声隔声性能，应符合表 8.2.3 的规定。

表 8.2.3　办公室、会议室的外墙、外窗和门的空气声隔声标准

构件名称	空气声隔声单值评价量＋频谱修正量(dB)	
外墙	计权隔声量＋交通噪声频谱修正量 R_w+C_{tr}	≥45
临交通干线的办公室、会议室外窗	计权隔声量＋交通噪声频谱修正量 R_w+C_{tr}	≥30
其他外窗	计权隔声量＋交通噪声频谱修正量 R_w+C_{tr}	≥25
门	计权隔声量＋粉红噪声频谱修正量 R_w+C	≥20

8.2.4　办公室、会议室顶部楼板的撞击声隔声性能，应符合表 8.2.4 的规定。

表 8.2.4　办公室、会议室顶部楼板的撞击声隔声标准

构件名称	撞击声隔声单值评价量(dB)			
	高要求标准		低限标准	
	计权规范化撞击声压级 $L_{n.w}$（实验室测量）	计权规范化撞击声压级 $L'_{nT.w}$（现场测量）	计权规范化撞击声压级 $L_{n.w}$（实验室测量）	计权规范化撞击声压级 $L'_{nT.w}$（现场测量）
办公室、会议室顶部的楼板	<65	≤65	<75	≤75

注：当确有困难时，可允许办公室、会议室顶部楼板的计权规范化撞击声压级或计权标准化撞击声压级小于或等于 85dB，但在楼板结构上应预留改善的可能条件。

9　商业建筑

9.1　允许噪声级

9.1.1　商业建筑各房间内空场时的噪声级，应符合表 9.1.1 的规定。

表 9.1.1　室内允许噪声级

房间名称	允许噪声级(A 声级,dB)	
	高要求标准	低限标准
商场、商店、购物中心、会展中心	≤50	≤55
餐厅	≤45	≤55
员工休息室	≤40	≤45
走廊	≤50	≤60

9.3　隔声标准

9.3.1　噪声敏感房间与产生噪声房间之间的隔墙、楼板的空气声隔声性能应符合表 9.3.1 的规定。

表 9.3.1　噪声敏感房间与产生噪声房间之间的隔墙、楼板的空气声隔声标准

围护结构部位	空气声隔声单值评价量+频谱修正量(dB)	
	高要求标准	低限标准
健身中心、娱乐场所等与噪声敏感间之间的隔墙、楼板	≥60	≥55
购物中心、餐厅、会展中心等与噪声敏感间之间的隔墙、楼板	≥50	≥45

9.3.2　噪声敏感房间与产生噪声房间之间的空气声隔声性能应符合表 9.3.2 的规定。

表 9.3.2　噪声敏感房间与产生噪声房间之间的空气声隔声标准

房间名称	计权标准化声压级差+交通噪声频谱修正量 $D_{nt.w}+C_{tr}$(dB)	
	高要求标准	低限标准
健身中心、娱乐场所等与噪声敏感间之间	≥60	≥55
购物中心、餐厅、会展中心等与噪声敏感间之间	≥50	≥45

9.3.3　噪声敏感房间的上一层为产生噪声房间时，噪声敏感房间顶部楼板的撞击声隔声性能应符合表 9.3.3 的规定。

表 9.3.3　噪声敏感房间顶部楼板的撞击声隔声标准

构件名称	撞击声隔声单值评价量(dB)			
	高要求标准		低限标准	
	计权规范化撞击声压级 $L_{n.w}$（实验室测量）	计权规范化撞击声压级 $L'_{nT.w}$（现场测量）	计权规范化撞击声压级 $L_{n.w}$（实验室测量）	计权规范化撞击声压级 $L'_{nT.w}$（现场测量）
健身中心、娱乐场所等与噪声敏感间之间的楼板	<45	≤45	<50	≤50

【条文】A.1.10　围护结构热工性能应符合下列规定：

　　1　在室内设计温度、湿度条件下，建筑非透光围护结构内表面不得结露；

　　2　供暖建筑的屋面、外墙内部不应产生冷凝；

　　3　屋顶和外墙的隔热性能应满足现行国家标准《民用建筑热工设计规范》GB 50176 的要求。

　　注：本条对应 2019 版《绿色建筑评价标准》健康舒适，第 5.1.7 条。

【设计要点】

《民用建筑热工设计规范》GB 50176—2016

6.1.1　在给定两侧空气温度及变化规律的情况下，外墙内表面最高温度应符合表 6.1.1 的规定。

表 6.1.1　在给定两侧空气温度及变化规律的情况下，外墙内表面最高温度限值

房间类型	自然通风房间	空调房间	
		重质围护结构($D≥2.5$)	轻质围护结构($D<2.5$)
内表面最高温度$\theta_{i,max}$	$≤t_{e,max}$	$≤t_i+2$	$≤t_i+3$

6.2.1 在给定两侧空气温度及变化规律的情况下，屋面内表面最高温度应符合表6.2.1的规定。

表6.2.1 在给定两侧空气温度及变化规律的情况下，屋面内表面最高温度限值

房间类型	自然通风房间	空调房间	
		重质围护结构($D \geq 2.5$)	轻质围护结构($D < 2.5$)
内表面最高温度$\theta_{i, \max}$	$\leq t_{e, \max}$	$\leq t_i + 2.5$	$\leq t_i + 3.5$

7.1.3 围护结构内任一层内界面的水蒸气分压分布曲线不应与该界面饱和水蒸气分压曲线相交。围护结构内任一层内界面饱和水蒸气分压 P_s，应按本规范表B.8的规定确定。任一层内界面的水蒸气分压 P_m 应按下式计算：

$$P_m = P_i - \frac{\sum\limits_{j=1}^{m-1} H_j}{H_0}(P_i - P_e) \tag{7.1.3}$$

式中 P_m——任一层内界面的水蒸气分压（Pa）；

P_i——室内空气水蒸气分压（Pa），应按本规范第3.3.1条规定的室内温度和相对湿度计算确定；

H_0——围护结构的总蒸汽渗透阻（$m^2 \cdot h \cdot Pa/g$），应按本规范第3.4.15条的规定计算；

$\sum\limits_{j=1}^{m-1} H_j$——从室内一侧算起，由第1层到第 $m-1$ 层的蒸汽渗透阻之和（$m^2 \cdot h \cdot Pa/g$）；

P_e——室外空气水蒸气分压（Pa），应按本规范附录表A.0.1中的采暖期室外平均温度和平均相对湿度确定。

7.1.4 当围护结构内部可能发生冷凝时，冷凝计算界面内侧所需的蒸汽渗透阻应按下式计算：

$$H_{0,i} = \frac{P_i - P_{s,c}}{\dfrac{10\rho_0 \delta_i [\Delta \omega]}{24Z} + \dfrac{P_{s,c} - P_e}{H_{0,e}}} \tag{7.1.4}$$

式中 $H_{0,i}$——冷凝计算界面内侧所需的蒸汽渗透阻（$m^2 \cdot h \cdot Pa/g$）；

$H_{0,e}$——冷凝计算界面至围护结构外表面之间的蒸汽渗透阻（$m^2 \cdot h \cdot Pa/g$）；

ρ_0——保温材料的干密度（kg/m^3）；

δ_i——保温材料的厚度（m）；

$[\Delta \omega]$——保温材料重量湿度的允许增量（%），应按本规范表7.1.2的规定取值；

Z——采暖期天数，应按本规范附录A表A.0.1的规定取值；

$P_{s,c}$——冷凝计算界面处与界面温度 θ_c 对应的饱和水蒸气分压（Pa）。

7.1.5 围护结构冷凝计算界面温度应按下式计算：

$$\theta_c = t_i - \frac{t_i - \bar{t}_e}{R_0}(R_i + R_{c \cdot i}) \tag{7.1.5}$$

式中 θ_c——冷凝计算界面温度（℃）；

$\quad t_i$——室内计算温度（℃），应按本规范第 3.3.1 条的规定取值；

$\quad t_e$——采暖期室外平均温度（℃），应按本规范附录表 A.0.1 的规定取值；

$\quad R_i$——内表面换热阻（$m^2 \cdot K/W$），应按本规范附录第 B.4 节的规定取值；

$\quad R_{c \cdot i}$——冷凝计算界面至围护结构内表面之间的热阻（$m^2 \cdot K/W$）；

$\quad R_o$——围护结构传热阻（$m^2 \cdot K/W$）。

7.1.6 围护结构冷凝计算界面的位置，应取保温层与外侧密实材料层的交界处。

7.1.7 对于不设通风口的坡屋面，其顶棚部分的蒸汽渗透阻应符合下式要求：

$$H_{0 \cdot c} > 1.2(P_i - P_e) \tag{7.1.7}$$

式中 $H_{0 \cdot c}$——顶棚部分的蒸汽渗透阻（$m^2 \cdot h \cdot Pa/g$）。

7.2.1 冬季室外计算温度 t_e 低于 0.9℃时，应对围护结构进行内表面结露验算。

7.2.2 围护结构平壁部分的内表面温度应按本规范第 3.4.16 条计算。热桥部分的内表面温度应采用符合本规范附录第 C.2.4 条规定的软件计算，或通过其他符合本规范附录第 C.2.5 条规定的二维或三维稳态传热软件计算得到。

7.2.3 当围护结构内表面温度低于空气露点温度时，应采取保温措施，并应重新复核围护结构内表面温度。

【条文】**A.1.11** 应结合场地自然条件和建筑功能需求，对建筑的体形、平面布局、空间尺度、围护结构等进行节能设计，且应符合国家有关节能设计的要求。

注：本条对应 2019 版《绿色建筑评价标准》资源节约，第 7.1.1 条。

【设计要点】

1.《公共建筑节能设计标准》GB 50189—2015

3.1.3 建筑群的总体规划应考虑减轻热岛效应。建筑的总体规划和总平面设计应有利于自然通风和冬季日照。建筑的主朝向宜选择本地区最佳朝向或适宜朝向，且宜避开冬季主导风向。

3.1.4 建筑设计应遵循被动节能措施优先的原则，充分利用自然采光、自然通风，结合围护结构保温隔热和遮阳措施，降低建筑的用能需求。

3.1.5 建筑体形宜规整紧凑，避免过多的凹凸变化。

2.《严寒和寒冷地区居住建筑节能设计标准》JGJ 26—2018

4.1.1 建筑群的总体布置，单体建筑的平面、立面设计，应考虑冬季利用日照并避开冬季主导风向，严寒和寒冷 A 区建筑的出入口应考虑防风设计，寒冷 B 区应考虑夏季通风。

4.1.2 建筑物宜朝向南北或接近朝向南北。建筑物不宜设有三面外墙的房间，一个房间不宜在不同方向的墙面上设置两个或更多的窗。

3.《夏热冬冷地区居住建筑节能设计标准》JGJ 134—2010

4.0.1 建筑群的总体布置，单体建筑的平面、立面设计和门窗的设置应有利于自然通风。

4.0.2 建筑物宜朝向南北或接近朝向南北。

4.《夏热冬暖地区居住建筑节能设计标准》JGJ 75—2012

4.0.1 建筑群的总体规划应有利于自然通风和减轻热岛效应。建筑的平面、立面设计应有利于自然通风。

4.0.2 居住建筑的朝向宜采用南北或接近朝向南北。

4.0.3 北区内，单元式、通廊式住宅的体形系数不宜大于0.35，塔式住宅的体形系数不宜大于0.40。

5.《温和地区居住建筑节能设计标准》JGJ 475—2019

4.1.1 建筑群的总体规划和建筑单体设计，宜利用太阳能改善室内热环境，并宜满足夏季自然通风和建筑遮阳的要求。建筑物的主要房间开窗宜避开冬季主导风向。山地建筑的选址宜避开背阴的北坡地段。

4.1.2 居住建筑的朝向宜为南北向或接近南北向。

4.1.3 温和A区居住建筑的体形系数限值不应大于表4.1.3的规定。当体形系数限值大于表4.1.3的规定时，应进行建筑围护结构热工性能的权衡判断，并应符合本标准第5章的规定。

表4.1.3 温和A区居住建筑体形系数限值

建筑层数	≤3层	(4~6)层	(7~11)层	≥12层
建筑的体形系数	0.55	0.45	0.40	0.35

4.3.1 居住建筑应根据基地周围的风向，布局建筑及周边绿化景观，设置建筑朝向与主导风向之间的夹角。

4.3.2 温和B区居住建筑主要房间宜布置于夏季迎风面，辅助用房宜布置于背风面。

4.3.3 未设置通风系统的居住建筑，户型进深不应超过12m。

4.3.5 温和A区居住建筑的外窗有效通风面积不应小于外窗所在房间地面面积的5%。

【条文】**A.1.12** 建筑造型要素应简约，应无大量装饰性构件，并应符合下列要求：

　1　住宅建筑的装饰性构件造价占建筑总造价的比例不应大于2%；

　2　公共建筑的装饰性构件造价占建筑总造价的比例不应大于1%。

　注：本条对应2019版《绿色建筑评价标准》资源节约，第7.1.9条。

【设计要点】

　装饰性构件主要包括以下三类：

　（1）超出安全防护高度2倍的女儿墙；

　（2）仅用于装饰的塔、球、曲面；

　（3）不具备功能作用的飘板、格栅、构架。

【条文】**A.1.13** 优化建筑围护结构的热工性能。一星级围护结构热工性能提高5%，或负荷降低5%；二星级围护结构热工性能提高10%，或负荷降低10%。

　注：本条对应2019版《绿色建筑评价标准》评价与等级划分，第3.2.8条；资源节约，第7.2.4条。

【设计要点】

1.《公共建筑节能设计标准》GB 50189—2015

3.3 围护结构热工设计

3.3.1 根据建筑热工设计的气候分区,甲类公共建筑的围护结构热工性能应分别符合表 3.3.1-1~表 3.3.1-6 的规定。当不能满足本条的规定时,必须按本标准规定的方法进行权衡判断。

表 3.3.1-1 严寒 A、B 区甲类公共建筑围护结构热工性能限值

围护结构部位		体形系数≤0.30	0.30<体形系数≤0.50
		传热系数 K[W/(m²·K)]	
屋面		≤0.28	≤0.25
外墙(包括非透光幕墙)		≤0.38	≤0.35
底面接触室外空气的架空或外挑楼板		≤0.38	≤0.35
地下车库与供暖房间之间的楼板		≤0.50	≤0.50
非供暖楼梯间与供暖房间之间的隔墙		≤1.2	≤1.2
单一立面外窗(包括透光幕墙)	窗墙面积比≤0.20	≤2.7	≤2.5
	0.20<窗墙面积比≤0.30	≤2.5	≤2.3
	0.30<窗墙面积比≤0.40	≤2.2	≤2.0
	0.40<窗墙面积比≤0.50	≤1.9	≤1.7
	0.50<窗墙面积比≤0.60	≤1.6	≤1.4
	0.60<窗墙面积比≤0.70	≤1.5	≤1.4
	0.70<窗墙面积比≤0.80	≤1.4	≤1.3
	窗墙面积比>0.80	≤1.3	≤1.2
屋顶透光部分(屋顶透光部分面积≤20%)		≤2.2	
围护结构部位		保温材料层热阻 R[(m²·K)/W]	
周边地面		≥1.1	
供暖地下室与土壤接触的外墙		≥1.1	
变形缝(两侧墙内保温时)		≥1.2	

表 3.3.1-2 严寒 C 区甲类公共建筑围护结构热工性能限值

围护结构部位		体形系数≤0.30	0.30<体形系数≤0.50
		传热系数 K[W/(m²·K)]	
屋面		≤0.35	≤0.28
外墙(包括非透光幕墙)		≤0.43	≤0.38
底面接触室外空气的架空或外挑楼板		≤0.43	≤0.38
地下车库与供暖房间之间的楼板		≤0.70	≤0.70
非供暖楼梯间与供暖房间之间的隔墙		≤1.5	≤1.5
单一立面外窗(包括透光幕墙)	窗墙面积比≤0.20	≤2.9	≤2.7
	0.20<窗墙面积比≤0.30	≤2.6	≤2.4
	0.30<窗墙面积比≤0.40	≤2.3	≤2.1
	0.40<窗墙面积比≤0.50	≤2.0	≤1.7

围护结构部位		体形系数≤0.30	0.30<体形系数≤0.50
		传热系数 K [W/(m² · K)]	
单一立面外窗 （包括透光幕墙）	0.50<窗墙面积比≤0.60	≤1.7	≤1.5
	0.60<窗墙面积比≤0.70	≤1.7	≤1.5
	0.70<窗墙面积比≤0.80	≤1.5	≤1.4
	窗墙面积比>0.80	≤1.4	≤1.3
屋顶透光部分（屋顶透光部分面积≤20%）		≤2.3	
围护结构部位		保温材料层热阻 R [(m² · K)/W]	
周边地面		≥1.1	
供暖地下室与土壤接触的外墙		≥1.1	
变形缝（两侧墙内保温时）		≥1.2	

表 3.3.1-3　寒冷地区甲类公共建筑围护结构热工性能限值

围护结构部位	体形系数≤0.30		0.30<体形系数≤0.50	
	传热系数 K [W/(m² · K)]	太阳得热系数 SHGC（东、 南西向/北向）	传热系数 K [W/(m² · K)]	太阳得热系数 SHGC（东、 南西向/北向）
屋面	≤0.45	—	≤0.40	—
外墙（包括非透光幕墙）	≤0.50	—	≤0.45	—
底面接触室外空气的架空或外挑楼板	≤0.50	—	≤0.45	—
地下车库与供暖房间之间的楼板	≤1.0	—	≤1.0	—
非供暖楼梯间与供暖房间之间的隔墙	≤1.5	—	≤1.5	—
单一立面 外窗（包括 透光幕墙） 窗墙面积比≤0.20	—	—	—	—
0.20<窗墙面积比≤0.30	≤2.7	≤0.52/—	≤2.5	≤0.52/—
0.30<窗墙面积比≤0.40	≤2.4	≤0.48/—	≤2.2	≤0.48/—
0.40<窗墙面积比≤0.50	≤2.2	≤0.43/—	≤1.9	≤0.43/—
0.50<窗墙面积比≤0.60	≤2.0	≤0.40/—	≤1.7	≤0.40/—
0.60<窗墙面积比≤0.70	≤1.9	≤0.35/0.60	≤1.7	≤0.35/0.60
0.70<窗墙面积比≤0.80	≤1.6	≤0.35/0.52	≤1.5	≤0.35/0.52
窗墙面积比>0.80	≤1.5	≤0.30/0.52	≤1.4	≤0.30/0.52
屋顶透光部分（屋顶透光部分面积≤20%）	≤2.4	≤0.44	≤2.4	≤0.35
围护结构部位	保温材料层热阻 R [(m² · K)/W]			
周边地面	≥0.60			
供暖、空调地下室外墙（与土壤接触的墙）	≥0.60			
变形缝（两侧墙内保温时）	≥0.90			

表 3.3.1-4 夏热冬冷地区甲类公共建筑围护结构热工性能限值

围护结构部位		传热系数 K [W/(m²·K)]	太阳得热系数 SHGC（东、南、西向/北向）
屋面	围护结构热惰性指标 D≤2.5	≤0.40	—
	围护结构热惰性指标 D>2.5	≤0.50	
外墙（包括非透光幕墙）	围护结构热惰性指标 D≤2.5	≤0.60	—
	围护结构热惰性指标 D>2.5	≤0.80	
底面接触室外空气的架空或外挑楼板		≤0.70	—
单一立面外窗（包括透光幕墙）	窗墙面积比≤0.20	≤3.5	
	0.20<窗墙面积比≤0.30	≤3.0	≤0.44/0.48
	0.30<窗墙面积比≤0.40	≤2.6	≤0.40/0.44
	0.40<窗墙面积比≤0.50	≤2.4	≤0.35/0.40
	0.50<窗墙面积比≤0.60	≤2.2	≤0.35/0.40
	0.60<窗墙面积比≤0.70	≤2.2	≤0.30/0.35
	0.70<窗墙面积比≤0.80	≤2.0	≤0.26/0.35
	窗墙面积比>0.80	≤1.8	≤0.24/0.30
屋顶透明部分（屋顶透明部分面积≤20%)		≤2.6	≤0.30

表 3.3.1-5 夏热冬暖地区甲类公共建筑围护结构热工性能限值

围护结构部位		传热系数 K [W/(m²·K)]	太阳得热系数 SHGC（东、南、西向/北向）
屋面	围护结构热惰性指标 D≤2.5	≤0.50	—
	围护结构热惰性指标 D>2.5	≤0.80	
外墙（包括非透光幕墙）	围护结构热惰性指标 D≤2.5	≤0.80	—
	围护结构热惰性指标 D>2.5	≤1.5	
底面接触室外空气的架空或外挑楼板		≤1.5	—
单一立面外窗（包括透光幕墙）	窗墙面积比≤0.20	≤5.2	≤0.52/—
	0.20<窗墙面积比≤0.30	≤4.0	≤0.44/0.52
	0.30<窗墙面积比≤0.40	≤3.0	≤0.35/0.44
	0.40<窗墙面积比≤0.50	≤2.7	≤0.35/0.40
	0.50<窗墙面积比≤0.60	≤2.5	≤0.26/0.35
	0.60<窗墙面积比≤0.70	≤2.5	≤0.24/0.30
	0.70<窗墙面积比≤0.80	≤2.5	≤0.22/0.26
	窗墙面积比>0.80	≤2.0	≤0.18/0.26
屋顶透光部分（屋顶透光部分面积≤20%)		≤3.0	≤0.30

表 3.3.1-6　温和地区甲类公共建筑围护结构热工性能限值

围护结构部位		传热系数 K [W/(m² · K)]	太阳得热系数 SHGC (东、南、西向/北向)
屋面	围护结构热惰性指标 D≤2.5	≤0.50	—
	围护结构热惰性指标 D>2.5	≤0.80	
外墙(包括非透光幕墙)	围护结构热惰性指标 D≤2.5	≤0.80	—
	围护结构热惰性指标 D>2.5	≤1.5	
单一立面外窗 (包括透光幕墙)	窗墙面积比≤0.20	≤5.2	—
	0.20<窗墙面积比≤0.30	≤4.0	≤0.44/0.48
	0.30<窗墙面积比≤0.40	≤3.0	≤0.40/0.44
	0.40<窗墙面积比≤0.50	≤2.7	≤0.35/0.40
	0.50<窗墙面积比≤0.60	≤2.5	≤0.35/0.40
	0.60<窗墙面积比≤0.70	≤2.5	≤0.30/0.35
	0.70<窗墙面积比≤0.80	≤2.5	≤0.26/0.35
	窗墙面积比>0.80	≤2.0	≤0.24/0.30
屋顶透光部分(屋顶透光部分面积≤20%)		≤3.0	≤0.30

注：传热系数 K 只适用于温和 A 区，温和 B 区的传热系数 K 不作要求。

3.3.2　乙类公共建筑的围护结构热工性能应符合表 3.3.2-1 和表 3.3.2-2 的规定。

表 3.3.2-1　乙类公共建筑屋面、外墙、楼板热工性能限值

围护结构部位	传热系数 K[W/(m² · K)]				
	严寒 A、B 区	严寒 C 区	寒冷地区	夏热冬冷地区	夏热冬暖地区
屋面	≤0.35	≤0.45	≤0.55	≤0.70	≤0.90
外墙(包括非透光幕墙)	≤0.45	≤0.50	≤0.60	≤1.0	≤1.5
底面接触室外空气的架空或外挑楼板	≤0.45	≤0.50	≤0.60	≤1.0	—
地下车库和供暖房间与之间的楼板	≤0.50	≤0.70	≤1.0	—	—

表 3.3.2-2　乙类公共建筑外窗（包括透光幕墙）热工性能限值

围护结构部位	传热系数 K[W/(m² · K)]					太阳得热系数 SHGC		
外窗(包括透光幕墙)	严寒 A、B 区	严寒 C 区	寒冷地区	夏热冬冷地区	夏热冬暖地区	寒冷地区	夏热冬冷地区	夏热冬暖地区
单一立面外窗 (包括透光幕墙)	≤2.0	≤2.2	≤2.5	≤3.0	≤4.0	—	≤0.52	≤0.48
屋顶透光部分(屋顶透光部分面积≤20%)	≤2.0	≤2.2	≤2.5	≤3.0	≤4.0	≤0.44	≤0.35	≤0.30

2. 《严寒和寒冷地区居住建筑节能设计标准》JGJ 26—2018

4.2　围护结构热工设计

4.2.1　根据建筑物所处城市的气候分区区属不同，建筑外围护结构的传热系数不应大于表 4.2.1-1～表 4.2.1-5 规定的限值，周边地面和地下室外墙的保温材料层热阻不应小于表 4.2.1-1～表 4.2.1-5 规定的限值。当建筑外围护结构的热工性能参数不满足上述规定

时，必须按照本标准第4.3节的规定进行围护结构热工性能的权衡判断。

表 4.2.1-1 严寒 A 区（1A 区）外围护结构热工性能参数限值

围护结构部位		传热系数 K [W/(m²·K)]	
		≤3 层	≥4 层
屋面		0.15	0.15
外墙		0.25	0.35
架空或外挑楼板		0.25	0.35
外窗	窗墙面积比≤0.3	1.4	1.6
	0.30<窗墙面积比≤0.45	1.4	1.6
屋面天窗		1.4	
围护结构部位		保温材料层热阻 R [(m²·K)/W]	
周边地面		2.00	2.00
供暖、空调地下室外墙（与土壤接触的外墙）		2.00	2.00

表 4.2.1-2 严寒 B 区（1B 区）外围护结构热工性能参数限值

围护结构部位		传热系数 K [W/(m²·K)]	
		≤3 层	≥4 层
屋面		0.20	0.20
外墙		0.25	0.35
架空或外挑楼板		0.25	0.35
外窗	窗墙面积比≤0.3	1.4	1.8
	0.30<窗墙面积比≤0.45	1.4	1.6
屋面天窗		1.4	
围护结构部位		保温材料层热阻 R [(m²·K)/W]	
周边地面		1.80	1.80
供暖、空调地下室外墙（与土壤接触的外墙）		2.00	2.00

表 4.2.1-3 严寒 C 区（1C 区）外围护结构热工性能参数限值

围护结构部位		传热系数 K [W/(m²·K)]	
		≤3 层	≥4 层
屋面		0.20	0.20
外墙		0.30	0.40
架空或外挑楼板		0.30	0.40
外窗	窗墙面积比≤0.3	1.6	2.0
	0.30<窗墙面积比≤0.45	1.4	1.8
屋面天窗		1.6	
围护结构部位		保温材料层热阻 R [(m²·K)/W]	
周边地面		1.80	1.80
供暖、空调地下室外墙（与土壤接触的外墙）		2.00	2.00

表 4.2.1-4　寒冷 A 区（2A 区）外围护结构热工性能参数限值

围护结构部位		传热系数 K〔W/(m² · K)〕	
		≤3 层	≥4 层
屋面		0.25	0.25
外墙		0.35	0.45
架空或外挑楼板		0.35	0.45
外窗	窗墙面积比≤0.3	1.8	2.2
	0.30<窗墙面积比≤0.45	1.5	2.0
屋面天窗		1.8	
围护结构部位		保温材料层热阻 R〔(m² · K)/W〕	
周边地面		1.60	1.60
供暖、空调地下室外墙（与土壤接触的外墙）		1.80	1.80

表 4.2.1-5　寒冷 B 区（2B 区）外围护结构热工性能参数限值

围护结构部位		传热系数 K〔W/(m² · K)〕	
		≤3 层	≥4 层
屋面		0.30	0.30
外墙		0.35	0.45
架空或外挑楼板		0.35	0.45
外窗	窗墙面积比≤0.3	1.8	2.2
	0.30<窗墙面积比≤0.45	1.5	2.0
屋面天窗		1.8	
围护结构部位		保温材料层热阻 R〔(m² · K)/W〕	
周边地面		1.50	1.50
供暖、空调地下室外墙（与土壤接触的外墙）		1.60	1.60

注：1　周边地面和地下室外墙的保温材料层不包括土壤和其他构造层；

　　2　外墙（含地下室外墙）保温层应深入室外地坪以下，并超过当地冻土层的深度。

4.2.2　根据建筑物所处城市的气候分区区属不同，建筑内围护结构的传热系数不应大于表 4.2.2-1 规定的限值；寒冷 B 区（2B 区）夏季外窗太阳得热系数不应大于表 4.2.2-2 规定的限值，夏季天窗的太阳得热系数不应大于 0.45。

表 4.2.2-1　内围护结构热工性能参数限值

围护结构部位	传热系数 K〔W/(m² · K)〕			
	严寒 A 区 （1A 区）	严寒 B 区 （1B 区）	严寒 C 区 （1C 区）	寒冷 A、B 区 （2A、2B 区）
阳台门下部门芯板	1.2	1.2	1.2	1.7
非供暖地下室顶板（上部为供暖房间时）	0.35	0.40	0.45	0.50
分隔供暖与非供暖空间的隔墙、楼板	1.2	1.2	1.5	1.5
分隔供暖非供暖空间的户门	1.5	1.5	1.5	2.0
分隔供暖设计温度温差大于 5K 的隔墙、楼板	1.5	1.5	1.5	1.5

表 4.2.2-2 寒冷 B 区（2B 区）夏季外窗太阳得热系数的限值

外窗的窗墙面积比	夏季太阳得热系数（东、西向）
20%＜窗墙面积比≤30%	—
30%＜窗墙面积比≤40%	0.55
40%＜窗墙面积比≤50%	0.50

3.《夏热冬冷地区居住建筑节能设计标准》JGJ 134—2010

4.0.4 建筑围护结构各部分的传热系数和热惰性指标不应大于表 4.0.4 规定的限值。当设计建筑的围护结构中的屋面、外墙、架空或外挑楼板、外窗不符合表 4.0.4 的规定时，必须按照本标准第 5 章的规定进行围护结构热工性能的综合判断。

表 4.0.4 建筑围护结构各部分的传热系数（K）和热惰性指标（D）的限值

围护结构部位			传热系数 K [W/(m² · K)]	
			热惰性指标 D≤2.5	热惰性指标 D＞2.5
体型系数≤0.40		屋面	0.8	1.0
		外墙	1.0	1.5
		底面接触室外空气的架空或外挑楼板	1.5	
		分户墙、楼板、楼梯间、隔墙、外走廊隔墙	2.0	
		户门	3.0(通往封闭空间) 2.0(通往非封闭空间或户外)	
		外窗（含阳台门透明部分）	应符合本标准表 4.0.5-1、表 4.0.5-2 的规定	
体型系数＞0.40		屋面	0.5	0.6
		外墙	0.80	1.0
		底面接触室外空气的架空或外挑楼板	1.0	
		分户墙、楼板、楼梯间、隔墙、外走廊隔墙	2.0	
		户门	3.0(通往封闭空间) 2.0(通往非封闭空间或户外)	
		外窗（含阳台门透明部分）	应符合本标准表 4.0.5-1、表 4.0.5-2 的规定	

4.0.5 不同朝向外窗（包括阳台门的透明部分）的窗墙面积比不应大于表 4.0.5-1 规定的限值。不同朝向、不同窗墙面积比的外窗传热系数不应大于表 4.0.5-2 规定的限值；综合遮阳系数应符合表 4.0.5-2 规定的限值小 10%；计算窗墙面积比时，凸窗的面积应按洞口面积计算。当设计建筑的窗墙面积比或传热系数、遮阳系数不符合表 4.0.5-1 和表 4.0.5-2 的规定时，必须按照本标准第 5 章的规定进行建筑围护结构热工性能的综合判断。

表 4.0.5-1　不同朝向外窗的窗墙面积比限值

朝向	窗墙面积比
北	0.40
东、西	0.35
南	0.45
每套房间允许一个房间(不分朝向)	0.60

表 4.0.5-2　不同朝向、不同窗墙面积比的外窗传热系数和综合遮阳系数限值

建筑	窗墙面积比	传热系数 K [$W/(m^2 \cdot K)$]	外窗综合遮阳系数 SC_w (东、西向/南向)
体形系数≤0.40	窗墙面积比≤0.20	4.7	—/—
	0.20<窗墙面积比≤0.30	4.0	—/—
	0.30<窗墙面积比≤0.40	3.2	夏季≤0.40/夏季≤0.45
	0.40<窗墙面积比≤0.45	2.8	夏季≤0.35/夏季≤0.40
	0.45<窗墙面积比≤0.60	2.5	东、西、南向设置外遮阳 夏季≤0.25 冬季≥0.60
体形系数>0.40	窗墙面积比≤0.20	4.0	—/—
	0.20<窗墙面积比≤0.30	3.2	—/—
	0.30<窗墙面积比≤0.40	2.8	夏季≤0.40/夏季≤0.45
	0.40<窗墙面积比≤0.45	2.5	夏季≤0.35/夏季≤0.40
	0.45<窗墙面积比≤0.60	2.3	东、西、南向设置外遮阳 夏季≤0.25 冬季≥0.60

注:1　表中的"东、西"代表从东或西偏北30°(含30°)至偏南60°(含60°)的范围;"南"代表从南偏东30°
　　至偏西30°的范围。

2　楼梯间、外走廊的窗不按本表规定执行。

4.《夏热冬暖地区居住建筑节能设计标准》JGJ 75—2012

4.0.7　居住建筑屋顶和外墙的传热系数和热惰性指标应符合表 4.0.7 的规定。当设计建筑的南、北外墙不符合表 4.0.7 的规定时,其空调采暖年耗电指数(或耗电量)不应超过参照建筑的空调采暖年耗电指数(或耗电量)。

表 4.0.7　屋顶和外墙的传热系数 K [$W/(m^2 \cdot K)$]、热惰性指标 D

屋顶	外墙
0.4<K≤0.9,D≥2.5	2<K≤2.5,D≥3.0 或 1.5<K≤2.0,D≥2.8
K≤0.4	K≤0.7

注:1　D<2.5 的轻质屋顶和东、西墙,还应满足现行国家标准《民用建筑热工设计规范》GB 50176 所规定的
　　隔热要求。

2　外墙传热系数 K 和热惰性指标 D 要求中,2<K≤2.5,D≥3.0 这一档仅适用于南区。

4.0.8　居住建筑外窗的平均传热系数和平均综合遮阳系数应符合表 4.0.8-1 和 4.0.8-2 的规定。当设计建筑的外窗不符合表 4.0.8-1 和 4.0.8-2 的规定时,建筑的空调采暖年耗电指数(或耗电量)不应超过参照建筑的空调采暖年耗电指数(或耗电量)。

表 4.0.8-1　北区居住建筑建筑物外窗平均传热系数和平均综合遮阳系数限值

外墙平均指标	外墙平均传热系数 K $[W/(m^2 \cdot K)]$	外窗加权平均综合遮阳系数 S_w			
		平均窗地面积比 $C_{MF} \leqslant 0.25$ 或平均窗墙面积比 $C_{MW} \leqslant 0.25$	平均窗地面积比 $0.25 < C_{MF} \leqslant 0.30$ 或平均窗墙面积比 $0.25 < C_{MW} \leqslant 0.30$	平均窗地面积比 $0.30 < C_{MF} \leqslant 0.35$ 或平均窗墙面积比 $0.30 < C_{MW} \leqslant 0.35$	平均窗地面积比 $0.35 < C_{MF} \leqslant 0.40$ 或平均窗墙面积比 $0.35 < C_{MW} \leqslant 0.40$
$K \leqslant 2.0$ $D \geqslant 2.8$	4.0	≤0.3	≤0.2	—	—
	3.5	≤0.5	≤0.3	≤0.2	—
	3.0	≤0.7	≤0.5	≤0.4	≤0.3
	2.5	≤0.8	≤0.6	≤0.6	≤0.4
$K \leqslant 1.5$ $D \geqslant 2.5$	6.0	≤0.6	≤0.3	—	—
	5.5	≤0.8	≤0.4	—	—
	5.0	≤0.9	≤0.6	≤0.3	—
	4.5	≤0.9	≤0.7	≤0.5	≤0.2
	4.0	≤0.9	≤0.9	≤0.6	≤0.4
	3.5	≤0.9	≤0.9	≤0.7	≤0.5
	3.0	≤0.9	≤0.9	≤0.8	≤0.6
	2.5	≤0.9	≤0.9	≤0.9	≤0.7
$K \leqslant 1.0$ $D \geqslant 2.5$ 或 $K \leqslant 0.7$	6.0	≤0.9	≤0.9	≤0.6	≤0.2
	5.5	≤0.9	≤0.9	≤0.7	≤0.4
	5.0	≤0.9	≤0.9	≤0.8	≤0.6
	4.5	≤0.9	≤0.9	≤0.8	≤0.7
	4.0	≤0.9	≤0.9	≤0.9	≤0.7
	3.5	≤0.9	≤0.9	≤0.9	≤0.8

表 4.0.8-2　南区居住建筑建筑物外窗平均传热系数和平均综合遮阳系数限值

外墙平均指标 ($\rho \leqslant 0.8$)	外窗加权平均综合遮阳系数 S_w				
	平均窗地面积比 $C_{MF} \leqslant 0.25$ 或平均窗墙面积比 $C_{MW} \leqslant 0.25$	平均窗地面积比 $0.25 < C_{MF} \leqslant 0.30$ 或平均窗墙面积比 $0.25 < C_{MW} \leqslant 0.30$	平均窗地面积比 $0.30 < C_{MF} \leqslant 0.35$ 或平均窗墙面积比 $0.30 < C_{MW} \leqslant 0.35$	平均窗地面积比 $0.35 < C_{MF} \leqslant 0.40$ 或平均窗墙面积比 $0.35 < C_{MW} \leqslant 0.40$	平均窗地面积比 $0.40 < C_{MF} \leqslant 0.45$ 或平均窗墙面积比 $0.40 < C_{MW} \leqslant 0.45$
$K \leqslant 2.5$ $D \geqslant 3.0$	≤0.5	≤0.4	≤0.3	≤0.2	—
$K \leqslant 2.0$ $D \geqslant 3.8$	≤0.6	≤0.5	≤0.4	≤0.3	≤0.2
$K \leqslant 1.5$ $D \geqslant 2.5$	≤0.8	≤0.7	≤0.6	≤0.5	≤0.4
$K \leqslant 1.0$ $D \geqslant 2.5$ 或 $K \leqslant 0.7$	≤0.9	≤0.8	≤0.7	≤0.6	≤0.5

注：1　外窗包括阳台门。

　　2　ρ 为外墙外表面的太阳辐射吸收系数。

4.0.9 外窗平均综合遮阳系数，应为建筑各个朝向平均综合遮阳系数按各朝向窗面积和朝向的权项系数加权平均的数值，并应按下式计算：

$$S_w = \frac{A_E \cdot S_{w,E} + A_S \cdot S_{w,s} + 1.25 A_w \cdot S_{w,w} + 0.8 A_N \cdot S_{w,N}}{A_E + A_S + A_w + A_N} \qquad (4.0.9)$$

式中 A_E、A_S、A_W、A_N——东、南、西、北朝向窗面积；

$S_{w,E}$、$S_{w,s}$、$S_{w,w}$、$S_{w,N}$——东、南、西、北朝向窗的平均综合遮阳系数。

注：各个朝向的权项系数分别为，东、南朝向取 1.0，西朝向取 1.25，北朝向取 0.8。

4.0.10 居住建筑的东、西向外窗必须采取建筑外遮阳措施，建筑外遮阳系数 SD 不应大于 0.8。

5.《温和地区居住建筑节能设计标准》JGJ 475—2019

4.2 围护结构热工设计

4.2.1 温和 A 区居住建筑非透光围护结构各部位的平均传热系数（K_m）、热惰性指标（D）应符合表 4.2.1-1 的规定；当指标不符合规定的限值时，必须按本标准第 5 章的规定进行建筑围护结构热工性能的权衡判断。温和 B 区居住建筑非透光围护结构各部位的平均传热系数（K_m）必须符合表 4.2.1-2。平均传热系数的计算方法应符合本标准附录 B 的规定。

表 4.2.1-1　温和 A 区居住建筑围护结构各部位平均传热系数（K_m）和热惰性指标（D）限值

围护结构部位		平均传热系数 $K_m[(m^2 \cdot K)/W]$	
		热惰性指标 $D \leqslant 2.5$	热惰性指标 $D > 2.5$
体形系数≤0.45	屋面	0.8	1.0
	外墙	1.0	1.5
体形系数>0.45	屋面	0.5	0.6
	外墙	0.8	1.0

表 4.2.1-2　温和 B 区居住建筑围护结构各部位平均传热系数（K_m）限值

围护结构部位	平均传热系数 $K_m[(m^2 \cdot K)/W]$
屋面	1.0
外墙	2.0

4.2.2 温和 A 区不同朝向外窗（包括阳台门的透明部分）的窗墙面积比不应大于表 4.2.2-1 规定的限值。不同朝向、不同窗墙面积比的外窗传热系数不应大于表 4.2.2-2 规定的限值。当外窗为凸窗时，凸窗的传热系数限值应比表 4.2.2-2 规定提高一档；计算窗墙面积比时，凸窗的面积应按洞口面积计算。当设计建筑的窗墙面积比或传热系数不符合表 4.2.2-1 和表 4.2.2-2 的规定时应按本标准第 5 章的规定进行建筑围护结构热工性能的权衡判断。温和 B 区居住建筑外窗的传热系数应小于 4.0 W/($m^2 \cdot K$)。温和地区的外窗综合遮阳系数必须符合本标准 4.4.3 条的规定。

表 4.2.2-1　温和 A 区不同朝向外窗的窗墙面积比限值

朝向	窗墙面积比
北	0.40
东、西	0.35
南	0.50
水平(天窗)	0.10
每套允许一个房间(非水平向)	0.60

表 4.2.2-2　温和 A 区不同朝向、不同窗墙面积比的外窗传热系数限值

建筑	窗墙面积比	传热系数 K [(m^2·K)/W]
体形系数≤0.45	窗墙面积比≤0.30	3.8
	0.30<窗墙面积比≤0.40	3.2
	0.40<窗墙面积比≤0.45	2.8
	0.45<窗墙面积比≤0.60	2.5
体形系数>0.45	窗墙面积比≤0.20	3.8
	0.20<窗墙面积比≤0.30	3.2
	0.30<窗墙面积比≤0.40	2.8
	0.40<窗墙面积比≤0.45	2.5
	0.45<窗墙面积比≤0.60	2.3
水平向(天窗)		3.5

注：1　表中的"东、西"代表从东或西偏北 30°(含 30°)至偏南 60°(含 60°)的范围；"南"代表从南偏东 30°扩至偏西 30°的范围；

　　2　楼梯间、外走廊的窗可不按本表规定执行。

4.4.3　温和地区外窗综合遮阳系数应符合表 4.4.3 中的限值规定。

表 4.4.3　温和地区外窗综合遮阳系数限值

部位		外窗综合遮阳系数 SC_w	
		夏季	冬季
外窗	温和 A 区	—	南向≥0.50
	温和 B 区	东、西向≤0.40	—
天窗(水平向)		≤0.30	≥0.50

注：温和 A 区南向封闭阳台内侧外窗的遮阳系数不作要求，但封闭阳台透光部分的综合遮阳系数在冬季应大于等于 0.50。

6.《民用建筑绿色性能计算标准》JGJ/T 449—2018

5.2.1　建筑围护结构节能率计算应符合下列规定：

　　1　应分别计算设计建筑和参照建筑的全年供暖供冷综合能耗量；

2 两次计算应采用相同版本的节能计算软件和典型气象年数据。

5.2.2 建筑围护结构节能率计算建模时，设计建筑和参照建筑的形状、大小、朝向以及内部的空间划分和使用功能应一致；当模型需要简化时，宜按房间朝向及内部的空间划分和使用功能进行简化。

5.2.3 参照建筑的围护结构热工性能应符合国家现行标准的有关规定、设计建筑的围护结构热工性能应按设计文件设定。设计建筑和参照建筑的照明功率密度、设备功率密度、人员密度及散热量、新风量、房间夏季设定温度和冬季设定温度、照明开关时间、设备使用率、人员在室率、新风运行情况、供暖空调系统运行时间、房间逐时温度等的设置应符合本标准附录C的规定。

5.2.4 计算围护结构节能率时，设计建筑和参照建筑的全年供暖供冷综合能耗量应按下列公式计算：

$$E_{\text{bld}} = E_{\text{H·bld}} + E_{\text{C·bld}} \tag{5.2.4-1}$$

$$E_{\text{H·bld}} = \frac{Q_{\text{H·bld}}}{\theta_1} \tag{5.2.4-2}$$

$$E_{\text{C·bld}} = \frac{Q_{\text{C·bld}}}{\theta_2} \tag{5.2.4-3}$$

式中 E_{bld}——建筑全年供暖供冷综合能耗量（kWh）；

    $E_{\text{H·bld}}$——建筑全年供暖能耗量（kWh）；

    $E_{\text{C·bld}}$——建筑全年供冷能耗量（kWh）；

    $Q_{\text{H·bld}}$——建筑全年累计耗热量（kWh），通过模拟计算确定；

    $Q_{\text{C·bld}}$——建筑全年累计耗冷量（kWh），通过模拟计算确定；

    θ_1——供暖系统综合效率折算权重，按表5.2.4规定取值；

    θ_2——供冷系统综合效率折算权重，按表5.2.4规定取值。

表 5.2.4 供暖供冷系统综合效率折算权重

气候区	系统综合效率折算权重	居住建筑	公共建筑
严寒地区 寒冷地区	供暖系统综合效率折算权重	1.6	
	供冷系统综合效率折算权重	2.8 $E_{\text{C·bld}}=0$	2.5
夏热冬冷地区 夏热冬暖地区 温和地区	供暖系统综合效率折算权重	1.8	2.2
	供冷系统综合效率折算权重	2.8	2.5

5.2.5 围护结构节能率应按下式计算：

$$\varphi_{\text{ENV}} = \left(1 - \frac{E_{\text{bld·des}}}{E_{\text{bld·ref}}}\right) \times 100\% \tag{5.2.5}$$

式中 φ_{ENV}——围护结构节能率；

    $E_{\text{bld·des}}$——设计建筑全年供暖供冷综合能耗量（kWh）；

    $E_{\text{bld·ref}}$——参照建筑全年供暖供冷综合能耗量（kWh）。

3.2　得分项

【条文】A.2.1　采取保障人员安全的防护措施：

1　采取措施提高阳台、外窗、窗台、防护栏杆等安全防护水平；

2　建筑物出入口均设外墙饰面、门窗玻璃意外脱落的防护措施，并与人员通行区域的遮阳、遮风或遮雨措施结合；

3　利用场地或景观形成可降低坠物风险的缓冲区、隔离带。

注：本条对应 2019 版《绿色建筑评价标准》安全耐久，第 4.2.2 条。

【设计要点】

1.《托儿所、幼儿园建筑设计规范》JGJ 39—2019

4.1.9　托儿所、幼儿园的外廊、室内回廊、内天井、阳台、上人屋面、平台、看台及室外楼梯等临空处应设置防护栏杆，栏杆应以坚固、耐久的材料制作。防护栏杆的高度应从可踏部位顶面起算，且净高不应小于 1.30m。防护栏杆必须采用防止幼儿攀登和穿过的构造，当采用垂直杆件做栏杆时，其杆件净距离不应大于 0.09m。

2.《中小学校设计规范》GB 50099—2011

8.1.5　临空窗台的高度不应低于 0.90m。

8.1.6　上人屋面、外廊、楼梯、平台、阳台等临空部位必须设防护栏杆，防护栏杆必须牢固、安全，高度不应低于 1.10m。防护栏杆最薄弱处承受的最小水平推力应不小于 1.5kN/m。

3.《住宅建筑规范》GB 50368—2005

5.1.5　外窗窗台距楼面、地面的净高低于 0.90m 时，应有防护设施。六层及六层以下住宅的阳台栏杆净高不应低于 1.05m，七层及七层以上住宅的阳台栏杆净高不应低于 1.10m。阳台栏杆应有防护措施。防护栏杆的垂直杆件间净距不应大于 0.11m。

6.1.1　住宅结构的设计使用年限不应少于 50 年，其安全等级不应低于二级。

6.1.2　抗震设防烈度为 6 度及以上地区的住宅结构必须进行抗震设计，其抗震设防类别不应低于丙类。

6.1.3　住宅结构设计应取得合格的岩土工程勘察文件。对不利地段，应提出避开要求或采取有效措施；严禁在抗震危险地段建造住宅建筑。

6.1.4　住宅结构应能承受在正常建造和正常使用过程中可能发生的各种作用和环境影响。在结构设计使用年限内，住宅结构和结构构件必须满足安全性、适用性和耐久性要求。

【条文】A.2.2　采用具有安全防护功能的产品或配件：

1　采取具有安全防护功能的玻璃；

2　采用具备防夹功能的门窗。

注：本条对应 2019 版《绿色建筑评价标准》安全耐久，第 4.2.3 条。

【设计要点】

1.《建筑玻璃应用技术规程》JGJ 113—2015

7.1.1 安全玻璃的最大许用面积应符合表7.1.1-1的规定；有框平板玻璃、真空玻璃和夹丝玻璃的最大许用面积应符合表7.1.1-2的规定。

表 7.1.1-1　安全玻璃最大许用面积

玻璃种类	公称厚度(mm)			最大许用面积(m²)
钢化玻璃	4			2.0
	5			2.0
	6			3.0
	8			4.0
	10			5.0
	12			6.0
夹层种类	6.38	6.76	7.52	3.0
	8.38	8.76	9.52	5.0
	10.38	10.76	11.52	7.0
	12.38	12.76	13.52	8.0

表 7.1.1-2　有框平板玻璃、超白浮法玻璃和真空玻璃的最大许用面积

玻璃种类	公称厚度(mm)	最大许用面积(m²)
平板玻璃、超白浮法玻璃、真空玻璃	3	0.1
	4	0.3
	5	0.5
	6	0.9
	8	1.8
	10	2.7
	12	4.5

7.1.2 安全玻璃暴露边不得存在锋利的边缘和尖锐的角部。

7.2.1 活动门玻璃、固定门玻璃和落地窗玻璃的选用应符合下列规定：

1 有框玻璃应使用符合本规程表7.1.1-1规定的安全玻璃；

2 无框玻璃应使用公称厚度不小于12mm的钢化玻璃。

7.2.2 室内隔断应使用安全玻璃，且最大使用面积应符合本规程表7.1.1-1的规定。

7.2.3 人群集中的公共场所和运动场所中装配的室内隔断玻璃应符合下列规定：

1 有框玻璃应使用符合本规程表7.1.1-1的规定，且公称厚度不小于5mm的钢化玻璃或公称厚度不小于6.38mm的夹层玻璃；

2 无框玻璃应使用符合本规程表7.1.1-1的规定，且公称厚度不小于10mm的钢化玻璃。

7.2.4 浴室用玻璃应符合下列规定：

1 浴室内有框玻璃应使用符合本规程表7.1.1-1的规定，且公称厚度不小于8mm的钢化玻璃；

2 浴室内无框玻璃应使用符合本规程表7.1.1-1的规定，且公称厚度不小于12mm的钢化玻璃。

7.2.5 室内栏板用玻璃应符合下列规定：

1 设有立柱和扶手，栏板玻璃作为镶嵌面板安装在护栏系统中，栏板玻璃应使用符合本规程表 7.1.1-1 规定的夹层玻璃；

2 栏板玻璃固定在结构上且直接承受人体荷载的护栏系统，其栏板玻璃应符合下列规定：

1） 当栏板玻璃最低点离一侧楼地面高度不大于 5m 时，应使用公称厚度不小于 16.76mm 钢化夹层玻璃。

2） 当栏板玻璃最低点离一侧楼地面高度大于 5m 时，不得采用此类护栏系统。

7.2.6 室外栏板玻璃应进行玻璃抗风压设计，对有抗震设计要求的地区，应考虑地震作用的组合效应，且应符合本规程第 7.2.5 条的规定。

7.2.7 室内饰面用玻璃应符合下列规定：

1 室内饰面玻璃可采用平板玻璃、釉面玻璃、镜面玻璃、钢化玻璃和夹层玻璃等，其许用面积应分别符合本规程表 7.1.1-1 和表 7.1.1-2 的规定；

2 当室内饰面玻璃最高点离楼地面高度在 3m 或 3m 以上时，应使用夹层玻璃；

3 室内饰面玻璃边部应进行精磨和倒角处理，自由边应进行抛光处理；

4 室内消防通道墙面不宜采用饰面玻璃；

5 室内饰面玻璃可采用点式幕墙和隐框幕墙安装方式。龙骨应与室内墙体或结构楼板、梁牢固连接。龙骨和结构胶应通过结构计算确定。

7.3.1 安装在易于受到人体或物体碰撞部位的建筑玻璃，应采取保护措施。

7.3.2 根据易发生碰撞的建筑玻璃所处的具体部位，可采取在视线高度设醒目标志或设置护栏等防碰撞措施。碰撞后可能发生高处人体或玻璃坠落的，应采用可靠护栏。

2.《建筑用闭门器》JG/T 268—2019

3.1 闭门器

安装在门的上部，用于自动关闭门扇，并可调节关闭速度的装置。

【条文】A.2.3 室内外地面或路面设置防滑措施：

1 建筑出入口及平台、公共走廊、电梯门厅、厨房、浴室、卫生间等设置防滑措施，防滑等级不低于现行行业标准《建筑地面工程防滑技术规程》JGJ/T 331 规定的 B_d、B_w 级；

2 建筑室内外活动场所采用防滑地面，防滑等级达到现行行业标准《建筑地面工程防滑技术规程》JGJ/T 331 规定的 A_d、A_w 级；

3 建筑坡道、楼梯踏步防滑等级达到现行行业标准《建筑地面工程防滑技术规程》JGJ/T 331 规定的 A_d、A_w 级或按水平地面等级提高一级，并采用防滑条等防滑构造技术措施。

注：本条对应 2019 版《绿色建筑评价标准》安全耐久，第 4.2.4 条。

【设计要点】

《建筑地面工程防滑技术规程》JGJ/T 331—2014

4.2.1 室外及室内潮湿地面工程防滑性能应符合表 4.2.1 的规定。

表 4.2.1　室外及室内潮湿地面工程防滑性能要求

工程部位	防滑等级
坡道、无障碍步道等	A_W
楼梯踏步等	
公交、地铁站台等	
建筑出口平台	B_W
人行道、步行街、室外广场、停车场等	
人行道支干道、小区道路、绿地道路及室内潮湿地面 （超市肉食部、菜市场、餐饮操作间、潮湿生产车间等）	C_W
室外普通地面	D_W

注：A_w、B_w、C_w、D_w 分别表示潮湿地面防滑安全程度为高级、中高级、中级、低级。

4.2.2 室内干态地面工程防滑性能应符合表 4.2.2 的规定。

表 4.2.2　室内干态地面工程防滑性能要求

工程部位	防滑等级
站台、踏步及防滑坡道等	A_d
室内游泳池、厕浴室、建筑出入口等	B_d
大厅、候机厅、候车厅、走廊、餐厅、通道、生产车间、电梯廊、 门厅、室内平面防滑地面等（含工业、商业建筑）	C_d
室内普通地面	D_d

注：A_d、B_d、C_d、D_d 分别表示干态地面防滑安全程度为高级、中高级、中级、低级。

4.2.3 室内有明水处，尤其在游泳池周围、浴池、洗手间、超市、菜市场、餐厅、厨房、生产车间等潮湿部位应加设防滑垫。

【条文】**A.2.4** 采取提升建筑适变性的措施：

1 采取通用开放、灵活可变的使用空间设计，或采取建筑使用功能可变措施；

2 建筑结构与建筑设备管线分离；

3 采用与建筑功能和空间变化相适应的设备设施布置方式或控制方式。

注：本条对应 2019 版《绿色建筑评价标准》安全耐久，第 4.2.6 条。

【设计要点】

1.《民用建筑设计统一标准》GB 50352—2019

6.2.1 建筑平面应根据建筑的使用性质、功能、工艺等要求合理布局，并具有一定的灵活性。

2.《装配式住宅建筑设计标准》JGJ/T 398—2017

2.0.3 住宅建筑结构体

住宅建筑支撑体，包括住宅建筑的承重结构体系及共用管线体系；其承重结构体系由主体部件或其他结构构件构成。

2.0.4 住宅建筑内装体

住宅建筑填充体，包括住宅建筑的内装部品体系和套内管线体系。

2.0.15 管线分离

建筑结构体中不埋设设备及管线，将设备及管线与建筑结构体相分离的方式。

4.1.2 装配式住宅建筑设计应符合建筑全寿命期的空间适应性要求。平面宜简单规整，宜采用大空间布置方式。

6.1.2 装配式住宅应采用装配式内装建造方法，并应符合下列规定：

  1 采用工厂化生产的集成化内装部品；

  2 内装部品具有通用性和互换性；

  3 内装部品便于施工安装和使用维修。

6.1.6 装配式住宅应采用装配式隔墙、吊顶和楼地面等集成化部品。

6.2.2 装配式隔墙部品应采用轻质内隔墙，并应符合下列规定：

  1 隔墙空腔内可敷设管线；

  2 隔墙上固定或吊挂物件的部位应满足结构承载力的要求；

  3 隔墙施工应符合干式工法施工和装配化安装的要求。

8.1.1 装配式住宅的给水排水管道，供暖、通风和空调管道，电气管线，燃气管道等宜采用管线分离方式进行设计。

8.1.2 设备及管线宜选用装配化集成部品，其接口应标准化，并应满足通用性和互换性的要求。

8.1.3 给水排水，供暖、通风和空调及电气等应进行管线综合设计，在共用部位设置集中管井。竖向管线应相对集中布置，横向管线宜避免交叉。

【条文】**A.2.5** 采取措施优化主要功能房间的室内声环境。

  注：本条对应2019版《绿色建筑评价标准》健康舒适，第5.2.6条。

【设计要点】

具体限值参照本章第A.1.9条。

【条文】**A.2.6** 主要功能房间的隔声性能良好：

  1 构件及相邻房间之间的空气声隔声性能达到现行国家标准《民用建筑隔声设计规范》GB 50118的低限标准限值和高要求限值之间的平均值或达到高要求标准限值，分档得分；

  2 楼板的撞击声隔声性能达到现行国家标准《民用建筑隔声设计规范》GB 50118中的低限标准限值要求和高要求标准限值的平均值或达到高要求标准限值，分档得分。

  注：本条对应2019版《绿色建筑评价标准》健康舒适，第5.2.7条。

【设计要点】

具体限值参照本章第A.1.9条。

【条文】**A.2.7** 充分利用天然光：

  1 住宅建筑：室内主要功能房间至少60%面积比例区域，其采光照度值不低于300lx的小时数平均不少于8h/d；

  2 公共建筑：内区采光系数满足采光要求的面积比例达到60%；地下空间平均采光

系数不小于 0.5% 的面积与地下室首层面积的比例达到 10% 以上；室内主要功能空间至少 60% 面积比例区域的采光照度值不低于采光要求的小时数平均不少于 4h/d；主要功能房间有眩光控制措施。

注：本条对应 2019 版《绿色建筑评价标准》健康舒适，第 5.2.8 条。

【设计要点】

1.《住宅设计规范》GB 50096—2011

7.1.1 每套住宅至少应有一个居住空间能获得冬季日照。

7.1.2 需要获得冬季日照的居住空间的窗洞开口宽度不应小于 0.60m。

7.1.3 卧室、起居室（厅）、厨房应有直接天然采光。

7.1.4 卧室、起居室（厅）、厨房的采光系数不应低于 1%；当楼梯间设置采光窗时，采光系数不应低于 0.5%。

7.1.5 卧室、起居室（厅）、厨房的采光窗洞口的窗地面积比不应低于 1/7。

7.1.6 当楼梯间设置采光窗时，采光窗洞口的窗地面积比不应低于 1/12。

7.1.7 采光窗下沿离楼面或地面高度低于 0.5m 的窗洞口面积不应计入采光面积内，窗洞口上沿距地面高度不宜低于 2.00m。

7.1.8 除严寒地区外，居住空间朝西外窗应采取外遮阳措施，居住空间朝东外窗宜采取外遮阳措施。当采用天窗、斜屋顶窗采光时，应采取活动遮阳措施。

2.《建筑采光设计标准》GB 50033—2013

4.0.1 住宅建筑的卧室、起居室（厅）、厨房应有直接采光。

4.0.2 住宅建筑的卧室、起居室（厅）的采光不应低于采光等级 Ⅳ 级的采光标准值，侧面采光的采光系数不应低于 2.0%，室内天然光照度不应低于 300lx。

4.0.3 住宅建筑的采光标准值不应低于表 4.0.3 的规定。

表 4.0.3　住宅建筑的采光标准值

采光等级	场所名称	侧面采光	
		采光系数标准值(%)	室内天然光照度标准值(lx)
Ⅳ	厨房	2.0	300
Ⅴ	卫生间、过道、餐厅、楼梯间	1.0	150

4.0.4 教育建筑的普通教室的采光不应低于采光等级 Ⅲ 级的采光标准值，侧面采光的采光系数不应低于 3.0%，室内天然光照度不应低于 450lx。

4.0.5 教育建筑的采光标准值不应低于表 4.0.5 的规定。

表 4.0.5　教育建筑的采光标准值

采光等级	场所名称	侧面采光	
		采光系数标准值(%)	室内天然光照度标准值(lx)
Ⅲ	专用教室、实验室、阶梯教室、教师办公室	3.0	450
Ⅳ	走道、楼梯间、卫生间	1.0	150

4.0.6 医疗建筑的一般病房的采光不应低于采光等级 Ⅳ 级的采光标准值，侧面采光的采

光系数不应低于2.0%，室内天然光照度不应低于300lx。

4.0.7 医疗建筑的采光标准值不应低于表4.0.7的规定。

表4.0.7　医疗建筑的采光标准值

采光等级	场所名称	侧面采光		顶部采光	
		采光系数标准值(%)	室内天然光照度标准值(lx)	采光系数标准值(%)	室内天然光照度标准值(lx)
Ⅲ	诊室、药房、治疗室、化验室	3.0	450	2.0	300
Ⅳ	医生办公室(护士室)、候诊室、挂号处、综合大厅	2.0	300	1.0	150
Ⅴ	走道、楼梯间、卫生间	1.0	150	0.5	75

4.0.8 办公建筑的采光标准值不应低于表4.0.8的规定。

表4.0.8　办公建筑的采光标准值

采光等级	场所名称	侧面采光	
		采光系数标准值(%)	室内天然光照度标准值(lx)
Ⅱ	设计室、绘图室	4.0	600
Ⅲ	办公室、会议室	3.0	450
Ⅳ	复印室、档案室	2.0	300
Ⅴ	走道、楼梯间、卫生间	1.0	150

4.0.9 图书馆建筑的采光标准值不应低于表4.0.9的规定。

表4.0.9　图书馆建筑的采光标准值

采光等级	场所名称	侧面采光		顶部采光	
		采光系数标准值(%)	室内天然光照度标准值(lx)	采光系数标准值(%)	室内天然光照度标准值(lx)
Ⅲ	阅览室、开架书库	3.0	450	2.0	300
Ⅳ	目录室	2.0	300	1.0	150
Ⅴ	书库、走道、楼梯间、卫生间	1.0	150	0.5	75

4.0.10 旅馆建筑的采光标准值不应低于表4.0.10的规定。

表4.0.10　旅馆建筑的采光标准值

采光等级	场所名称	侧面采光		顶部采光	
		采光系数标准值(%)	室内天然光照度标准值(lx)	采光系数标准值(%)	室内天然光照度标准值(lx)
Ⅲ	会议室	3.0	450	2.0	300
Ⅳ	大堂、客房、餐厅、健身房	2.0	300	1.0	150
Ⅴ	走道、楼梯间、卫生间	1.0	150	0.5	75

4.0.11 博物馆建筑的采光标准值不应低于表4.0.11的规定。

表 4.0.11　博物馆建筑的采光标准值

采光等级	场所名称	侧面采光		顶部采光	
		采光系数标准值(%)	室内天然光照度标准值(lx)	采光系数标准值(%)	室内天然光照度标准值(lx)
III	文物修复室*、标本制作、书画装裱室	3.0	450	2.0	300
IV	陈列室、展厅、门厅	2.0	300	1.0	150
V	库房、走道、楼梯间、卫生间	1.0	150	0.5	75

注：1* 表示采光不足部分应补充人工照明，照度标准值为750lx。

2 表中的陈列室、展厅是指对光不敏感的陈列室、展厅，如无特殊要求应根据展品的特征和使用要求优先采用天然采光。

3 书画装裱室设置在建筑北侧，工作时一般仅用天然光照明。

4.0.12 展览建筑的采光标准值不应低于表4.0.12的规定。

表 4.0.12　展览建筑的采光标准值

采光等级	场所名称	侧面采光		顶部采光	
		采光系数标准值(%)	室内天然光照度标准值(lx)	采光系数标准值(%)	室内天然光照度标准值(lx)
III	展厅(单层及顶层)	3.0	450	2.0	300
IV	登录厅、连接通道	2.0	300	1.0	150
V	库房、楼梯间、卫生间	1.0	150	0.5	75

4.0.13 交通建筑的采光标准值不应低于表4.0.13的规定。

表 4.0.13　交通建筑的采光标准值

采光等级	场所名称	侧面采光		顶部采光	
		采光系数标准值(%)	室内天然光照度标准值(lx)	采光系数标准值(%)	室内天然光照度标准值(lx)
III	进站厅、候机(车)厅	3.0	450	2.0	300
IV	出站厅、连接通道、自动扶梯	2.0	300	1.0	150
V	站台、楼梯间、卫生间	1.0	150	0.5	75

4.0.14 体育建筑的采光标准值不应低于表4.0.14的规定。

表 4.0.14　体育建筑的采光标准值

采光等级	场所名称	侧面采光		顶部采光	
		采光系数标准值(%)	室内天然光照度标准值(lx)	采光系数标准值(%)	室内天然光照度标准值(lx)
IV	体育馆场地、观众入口大厅、休息厅、运动员休息室、治疗室、贵宾室、裁判用房	2.0	300	1.0	150
V	浴室、楼梯间、卫生间	1.0	150	0.5	75

注：采光主要用于训练或娱乐活动。

【条文】A. 2. 8　优化建筑空间和平面布局，改善自然通风效果。

1　住宅建筑：通风开口面积与房间地板面积的比例在夏热冬暖地区达到 12%，在夏热冬冷地区达到 8%，在其他地区达到 5%；

2　公共建筑：过渡季典型工况下主要功能房间平均自然通风换气次数不小于 2 次/h 的面积比例达到 70%。

注：本条对应 2019 版《绿色建筑评价标准》健康舒适，第 5.2.10 条。

【设计要点】

1.《住宅设计规范》GB 50096—2011

7. 2. 1　卧室、起居室（厅）、厨房应有自然通风。

7. 2. 2　住宅的平面空间组织、剖面设计、门窗的位置、方向和开启方式的设置，应有利于组织室内自然通风。单朝向住宅宜采取改善自然通风的设施。

7. 2. 3　每套住宅的自然通风开口面积不应小于地面面积的 5%。

7. 2. 4　采用自然通风的房间，其直接或间接自然通风开口的面积应符合下列规定：

1　卧室、起居室（厅）、明卫生间的直接自然通风开口面积不应小于该房间地板面积的 1/20；当采用自然通风的房间外设置阳台时，阳台的自然通风开口面积不应小于采用自然通风的房间和阳台地板面积总的 1/20；

2　厨房的直接自然通风开口面积不应小于该房间地板面积的 1/10，并不得小于 0.60m²；当厨房外设置阳台时，阳台的自然通风开口面积不应小于厨房和阳台地板面积总和的 1/10，并不得小于 0.60m²。

2.《民用建筑设计统一标准》GB 50352—2019

7. 2. 1　建筑物应根据使用功能和室内环境要求设置与室外空气直接流通的外窗或洞口；当不能设置外窗和洞口时，应另设置通风设施。

7. 2. 2　采用直接自然通风的房间，通风开口有效面积应符合下列规定：

1　生活、工作的房间的通风开口有效面积不应少于该房间地面面积的 1/20。

2　厨房的通风开口有效面积不应小于该房间地板面积的 1/10，并不得小于 0.6m²。

3　进出风开口的位置应避免设在通风不良区域，且应避免进出风开口气流短路。

7. 2. 3　严寒地区居住建筑中的厨房、厕所、卫生间应设自然通风道或通风换气设施。

7. 2. 4　厨房、卫生间的门的下方应设进风固定百叶或留进风缝隙。

7. 2. 5　自然通风道或通风换气装置的位置不应设于门附近。

7. 2. 6　无外窗的浴室、厕所、卫生间应设置机械通风换气设施。

7. 2. 7　建筑内的公共卫生间宜设置机械排风系统。

3.《民用建筑绿色性能计算标准》JGJ/T 449—2018

6. 2. 1　自然通风计算可采用区域网络模拟法或基于 CFD 的分布参数计算方法，且应符合下列规定：

1　当评估单个计算区域或房间内空气混合均匀时的建筑各区域或房间自然通风效果时，宜采用区域网络模拟方法；

2　当描述单个区域或房间内的自然通风效果时，宜采用 CFD 分布参数计算方法。

6. 2. 2　当采用区域网络模拟方法计算自然通风时，计算过程应包括下列内容：

1 建筑通风拓扑路径图，及据此建立的物理模型；

2 通风口阻力模型及参数；

3 通风口压力边界条件；

4 其他边界条件，包括热源、通风条件、时间进度、室内温湿度，以及污染源类型、污染源数量、污染源特性等；

5 模型简化说明。

6.2.3 当采用 CFD 分布参数计算方法计算自然通风时，宜采用室内外联合模拟法或室外、室内分步模拟法，且应符合下列规定：

1 计算域的确定应符合下列规定：

1) 当采用室内外联合模拟方法时，室外模拟计算域应按本标准第 4.2 节的规定确定；

2) 当采用室外、室内分步模拟法时，室外模拟计算域应按本标准第 4.2 节的规定确定，室内模拟计算域边界应为目标建筑外围护结构。

2 物理模型的构建应符合下列规定：

1) 建筑门窗等通风口应根据常见的开闭情况进行建模；

2) 建筑门窗等通风口开口面积应按实际的可通风面积设置；

3) 建筑室内空间的建模对象应包括室内隔断。

3 网格的优化应符合下列规定：

1) 当采用室内外联合模拟的方法时，宜采用多尺度网格，其中室内的网格应能反映所有阻隔通风的室内设施，且网格过渡比不宜大于 1.5；

2) 当采用室外、室内分步模拟的方法时，室内的网格应能反映所有阻隔通风的室内设施，通风口上宜有 9 个（3×3）及以上的网格。

4 应根据计算对象的特征和计算目的，选取合适的湍流模型。室外风环境模拟的边界条件应符合本标准第 4.2 节的规定，室内风环境模拟宜采用标准 k-ε 模型及其修正模型。

5 当采用室外、室内分步模拟法时，室内模拟的边界条件宜按稳态处理，且应符合下列规定：

1) 应通过室外风环境模拟结果获取各个建筑门窗开口的压力均值；

2) 当计入热压效应引起的自然通风时，应计入室内热源、围护结构得热等因素的影响，空气密度应符合热环境下的变化规律，且宜采用布辛涅斯克（Boussinesq）假设或不可压理想气体状态方程。

【条文】A.2.9 设置可调节遮阳设施，改善室内热舒适。

注：本条对应 2019 版《绿色建筑评价标准》健康舒适，第 5.2.11 条。

【设计要点】

1. 《公共建筑节能设计标准》GB 50189—2015

3.2.5 夏热冬暖、夏热冬冷、温和地区的建筑各朝向外窗（包括透光幕墙）均应采取遮阳措施；寒冷地区的建筑宜采取遮阳措施。当设置外遮阳时应符合下列规定：

1 东西向宜设置活动外遮阳，南向宜设置水平外遮阳；

2 建筑外遮阳装置应兼顾通风及冬季日照。

2.《建筑遮阳产品术语标准》JG/T 399—2012

2.1　建筑遮阳产品

安装在建筑物上，用以遮挡或调节进入室内太阳光的装置，通常由遮阳材料、支撑构件、调节机构等组成。

2.2　固定遮阳产品

不能通过调节角度或形状改变遮光状态的建筑遮阳装置。

2.3　活动遮阳产品

可通过调节角度或形状改变遮光状态的建筑遮阳装置。

2.4　外遮阳产品

安装在建筑围护结构外侧的建筑遮阳装置。

2.5　内遮阳产品

安装在建筑围护结构内侧的建筑遮阳装置。

2.6　中间遮阳产品

安装在建筑物两层窗或两层玻璃之间的建筑遮阳装置。

3.《建筑遮阳工程技术规范》JGJ 237—2011

4.1.3　建筑不同部位、不同朝向遮阳设计的优先次序可根据其所受太阳辐射照度，依次选择屋顶水平天窗（采光顶）、西向、东向、南向窗；北回归线以南地区必要时还宜对北向窗进行遮阳。

4.1.4　遮阳设计应进行夏季和冬季的阳光阴影分析，以确定遮阳装置的类型。建筑外遮阳的类型可按下列原则选用：

　　1　南向、北向宜采用水平式遮阳或综合式遮阳；

　　2　东西向宜采用垂直或挡板式遮阳；

　　3　东南向、西南向宜采用综合式遮阳。

5.1.2　活动外遮阳装置及后置式固定外遮阳装置应分别按系统自重、风荷载、正常使用荷载、施工阶段及检修中的荷载等验算其静态承载能力。同时应在结构主体计算时考虑遮阳装置对主体结构的作用，当采用长度尺寸在3m及以上或系统自重大于100kg及以上大型外遮阳装置时，应做抗风振、抗地震承载力验算，并应考虑以上荷载的组合效应。

5.3.4　遮阳装置的抗震计算与构造应符合下列规定：

　　1　对长度尺寸超过3m的大型外遮阳装置，设计寿命与主体结构一致或接近时，应进行抗震计算。抗震构造应符合现行国家标准《建筑抗震设计规范》GB 50011的规定。

　　2　当遮阳装置设计寿命不大于主体结构设计寿命的50%时，无论尺寸长度如何，可不进行抗震计算，但应有防止发生地震次生灾害的构造设防措施。

6.2.1　大于3m的大型外遮阳装置应采用电机驱动。建筑遮阳装置的控制系统，应根据使用要求或建筑环境的要求选择。对于集中控制的遮阳系统，系统应可显示遮阳装置的状态。

【条文】A.2.10　建筑室内外公共区域满足全龄化设计要求：

　　1　建筑室内公共区域、室外公共活动场地及道路均满足无障碍设计要求；

　　2　建筑室内公共区域的墙、柱等处的阳角均为圆角，并设有安全抓杆或扶手；

　　3　设有可容纳担架的无障碍电梯。

注：本条对应 2019 版《绿色建筑评价标准》生活便利，第 6.2.2 条。

【设计要点】

1. 《无障碍设计规范》GB 50763—2012

7.4.2（2） 设置电梯的居住建筑，每居住单元至少应设置 1 部能直达户门层的无障碍电梯。

7.4.5 宿舍建筑中，男女宿舍应分别设施无障碍宿舍，每 100 套宿舍各应设置不少于 1 套无障碍宿舍；当无障碍宿舍设置在二层以上且宿舍建筑设置电梯时，应设置不少于 1 部无障碍电梯，无障碍电梯应与无障碍宿舍以无障碍通道连接。

8.1.4 建筑内设有电梯时，至少应设置 1 部无障碍电梯。

2. 《住宅设计规范》GB 50096—2011

6.4.2 十二层及十二层以上的住宅，每栋楼设置电梯不应少于两台，其中应设置一台可容纳担架的电梯。

3. 《住宅项目规范》（征求意见稿）

7.5.1（2） 十二层及十二层以上的住宅建筑，每个居住单元设置电梯不应少于 2 台，其中设置可容纳担架的电梯不应少于 1 台。

【条文】A.2.11 合理设置健身场地和空间：

    1 室外健身场地面积不少于总用地面积的 0.5%；

    2 设置宽度不少于 1.25m 的专用健身慢行道，健身慢行道长度不少于用地红线周长的 1/4 且不少于 100m；

    3 室内健身空间的面积不少于地上建筑面积的 0.3% 且不少于 60m²；

    4 楼梯间具有天然采光和良好的视野，且距离主入口的距离不大于 15m。

注：本条对应 2019 版《绿色建筑评价标准》生活便利，第 6.2.5 条。

【设计要点】

1. 《城市社区多功能公共运动场配置要求》GB/T 34419—2017

4.2.1 应允许考虑社区所在地的气候、人文和民族特点，选择设置当地群众喜爱的体育项目。

2. 《城市社区体育设施建设用地指标》

4.7.1 在体育设施的综合布局规划中应考虑设置长走（散步、健步走）的步行道或跑步的跑道，面积指标应符合表 4.7.1 的规定。

跑道与步行面积指标　　　　　　　　　　　　　　表 4.7.1

长度（m）	场地面积（m²）
60～100	300～1000
100～200	500～2000
200～400	1000～4000

注：1. 如果跑道长度在 60m～100m 之间，应设置为直道；跑道长度大于 100m 时应设置为环形跑道。

    2. 跑道分道数按 4～8 条考虑，每条宽度为 1.25m。

6.0.1 城市社区体育设施可根据需要设置在室内或室外，室外用地面积与室内建筑面积控制指标应满足以下要求：

    一、人均室外用地面积 0.30m²～0.65m²，人均室内建筑面积 0.10m²～0.26m²。

二、根据不同的人口规模，城市社区体育设施项目室外用地面积与室内建筑面积应符合表 6.0.1 规定。

城市社区体育设施分级面积指标 表 6.0.1

人均规模（人）	室外用地面积（m²）	室内建筑面积（m²）
1000～3000	650～950	170～280
10000～15000	4300～6700	2050～2900
30000～50000	18900～27800	7700～10700

注：1. 较大人口规模的指标均包含较小人口规模的指标。

2. 在 30000～50000 人口规模的社区中宜集中设置一处社区体有中心，其面积指标为 10300m²～13600m²（室外）和 3600m²～4900m²（室内），已包含在本表的指标中。

3. 当室外项目设置于室内时，用地面积指标相应减少，室内建筑面积指标相应增加，反之亦然。

【条文】A.2.12 节约集约利用土地：

1 对于住宅建筑，控制其人均住宅用地指标；

2 对于公共建筑，控制其容积率。

注：本条对应 2019 版《绿色建筑评价标准》资源节约，第 7.2.1 条。

【设计要点】

《城市居住区规划设计标准》GB 50180—2018

2.0.5 居住街坊

由支路等城市道路或用地边界线围合的住宅用地，是住宅建筑组合形成的居住基本单元；居住人口规模在 1000 人～3000 人（约 300 套～1000 套住宅，用地面积 2hm²～4hm²），并配建有便民服务设施。

4.0.3 当住宅建筑采用低层或多层高密度布局形式时，居住街坊用地与建筑控制指标应符合表 4.0.3 的规定。

表 4.0.3 低层或多层高密度居住街坊用地与建筑控制指标

建筑类型区划	住宅建筑层数类别	住宅用地容积率	建筑密度最大值（%）	绿地率最小值（%）	住宅建筑高度控制最大值（m）	人均住宅用地面积（m²/人）
Ⅰ、Ⅶ	低层（1层～3层）	1.0、1.1	42	25	11	32～36
	多层Ⅰ类（4层～6层）	1.4、1.5	32	28	20	24～26
Ⅱ、Ⅵ	低层（1层～3层）	1.1、1.2	47	23	11	30～32
	多层Ⅰ类（4层～6层）	1.5、1.7	38	28	20	21～24
Ⅲ、Ⅳ、Ⅴ	低层（1层～3层）	1.2、1.3	50	20	11	27～30
	多层Ⅰ类（4层～6层）	1.6、1.8	42	25	20	20～22

注：1. 住宅用地容积率是居住街坊内，住宅建筑及其便民服务设施上建筑面积之和与住宅用地总面积的比值；

2. 建筑密度是居住街坊内，住宅建筑及其便民服务设施建筑基底面积与该居住街坊用地面积的比率（%）；

3. 绿地率是居住街坊内绿地面积之和与该居住街坊用地面积的比率（%）。

【条文】A.2.13　合理开发利用地下空间。

1　对于住宅建筑，考察地下建筑面积与地上建筑面积的比率及地下一层建筑面积与总用地面积的比率；

2　对于公共建筑，考察地下建筑面积与总用地面积的比率及地下一层建筑面积与总用地面积的比率。

注：本条对应 2019 版《绿色建筑评价标准》资源节约，第 7.2.2 条。

【设计要点】

利用地下空间是节约土地的重要措施，地下空间开发利用应结合地上建筑及城市空间等统一规划，合理开发利用。同时，应结合雨水渗透、减少雨水径流外排等要求，科学合理、适度开发。如受建筑规模、场地区位、地质等建设条件限制，不宜开发地下空间的项目，但同时提供经济技术分析报告，可不受本条约束。

【条文】A.2.14　采用机械式停车设施、地下停车库或地面停车楼等方式：

1　住宅建筑地面停车位数量与住宅总套数的比率小于 10%。

2　公共建筑地面停车占地面积与其总建设用地面积的比率小于 8%。

注：本条对应 2019 版《绿色建筑评价标准》资源节约，第 7.2.3 条。

【设计要点】

《城市居住区规划设计规范》GB 50108—2018

5.0.6（2）　地上停车位应优先考虑设置多层停车库或机械式停车设施，地面停车位数量不宜超过住宅总套数的 10%。

【条文】A.2.15　建筑及照明设计避免产生光污染：

1　玻璃幕墙的可见光反射比及反射光对周边环境的影响符合《玻璃幕墙光热性能》GB/T 18091 的规定；

2　室外夜景照明光污染的限制符合现行国家标准《室外照明干扰光限制规范》GB/T 35626 和现行行业标准《城市夜景照明设计规范》JGJ/T 163 的规定。

注：本条对应 2019 版《绿色建筑评价标准》环境宜居，第 8.2.7 条。

【设计要点】

《玻璃幕墙光热性能》GB/T 18091—2015

4.3　玻璃幕墙应采用可见光反射比不大于 0.30 的玻璃。

4.4　在城市快速路、主干道、立交桥、高架桥两侧的建筑物 20m 以下及 10m 以下的玻璃幕墙，应采用可见光反射比不大于 0.16 的玻璃。

【条文】A.2.16　场地内风环境有利于室外行走、活动舒适和建筑的自然通风：冬季建筑物周围人行区距地高 1.5m 处风速小于 5m/s，户外休息区、儿童娱乐区风速小于 2m/s，且室外风速放大系数小于 2；除迎风第一排建筑外，建筑迎风面与背风面表面风压差不大于 5Pa。过渡季、夏季典型风速和风向条件下，场地内人活动区不出现涡旋或无风区；50% 以上可开启外窗室内外表面的风压差大于 0.5Pa。

注：本条对应 2019 版《绿色建筑评价标准》环境宜居，第 8.2.8 条。

【设计要点】

建筑布局：建筑的平面布局不宜形成完全封闭的围合空间，宜采用行列式、错列式、斜列式、结合地形特点的自由式等排列方式。

朝向：建筑宜采用最佳朝向或接近最佳朝向。严寒和寒冷地区建筑朝向应避开冬季主导风向，有利于防风节能。

间距：建筑间距以满足日照要求为基础，综合考虑采光、通风、消防、防灾、管线敷设、视觉卫生等要求确定。

模拟方法：《民用建筑绿色性能计算标准》JGJ/T 449—2018。

4.2.1 室外风环境计算应采用计算流体力学（CFD）方法，其物理模型、边界条件和计算域的设定应符合下列规定：

1 冬夏季节的典型工况气象参数应符合国家现行标准的有关规定，或可按本标准附录B执行；对不同季节，当存在主导风向、风速不唯一时，宜按现行国家标准《民用建筑供暖通风与空气调节设计规范》GB 50736 或当地气象局历史数据分析确定。当计算地区没有可查阅气象数据时，可采用地理位置相近且气候特征相似地区的气候数据，并应在专项计算报告中注明。

2 对象建筑（群）顶部至计算域上边界的垂直高度应大于 $5H$；对象建筑（群）的外缘至水平方向的计算域边界的距离应大于 $5H$；与主流方向正交的计算断面大小的阻塞率应小于 3‰；流入侧边界至对象建筑（群）外缘的水平距离应大于 $5H$，流出侧边界至对象建筑（群）外缘的水平距离应大于 $10H$。

3 进行物理建模时，对象建筑（群）周边 $1H$～$2H$ 范围内应按建筑布局和形状准确建模；建模对象应包括主要建（构）筑物和既存的连续种植高度不少于 3m 的乔木（群）；建筑窗户应以关闭状态建模，无窗无门的建筑通道应按实际情况建模。

4 湍流计算模型宜采用标准 k-ε 模型或其修正模型；地面或建筑壁面宜采用壁函数法的速度边界条件；流入边界条件应符合高度方向上的风速梯度分布，风速梯度分布幂指数（α）应符合表 4.2.1 的规定。

表 4.2.1 风速梯度分布幂指数（α）

地面类型	适用区域	α	梯度风高度(m)
A	近海地区、湖岸、沙漠地区	0.12	300
B	田野、丘陵及中小城市、大城市郊区	0.16	350
C	有密集建筑的大城市地区	0.22	400
D	由密集建筑群且房屋较高的城市地区	0.30	450

5 流出边界应符合下列规定：

1) 当计算域具备对称性时，侧边界和上边界可按对称面边界条件设定；

2) 当计算域未能达到第 2 款中规定的阻塞率要求时，边界条件可按自由流入流出或压力设定。

4.2.2 室外风环境计算的计算域网格应符合下列规定：

1 地面与人行区高度之间的网格不应少于 3 个；

2 对象建筑附近网格尺度应满足最小精度要求，且不应大于相同方向上建筑尺度的

1/10；

 3 对形状规则的建筑宜使用结构化网格，且网格过渡比不宜大于 1.3；

 4 计算时应进行网格独立性验证。

4.2.3 室外风环境计算内容应包括各典型季节的风环境状况，且应统计计算域内风速、来流风速比值及其达标情况。

【条文】**A.2.17** 采用适宜地区特色的建筑风貌设计，因地制宜传承地域建筑文化。

 注：本条对应 2019 版《绿色建筑评价标准》提高与创新，第 9.2.2 条。

【设计要点】

《民用建筑设计统一标准》GB 50352—2019

4.1.3 建筑设计应注重建筑群体空间与自然山水环境的融合与协调、历史文化与传统风貌特色的保护与发展、公共活动与公共空间的组织与塑造，并应符合下列规定：

 1 建筑物的形态、体量、尺度、色彩以及空间组合关系应与周围的空间环境相协调；

 2 重要城市界面控制地段建筑物的建筑风格、建筑高度、建筑界面等应与相邻建筑基地建筑物相协调；

 3 建筑基地内的场地、绿化种植、景观构筑物与环境小品、市政工程设施、景观照明、标识系统和公共艺术等应与建筑物及其环境统筹设计、相互协调；

 4 建筑基地内的道路、停车场、硬质地面宜采用透水铺装；

 5 建筑基地与相邻建筑基地建筑物的室外开放空间、步行系统等宜相互连通。

【条文】**A.2.18** 合理选用废弃场地进行建设，或充分利用尚可使用的旧建筑。

 注：本条对应 2019 版《绿色建筑评价标准》提高与创新，第 9.2.3 条。

【设计要点】

 废弃场地通常包括裸岩、石砾地、盐碱地、沙荒地、废窑坑、废旧仓库或工厂弃置地等。"尚可使用的旧建筑"指建筑质量能保证使用安全的旧建筑，或通过少量改造加固后能保证使用安全的旧建筑。

【条文】**A.2.19** 进行建筑碳排放计算分析，采取措施降低单位建筑面积碳排放强度。

 注：本条对应 2019 版《绿色建筑评价标准》提高与创新，第 9.2.7 条。

【设计要点】

《民用建筑绿色性能计算标准》JGJ/T 449—2018

5.5 碳排放计算

5.5.1 建筑碳排放计算应包括建材生产、运输阶段碳排放量和建筑运行阶段碳排放量。

5.5.2 建筑碳排放计算应以单位建筑面积二氧化碳当量排放量作为分析评价指标。

5.5.3 建材生产阶段碳排放量应按下式计算：

$$C_m = \frac{\sum_{i=1}^{n}(M_i \times F_{mi})}{A_c} \tag{5.5.3}$$

式中 C_m——建材生产阶段的单位建筑面积碳排放量（$kgCO_2eq/m^2$）；

M_i——第 i 种建材的总用量（t）；

F_{mi}——第 i 种建材的生产碳排放因子（$kgCO_2eq$/单位建材用量）；

A_c——建筑面积（m^2）。

5.5.4 建材运输阶段的碳排放量应按下式计算：

$$C_t = \frac{\sum_{i=1}^{n}(M_i \times L_i \times F_{ti})}{A_c} \tag{5.5.4}$$

式中　C_t——建材运输阶段的单位建筑面积碳排放量（$kgCO_2eq/m^2$）；

M_i——第 i 种建材的总用量（t）；

L_i——第 i 种建材的平均运输距离（km）；

F_{ti}——第 i 种建材单位重量运输距离的碳排放因子 $[kgCO_2eq/(t \cdot km)]$；

A_c——建筑面积（m^2）。

5.5.5 建筑运行阶段碳排放量应按下式计算：

$$C_o = \frac{\sum_{i=1}^{n}(E_i \times F_{ei})}{A_c} \times Y \tag{5.5.5}$$

式中　C_o——建筑运行阶段的单位建筑面积碳排放量（$kgCO_2eq/m^2$）；

E_i——第 i 种能源的年消耗总量（单位能耗量/年）；

F_{ei}——第 i 种能源的碳排放因子（$kgCO_2eq$/单位能耗量）；

A_c——建筑面积（m^2）。

Y——建筑寿命（年）。

5.5.6 建筑碳排放计算中各类碳排放因子的选取应符合下列规定：

1 建材生产碳排放因子应按建材生产所涉及的原材料开采、加工和运输过程的碳排放，以及建材生产过程的直接碳排放和相关能源消耗的碳排放等确定；

2 建材运输阶段的碳排放因子应按运输过程各类能源消耗的碳排放确定；

3 建材生产和运行阶段所消耗电力的碳排放因子应按项目所在区域大电网的排放因子确定。

第4章 结 构

4.1 控制项

【条文】S.1.1 建筑结构应满足承载力和建筑使用功能要求。建筑外墙、屋面、门窗、幕墙及外保温等围护结构应满足安全、耐久和防护的要求。

　　注：本条对应 2019 版《绿色建筑评价标准》安全耐久，第 4.1.2 条。

【设计要点】

　　建筑围护结构应满足安全、耐久和防护要求，与建筑主体结构连接可靠，且能适应主体结构在多遇地震及各种荷载作用下的变形，除满足 A.1.1 要求的标准外，门窗、幕墙还应满足《建筑结构可靠性设计统一标准》GB 50068—2018：

2.1.18 耐久性极限状态

　　对应于结构或结构构件在环境影响下出现的劣化达到耐久性能的某项规定限值或标志的状态。

4.1.1 极限状态可分为承载能力极限状态、正常使用极限状态和耐久性极限状态。极限状态应符合下列规定：

　　3 当结构或结构构件出现下列状态之一时，应认定为超过了耐久性极限状态：

　　1) 影响承载能力和正常使用的材料性能劣化；

　　2) 影响耐久性能的裂缝、变形、缺口、外观、材料削弱等；

　　3) 影响耐久性能的其他特定状态。

【条文】S.1.2 外遮阳、太阳能设施、空调室外机位、外墙花池等外部设施应与建筑主体结构统一设计、施工，并应具备安装、检修与维护条件。

　　注：本条对应 2019 版《绿色建筑评价标准》安全耐久，第 4.1.3 条。

【设计要点】

1. 《建筑遮阳工程技术规范》JGJ 237—2011

5.4.1 遮阳装置与主体结构各个连接节点的锚固力设计取值不应小于按不利荷载组合计算得到的锚固值的 2 倍，且不应小于 30kN。

5.4.2 遮阳装置应采用锚固件直接锚固在主体结构上，不得锚固在保温层上。

5.4.3 遮阳装置与主体结构的连接方式应按锚固力设计取值和实际情况确定，并应符合表 5.4.3 的要求。当遮阳装置长度尺寸大于或等于 3m 时，所有锚固件均应采用预埋方式。

表 5.4.3　各类遮阳装置与主体结构连接的锚固要求

种类		锚固件			
		锚固件个数	锚固位置	锚固方式	锚固件材质
外遮阳百叶帘		通过计算确定,且每边不少于3个	基层墙体	预埋或后置	膨胀螺栓或钢筋,防腐处理
遮阳硬卷帘					
外遮阳软卷帘		通过计算确定,且每边不少于2个	基层墙体	预埋或后置	膨胀螺栓或钢筋,防腐处理
曲臂遮阳篷					
后置式遮阳板(翼)	设计寿命15年	通过计算确定,且每边不少于2个	基层墙体	预埋或后置	膨胀螺栓或钢筋,防腐处理
	与建筑主体同寿命	通过计算确定,且每边不少于4个	基层混凝土(钢)结构	预埋(焊接、螺栓连接)	钢筋,防腐处理;不锈钢

5.4.4　锚固件不得直接设置在加气混凝土、混凝土空心砌块等墙体材料的基层墙体上,当基层墙体为该类不宜锚固件的墙体材料时,应在需要设置锚固件的位置预埋混凝土实心砌块。

5.4.5　预埋或后置锚固件及其安装应按照现行行业标准《玻璃幕墙工程技术规范》JGJ 102 和《混凝土结构后锚固技术规程》JGJ 145 的规定执行,并应按照一定比例抽样进行拉拔试验。

2.《建筑光伏系统应用技术标准》GB/T 51368—2019

6.4　构造要求

6.4.1　光伏组件的安装不应影响所在部位的雨水排放。

6.4.2　多雪地区的建筑屋面安装光伏组件时,宜设置便于人工融雪、清扫的安全通道。

6.4.3　光伏组件宜采用易于维修、更换的安装方式。

6.4.4　当光伏组件平行于安装部位时,其与安装部位的间距应符合安装和通风散热的要求。

6.4.5　屋面防水层上安装光伏组件时,应采取相应的防水措施。光伏组件的管线穿过屋面处应预埋防水套管,并应做防水密封处理。建筑屋面安装光伏发电系统不应影响屋面防水的周期性更新和维护。

6.4.6　平屋面上安装光伏组件应符合下列规定:

　　1　光伏方阵应设置方便人工清洗、维护的设施与通道;

　　2　在平屋面防水层上安装光伏组件时,其支架基座下部应增设附加防水层;

　　3　光伏组件周围屋面、检修通道、屋面出入口和光伏方阵之间的人行通道上部宜铺设保护层。

6.4.7　坡屋面上安装光伏组件应符合下列规定:

　　1　坡屋面的坡度宜与光伏组件在该地区年发电量最多的安装角度相同;

　　2　光伏组件宜采用平行于屋面、顺坡镶嵌或顺坡架空的安装方式;

　　3　光伏瓦宜与屋顶普通瓦模数相匹配,不应影响屋面正常的排水功能。

6.4.8　阳台或平台上安装光伏组件应符合下列规定:

　　1　安装在阳台或平台栏板上的光伏组件支架应与栏板主体结构上的预埋件牢固连接;

　　2　构成阳台或平台栏板的光伏组件,应符合刚度、强度、防护功能和电气安全要求,其高度应符合护栏高度的要求。

6.4.9 墙面上安装光伏组件应符合下列规定：

1 光伏组件与墙面的连接不应影响墙体的保温构造和节能效果；

2 对设置在墙面的光伏组件的引线穿过墙面处，应预埋防水套管；穿墙管线不宜设在结构柱处；

3 光伏组件镶嵌在墙面时，宜与墙面装饰材料、色彩、风格等协调处理；

4 当光伏组件安装在窗面上时，应符合窗面采光等使用功能要求。

6.4.10 建筑幕墙上安装光伏组件应符合下列规定：

1 光伏组件的尺寸应符合幕墙设计模数，与幕墙协调统一；

2 光伏幕墙的性能应符合现行行业标准《玻璃幕墙工程技术规范》JGJ 102 的有关规定；

3 由光伏幕墙构成的雨篷、檐口和采光顶，应符合建筑相应部位的刚度、强度、排水功能及防止空中坠物的安全性能规定；

4 开缝式光伏幕墙或幕墙设有通风百叶时，线缆槽应垂直于建筑光伏构件，并应便于开启检查和维护更换；穿过围护结构的线缆槽，应采取相应的防渗水和防积水措施；

5 光伏组件之间的缝宽应满足幕墙温度变形和主体结构位移的要求，并应在嵌缝材料受力和变形承受范围之内。

6.4.11 光伏采光顶、透光光伏幕墙、光伏窗应采取隐藏线缆和线缆散热的措施，并应方便线路检修。

6.4.12 光伏组件不宜设置为可开启窗扇。

6.4.13 采用螺栓连接的光伏组件，应采取防松、防滑措施；采用挂接或插接的光伏组件，应采取防脱、防滑措施。

【条文】**S.1.3** 建筑内部的非结构构件、设备及附属设施等应连接牢固并能适应主体结构变形。

注：本条对应 2019 版《绿色建筑评价标准》安全耐久，第 4.1.4 条。

【设计要点】

1. 非结构构件适应主体结构的变形

（1）对非结构构件的填充墙，墙高超过一定高度与长度，即设腰梁及构造柱，与结构柱之间设拉接筋；

（2）对非结构构件的装配式内墙条板，在楼面与梁（板）底连接处设金属限位连接卡，墙板之间设子母槽等；

（3）对非结构构件的移动式档案密集柜，楼面需要足够的刚度，避免移动档案柜脱轨等。

2. 设备及辅助设施，适应主体结构变形

应采用机械固定、焊接、预埋等牢固性构件连接方式或一体化建造方式，与建筑主体结构可靠连接，变形协调。

注意：以膨胀螺栓、捆绑、支架等连接或安装方式，均不能视为一体化措施。例如，固定的设备及附属设施不能直接横跨主体结构的变形缝。

【条文】S.1.4　不应采用建筑形体和布置严重不规则的建筑结构。

注：本条对应 2019 版《绿色建筑评价标准》资源节约，第 7.1.8 条。

【设计要点】

《建筑抗震设计规范》GB 50011—2010（2016 年版）

3.4.1　建筑设计应根据抗震概念设计的要求明确建筑形体的规则性。不规则的建筑应按规定采取加强措施；特别不规则的建筑应进行专门研究和论证，采取特别的加强措施；严重不规则的建筑不应采用。

注：形体指建筑平面形状和立面、竖向剖面的变化。

3.4.2　建筑设计应重视其平面、立面和竖向剖面的规则性对抗震性能及经济合理性的影响，宜择优选用规则的形体，其抗侧力构件的平面布置宜规则对称、侧向刚度沿竖向宜均匀变化、竖向抗侧力构件的截面尺寸和材料强度宜自下而上逐渐减小、避免侧向刚度和承载力突变。不规则建筑的抗震设计应符合本规范第 3.4.4 条的有关规定。

3.4.3　建筑形体及其构件布置的平面、竖向不规则性，应按下列要求划分：

1　混凝土房屋、钢结构房屋和钢—混凝土混合结构房屋存在表 3.4.3-1 所列举的某项平面不规则类型或表 3.4.3-2 所列举的某项竖向不规则类型以及类似的不规则类型，应属于不规则的建筑。

表 3.4.3-1　平面不规则的主要类型

不规则类型	定义和参考指标
扭转不规则	在具有偶然偏心的规定水平力作用下，楼层两端抗侧力构件弹性水平位移（或层间位移）的最大值与平均值的比值大于 1.2
凹凸不规则	平面凹进的尺寸，大于相应投影方向总尺寸的 30%
楼板局部不连续	楼板的尺寸和平面刚度急剧变化，例如，有效楼板宽度小于该层楼板典型宽度的 50%，或开洞面积大于该楼层面积的 30%，或较大的楼层错层

表 3.4.3-2　竖向不规则的主要类型

不规则类型	定义和参考指标
侧向刚度不规则	该层的侧向刚度小于相邻上一层的 70%，或小于其上相邻三个楼层侧向刚度平均值的 80%；除顶层或出屋面小建筑外，局部收进的水平向尺寸大于相邻下一层的 25%
竖向抗侧力构件不连续	竖向抗侧力构件（柱、抗震墙、抗震支撑）的内力由水平转换构件（梁、桁架等）向下传递
楼层承载力突变	抗侧力结构的层间受剪承载力小于相邻上一楼层的 80%

2　砌体房屋、单层工业厂房、单层空旷房屋、大跨屋盖建筑和地下建筑的平面和竖向不规则性的划分，应符合本规范有关章节的规定。

3　当存在多项不规则或某项不规则超过规定的参考指标较多时，应属于特别不规则的建筑。

3.4.4　建筑形体及其构件布置不规则时，应按下列要求进行地震作用计算和内力调整，并应对薄弱部位采取有效的抗震构造措施：

1　平面不规则而竖向规则的建筑，应采用空间结构计算模型，并应符合下列要求：

1）扭转不规则时，应计入扭转影响，且在具有偶然偏心的规定水平力作用下，楼层两端抗侧力构件弹性水平位移或层间位移的最大值与平均值的比值不宜大于1.5，当最大层间位移远小于规范限值时，可适当放宽；

　　2) 凹凸不规则或楼板局部不连续时，应采用符合楼板平面内实际刚度变化的计算模型；高烈度或不规则程度较大时，宜计入楼板局部变形的影响；

　　3) 平面不对称且凹凸不规则或局部不连续，可根据实际情况分块计算扭转位移比，对扭转较大的部位应采用局部的内力增大系数。

　　2　平面规则而竖向不规则的建筑，应采用空间结构计算模型，刚度小的楼层的地震剪力应乘以不小于1.15的增大系数，其薄弱层应按本规范有关规定进行弹塑性变形分析，并应符合下列要求：

　　1) 竖向抗侧力构件不连续时，该构件传递给水平转换构件的地震内力应根据烈度高低和水平转换构件的类型、受力情况、几何尺寸等，乘以1.25～2.0的增大系数；

　　2) 侧向刚度不规则时，相邻层的侧向刚度比应依据其结构类型符合本规范相关章节的规定；

　　3) 楼层承载力突变时，薄弱层抗侧力结构的受剪承载力不应小于相邻上一楼层的65％。

　　3　平面不规则且竖向不规则的建筑，应根据不规则类型的数量和程度，有针对性地采取不低于本条1、2款要求的各项抗震措施。特别不规则的建筑，应经专门研究，采取更有效的加强措施或对薄弱部位采用相应的抗震性能化设计方法。

【条文】S.1.5　选用的建筑材料应符合下列规定：
　　1　500km以内生产的建筑材料重量占建筑材料总重量的比例应大于60％；
　　2　现浇混凝土应采用预拌混凝土，建筑砂浆应采用预拌砂浆。
　　注：本条对应2019版《绿色建筑评价标准》资源节约，第7.1.10条。

【设计要点】
1.《预拌混凝土》GB/T 14902—2012
3.1　预拌混凝土
　　在搅拌站（楼）生产的、通过运输设备送至使用地点的、交货时为拌合物的混凝土。
3.2　普通混凝土
　　干表观密度为2000kg/m³～2800kg/m³的混凝土。
3.3　高强混凝土
　　强度等级不低于C60的混凝土。
4.2.1　混凝土强度等级应划分为：C10、C15、C20、C25、C30、C35、C40、C45、C50、C55、C60、C65、C70、C75、C80、C85、C90、C95和C100。
2.《预拌砂浆》GB/T 25181—2019
3.1　预拌砂浆
　　专业生产厂生产的湿拌砂浆或干混砂浆。
3.2　湿拌砂浆
　　水泥、细骨料、矿物掺合料、外加剂、添加剂和水，按一定比例，在专业生产厂经计量、搅拌后，运至使用地点，并在规定时间内使用的拌合物。

3.3　干混砂浆

胶凝材料、干燥细骨料、添加剂以及根据性能确定的其他组分，按一定比例，在专业生产厂经计量、混合而成的干态混合物，在使用地点按规定比例加水或配套组分拌合使用。

4.2　得分项

【条文】S.2.1　采用基于性能的抗震设计并合理提高建筑的抗震性能。

注：本条对应 2019 版《绿色建筑评价标准》安全耐久，第 4.2.1 条。

【设计要点】

《建筑抗震设计规范》GB 50011—2010（2016 年版）

3.10.1　当建筑结构采用抗震性能化设计时，应根据其抗震设防类别、设防烈度、场地条件、结构类型和不规则性，建筑使用功能和附属设施功能的要求、投资大小、震后损失和修复难易程度等，对选定的抗震性能目标提出技术和经济可行性综合分析和论证。

3.10.2　建筑结构的抗震性能化设计，应根据实际需要和可能，具有针对性：可分别选定针对整个结构、结构的局部部位或关键部位、结构的关键部件、重要构件、次要构件以及建筑构件和机电设备支座的性能目标。

3.10.3　建筑结构的抗震性能化设计应符合下列要求：

1　选定地震动水准。对设计使用年限 50 年的结构，可选用本规范的多遇地震、设防地震和罕遇地震的地震作用，其中，设防地震的加速度应按本规范表 3.2.2 的设计基本地震加速度采用，设防地震的地震影响系数最大值，6 度、7 度（0.10g）、7 度（0.15g）、8 度（0.20g）、8 度（0.30g）、9 度可分别采用 0.12、0.23、0.34、0.45、0.68 和 0.90。对设计使用年限超过 50 年的结构，宜考虑实际需要和可能，经专门研究后对地震作用作适当调整。对处于发震断裂两侧 10km 以内的结构，地震动参数应计入近场影响，5km 以内宜乘以增大系数 1.5，5km 以外宜乘以不小于 1.25 的增大系数。

2　选定性能目标，即对应于不同地震动水准的预期损坏状态或使用功能，应不低于本规范第 1.0.1 条对基本设防目标的规定。

3　选定性能设计指标。设计应选定分别提高结构或其关键部位的抗震承载力、变形能力或同时提高抗震承载力和变形能力的具体指标，尚应计及不同水准地震作用取值的不确定性而留有余地。设计宜确定在不同地震动水准下结构不同部位的水平和竖向构件承载力的要求（含不发生脆性剪切破坏、形成塑性铰、达到屈服值或保持弹性等）；宜选择在不同地震动水准下结构不同部位的预期弹性或弹塑性变形状态，以及相应的构件延性构造的高、中或低要求。当构件的承载力明显提高时，相应的延性构造可适当降低。

3.10.4　建筑结构的抗震性能化设计的计算应符合下列要求：

1　分析模型应正确、合理地反映地震作用的传递途径和楼盖在不同地震动水准下是否整体或分块处于弹性工作状态。

2　弹性分析可采用线性方法，弹塑性分析可根据性能目标所预期的结构弹塑性状态，分别采用增加阻尼的等效线性化方法以及静力或动力非线性分析方法。

3 结构非线性分析模型相对于弹性分析模型可有所简化，但二者在多遇地震下的线性分析结果应基本一致；应计入重力二阶效应、合理确定弹塑性参数，应依据构件的实际截面、配筋等计算承载力，可通过与理想弹性假定计算结果的对比分析，着重发现构件可能破坏的部位及其弹塑性变形程度。

【条文】S.2.2　提高建筑结构材料的耐久性：

1 按 100 年进行耐久性设计；

2 采用耐久性能好的建筑结构材料，满足下列条件之一：

1） 对于混凝土构件，提高钢筋保护层厚度或采用高耐久混凝土；

2） 对于钢构件，采用耐候结构钢及耐候型防腐涂料；

3） 对于木构件，采用防腐木材、耐久木材或耐久木制品。

注：本条对应 2019 版《绿色建筑评价标准》安全耐久，第 4.2.8 条。

【设计要点】

1.《混凝土结构耐久性设计规范》GB/T 50476—2019

3.1.2 混凝土结构的耐久性设计应包括下列内容：

1 确定结构的设计使用年限、环境类别及其作用等级；

2 采用有利于减轻环境作用的结构形式和布置；

3 规定结构材料的性能与指标；

4 确定钢筋的混凝土保护层厚度；

5 提出混凝土构件裂缝控制与防排水等构造要求；

6 针对严重环境作用采取合理的防腐蚀附加措施或多重防护措施；

7 采用保证耐久性的混凝土成型工艺、提出保护层厚度的施工质量验收要求；

8 提出结构使用阶段的检测、维护与修复要求，包括检测与维护必需的构造与设施；

9 根据使用阶段的检测必要时对结构或构件进行耐久性再设计。

2.《耐候结构钢》GB/T 4171—2008

3.1 耐候钢

通过添加少量的金属元素如 Cu、P、Cr、Ni 等，使金属基体表面上形成保护层，以提高耐大气腐蚀性能的钢。

4.1 分类

各牌号的分类及其用途见表 1。

表 1

类别	牌号	生产方式	用途
高耐候钢	Q295GNH、Q355GNH	热轧	车辆、集装箱、建筑、塔架或其他结构构件等结构用，与焊接耐候钢相比，其具有较好的耐大气腐蚀性能
	Q265GNH、Q310GNH	冷轧	
焊接耐候钢	Q235NH、Q295NH、Q355NH、Q415NH、Q460NH、Q500NH、Q550NH	热轧	车辆、桥梁、集装箱、建筑或其他结构构件等结构用，与高耐候钢相比，其具有较好的焊接性能

3.《建筑用钢结构防腐涂料》JG/T 224—2007

4.1 面漆产品性能应符合表 1 的规定。

表 1　面漆产品性能要求

序号	项目		技术指标	
1	容器中状态		Ⅰ型面漆	Ⅱ型面漆
2	施工性		搅拌后无硬块,呈均匀状态	
3	漆膜外观		涂刷二道无障碍	
4	遮盖力(白色或浅色[a])/(g/m²)		正常	
5	干燥时间/h	表干	≤150	
		实干	≤4	
6	细度[b]/μm		≤24	
7	耐水性		≤60(片状颜料除外)	
8	耐酸性(5%H₂SO₄)		96h无异常	168h无异常
9	耐盐水性(3%NaCl)		120h无异常	240h无异常
10	耐盐雾性		500h不起泡、不脱落	1000h不起泡、不脱落
11	附着力(划格法)/级		≤1	
12	耐弯曲性/mm		≤2	
13	耐冲击性/cm		≥30	
14	涂层耐温变性(5次循环)		无异常	
15	贮存稳定性	结皮性/级	≥8	
		沉降性/级	≥6	
16	耐人工老化型(白色或浅色[a,d])		500h不起泡、不脱落、无裂纹粉化≤1级;变色≤2级	1000h不起泡、不脱落、无裂纹粉化≤1级;变色≤2级

a　浅色是指以白色涂料为主要成分,添加适量色浆后配制成的浅色涂料形成的涂膜所呈现的浅颜色,按GB/T 15608—1995中4.3.2规定明度值为6~9之间(三刺激值中的Y_{D65}≥31.26)。

b　对多组分产品,细度是指主漆的细度。

c　面漆中含有金属颜料时不测定耐酸性。

d　其他颜色变色等级双方商定。

4.2　底漆及中间漆产品性能应符合表 2 的规定。

表 2　底漆及中间漆产品性能要求

序号	项目		技术指标		
			普通底漆	长效性底漆	中间漆
1	容器中状态		搅拌后无硬块,呈均匀状态		
2	施工性		涂刷二道无障碍		
3	干燥时间/h	表干	≤4		
		实干	≤24		
4	细度[a]/μm		≤70(片状颜料除外)		
5	耐水性		168h无异常		
6	附着力(划格法)/级		≤1		
7	耐弯曲性/mm		≤2		

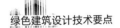

序号	项目		技术指标		
			普通底漆	长效性底漆	中间漆
8	耐冲击性/cm		≥30		
9	涂层耐温变性(5次循环)		无异常		
10	贮存稳定性	结皮性/级	≥8		
		沉降性/级	≥6		
11	耐盐雾性		200h不脱落、不出现红锈[b]	1000h不脱落、不出现红锈[b]	—
12	面漆适应性		商定		

a 对多组分产品,细度是指主漆的细度。
b 漆膜下面的钢铁表面局部或整体产生红色的氧化铁层的现象。它常伴随有漆膜的起泡、开裂、片落等病态。

4.《多高层木结构建筑技术标准》GB/T 51226—2017

8.2.2 当木构件用于下列情况时,应采用经防腐防虫处理的木材及木产品:

1 直接暴露在户外的木构件;

2 与混凝土构件、砌体直接接触的木构件和支座垫木;

3 其他可能发生腐朽或遭白蚁侵害的木构件。

5.《木结构设计标准》GB 50005—2017

11.4.2 所有在室外使用,或与土壤直接接触的木构件,应采用防腐木材。在不直接接触土壤的情况下,可采用其他耐久木材或耐久木制品。

11.4.3 当木构件与混凝土或砖石砌体直接接触时,木构件应采用防腐木材。

11.4.4 当承重结构使用马尾松、云南松、湿地松、桦木,并位于易腐朽或易遭虫害的地方时,应采用防腐木材。

11.4.5 在白蚁危害区域等级为Z4的地区,木结构建筑宜采用具有防白蚁功能的防腐处理木材。

【条文】**S.2.3** 合理选用建筑结构材料与构件:

1 混凝土结构:400MPa级及以上强度等级钢筋应用比例达到85%;混凝土竖向承重结构采用强度等级不小于C50混凝土用量占竖向承重结构中混凝土总量的比例达到50%;

2 钢结构:Q345及以上高强钢材用量占钢材总量的比例达到50%;螺栓连接等非现场焊接节点占现场全部连接、拼接节点的数量比例达到50%;采用施工时免支撑的楼屋面板。

注:本条对应2019版《绿色建筑评价标准》资源节约,第7.2.15条。

【设计要点】

1.《钢筋混凝土用钢 第2部分:热轧带肋钢筋》GB/T 1499.2—2018

4.1 钢筋按屈服强度特征值分为400、500、600级。

4.2 钢筋牌号的构成及其含义见表1。

表 1

类别	牌号	牌号构成	英文字母含义
普通热轧钢筋	HRB400	由 HRB+屈服强度特征值构成	HRB—热轧带肋钢筋的英文（Hot rolled Ribbed Bars）缩写
	HRB500		
	HRB600		
	HRB400E	由 HRB+屈服强度特征值+E 构成	
	HRB500E		
细晶粒热轧钢筋	HRBF400	由 HRBF+屈服强度特征值构成	HRBF—在热轧带肋钢筋的英文缩写后加"细"的英文（Fine）首位字母 E—"地震"的英文（Earthquake）首位字母
	HRBF500		
	HRBF400E	由 HRBF+屈服强度特征值+E 构成	

2.《混凝土结构设计规范》GB 50010—2010（2015 年版）

4.1.1　混凝土强度等级应按立方体抗压强度标准值确定。立方体抗压强度标准值系指按标准方法制作、养护的边长为 150mm 的立方体试件，在 28d 或设计规定龄期以标准试验方法测得的具有 95% 保证率的抗压强度值。

4.1.2　素混凝土结构的混凝土强度等级不应低于 C15；钢筋混凝土结构的混凝土强度等级不应低于 C20；采用强度等级 400MPa 及以上的钢筋时，混凝土强度等级不应低于 C25。预应力混凝土结构的混凝土强度等级不宜低于 C40，且不应低于 C30。承受重复荷载的钢筋混凝土构件，混凝土强度等级不应低于 C30。

4.2.1　混凝土结构的钢筋应按下列规定选用：

　　1　纵向受力普通钢筋可采用 HRB400、HRB500、HRBF400、HRBF500、HRB335、RRB400、HPB300 钢筋；梁、柱和斜撑构件的纵向受力普通钢筋宜采用 HRB400、HRB500、HRBF400、HRBF500 钢筋。

　　2　箍筋宜采用 HRB400、HRBF400、HRB335、HPB300、HRB500、HRBF500 钢筋。

　　3　预应力筋宜采用预应力钢丝、钢绞线和预应力螺纹钢筋。

3.《钢结构设计标准》GB 50017—2017

4.1.1　钢材宜采用 Q235、Q345、Q390、Q420、Q460 和 Q345GJ 钢，其质量应分别符合现行国家标准《碳素结构钢》GB/T 700、《低合金高强度结构钢》GB/T 1591 和《建筑结构用钢板》GB/T 19879 的规定。结构用钢板、热轧工字钢、槽钢、角钢、H 型钢和钢管等型材产品的规格、外形、重量及允许偏差应符合国家现行相关标准的规定。

【条文】S.2.4　选用可再循环材料、可再利用材料及利废建材。

　　注：本条对应 2019 版《绿色建筑评价标准》资源节约，第 7.2.17 条。

【设计要点】

　　可再循环材料：通过改变物质形态可实现循环再利用的材料。主要包含金属材料（钢材、铜等）、玻璃、铝合金型材、石膏制品、木材。

　　可再利用材料：在不改变物质形态的情况下直接再利用，或经过组合、修复后可直接再利用的材料。包含制品、部品或型材形式的建筑材料。

利废建材：以废弃物主原料生产的建筑材料，且废弃物掺量（重量比）应不低于生产该建筑材料全部原材料重量的 30%。废弃物主要包括建筑废弃物、工业废弃物和生活废弃物，可作为原材料用于生产建材产品。

【条文】S.2.5 采用符合工业化建造要求的结构体系与建筑构件：

1 主体结构采用钢结构、木结构；

2 主体结构采用装配式混凝土结构。

注：本条对应 2019 版《绿色建筑评价标准》提高与创新，第 9.2.5 条。

【设计要点】

参考本书附录 4　装配式建筑政策要求。

第5章　给水排水

5.1　控制项

【条文】P.1.1　给水排水系统的设置应符合下列规定：

　　1　生活饮用水水质应满足现行国家标准《生活饮用水卫生标准》GB 5749 的要求；

　　2　应制定水池、水箱等储水设施定期清洗消毒计划并实施，且生活饮用水储水设施每半年清洗消毒应不少于 1 次；

　　3　应使用构造内自带水封的便器，且其水封深度不应小于 50mm；

　　4　非传统水资源管道和设备应设置明确、清晰的永久性标识。

　　注：本条对应 2019 版《绿色建筑评价标准》健康舒适，第 5.1.3 条。

【设计要点】

《生活饮用水卫生标准》GB 5749—2006

表 1　水质常规指标及限值

指标	限值
1. 微生物指标[a]	
总大肠菌群/(MPN/100mL 或 CFU/100mL)	不得检出
耐热大肠菌群/(MPN/100mL 或 CFU/100mL)	不得检出
大肠埃希氏菌/(MPN/100mL 或 CFU/100mL)	不得检出
菌落总数/(CFU/mL)	100
2. 毒理指标	
砷/(mg/L)	0.01
镉/(mg/L)	0.005
铬(六价)/(mg/L)	0.05
铅/(mg/L)	0.01
汞/(mg/L)	0.001
硒/(mg/L)	0.01
氰化物/(mg/L)	0.05
氟化物/(mg/L)	1.0
硝酸盐(以 N 计)/(mg/L)	10 地下水源限制时为 20
三氯甲烷/(mg/L)	0.06

109

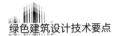

续表

指标	限值
四氯化碳/(mg/L)	0.002
溴酸盐(使用臭氧时)/(mg/L)	0.01
甲醛(使用臭氧时)/(mg/L)	0.9
亚氯酸盐(使用二氧化氯消毒时)/(mg/L)	0.7
氯酸盐(使用复合二氧化氯消毒时)/(mg/L)	0.7
3. 感官性状和一般化学指标	
色度(铂钴色度单位)	15
浑浊度(NTU-散射浊度单位)/NTU	1 水源与净水技术条件限制时为3
臭和味	无异臭、异味
肉眼可见物	无
pH	不小于6.5且不大于8.5
铝/(mg/L)	0.2
铁/(mg/L)	0.3
锰/(mg/L)	0.1
铜/(mg/L)	1.0
锌/(mg/L)	1.0
氯化物/(mg/L)	250
硫酸盐/(mg/L)	250
溶解性总固体/(mg/L)	1000
总硬度(以 $CaCO_3$ 计)/(mg/L)	450
耗氧量(COD_{Mn} 法,以 O_2 计)/(mg/L)	3 水源限制,原水耗氧量>6mg/L 时为5
挥发酚类(以苯酚计)/(mg/L)	0.002
阴离子合成洗涤剂/(mg/L)	0.3
4. 放射性指标[b]	指导值
总 α 放射性/(Bq/L)	0.5
总 β 放射性/(Bq/L)	1

a MPN表示最可能数;CFU表示菌落形成单位。当水样监测出总大肠杆菌时,应进一步检验大肠埃希式菌或耐热大肠菌群;水样未检出总大肠菌群,不必检验大肠埃希式菌或耐热大肠菌群。

b 放射性指标超过指导值,应进行核素分析和评价,判定能否饮用。

表2 饮水中消毒剂常规指标及要求

消毒剂名称	与水接触时间	出厂水中限值/(mg/L)	出厂水中余量/(mg/L)	管网末梢水中余量/(mg/L)
氯气及游离氯制剂(游离氯)	≥30min	4	≥0.3	≥0.05
一氯胺(总氯)	≥120min	3	≥0.5	≥0.05
臭氧(O_3)	≥12min	0.3	—	0.02 如加氯,总氯≥0.05
二氧化氯(ClO_2)	≥30min	0.8	≥0.1	≥0.02

表3　水质非常规指标及限值

指标	限值
1. 微生物指标	
贾第鞭毛虫/(个/10L)	<1
隐孢子虫/(个/10L)	<1
2. 毒理指标	
锑/(mg/L)	0.005
钡/(mg/L)	0.7
铍/(mg/L)	0.002
硼/(mg/L)	0.5
钼/(mg/L)	0.07
镍/(mg/L)	0.02
银/(mg/L)	0.05
铊/(mg/L)	0.0001
氯化氰(以 CN⁻ 计)/(mg/L)	0.07
一氯二溴甲烷/(mg/L)	0.1
二氯一溴甲烷/(mg/L)	0.06
二氯乙酸/(mg/L)	0.05
1,2-二氯乙烷/(mg/L)	0.03
二氯甲烷/(mg/L)	0.02
三卤甲烷(三氯甲烷、一氯二溴甲烷、二氯一溴甲烷、三溴甲烷的总和)	该类化合物中各种化合物的实测浓度与其各自限值的比值之和不超过1
1,1,1-三氯乙烷/(mg/L)	2
三氯乙酸/(mg/L)	0.1
三氯乙醛/(mg/L)	0.01
2,4,6-三氯酚/(mg/L)	0.2
三溴甲烷/(mg/L)	0.1
七氯/(mg/L)	0.0004
马拉硫磷/(mg/L)	0.25
五氯酚/(mg/L)	0.009
六六六(总量)/(mg/L)	0.005
六氯苯/(mg/L)	0.001
乐果/(mg/L)	0.08
对硫磷/(mg/L)	0.003
灭草松/(mg/L)	0.3
甲基对硫磷/(mg/L)	0.02
百菌清/(mg/L)	0.01
呋喃丹/(mg/L)	0.007
林丹/(mg/L)	0.002

指标	限值
毒死蜱/(mg/L)	0.03
草甘膦/(mg/L)	0.7
敌敌畏/(mg/L)	0.001
莠去津/(mg/L)	0.002
溴氰菊酯/(mg/L)	0.02
2,4-滴/(mg/L)	0.03
滴滴涕/(mg/L)	0.001
乙苯/(mg/L)	0.3
二甲苯/(mg/L)	0.5
1,1-二氯乙烯/(mg/L)	0.03
1,2-二氯乙烯/(mg/L)	0.05
1,2-二氯苯/(mg/L)	1
1,4-二氯苯/(mg/L)	0.3
三氯乙烯/(mg/L)	0.07
三氯苯(总量)/(mg/L)	0.02
六氯丁二烯/(mg/L)	0.0006
丙烯酰胺/(mg/L)	0.0005
四氯乙烯/(mg/L)	0.04
甲苯/(mg/L)	0.7
邻苯二甲酸二(2-乙基己基)酯/(mg/L)	0.008
环氧氯丙烷/(mg/L)	0.0004
苯/(mg/L)	0.01
苯乙烯/(mg/L)	0.02
苯并(a)芘/(mg/L)	0.00001
氯乙烯/(mg/L)	0.005
氯苯/(mg/L)	0.3
微囊藻毒素-LR/(mg/L)	0.001
3. 感官性状和一般化学指标	
氨氮(以 N 计)/(mg/L)	0.5
硫化物/(mg/L)	0.02
钠/(mg/L)	200

表4 小型集中式供水和分散式供水部分水质指标及限值

指标	限值
1. 微生物指标	
菌落总数/(CFU/mL)	500
2. 毒性指标	
砷/(mg/L)	0.05
氟化物/(mg/L)	1.2
硝酸盐(以 N 计)/(mg/L)	20
3. 感官性状和一般化学指标	
色度(铂钴色度单位)	20
浑浊度(散射浑浊度单位)/NTU	3 水源与净水技术条件限制时为 5
pH	不小于 6.5 且不大于 9.5
溶解性总固体/(mg/L)	1500
总硬度(以 $CaCO_3$ 计)/(mg/L)	550
耗氧量(COD_{Mn} 法,以 O_2 计)/(mg/L)	5
铁/(mg/L)	0.5
锰/(mg/L)	0.3
氯化物/(mg/L)	300
硫酸盐/(mg/L)	300

【条文】P.1.2 冷热源、输配系统和照明等各部分能耗应进行独立分项计量。

注:本条对应 2019 版《绿色建筑评价标准》资源节约,第 7.1.5 条。

【设计要点】

《民用建筑节能条例》

第十八条 实行集中供热的建筑应当安装供热系统调控装置、用热计量装置和室内温度调控装置;公共建筑还应当安装用电分项计量装置。居住建筑安装的用热计量装置应当满足分户计量的要求。计量装置应当依法检定合格。

【条文】P.1.3 应制定水资源利用方案,统筹利用各种水资源,并应符合下列规定:

1 应按使用用途、付费或管理单元,分别设置用水计量装置;

2 用水点处水压大于 0.2MPa 的配水支管应设置减压设施,并应满足给水配件的最低工作压力的要求;

3 用水器具和设备应满足节水产品的要求。

注:本条对应 2019 版《绿色建筑评价标准》资源节约,第 7.1.7 条。

【设计要点】

1.《建筑给水排水设计标准》GB 50015—2019

3.2.12 卫生器具的给水额定流量、当量、连接管公称尺寸和工作压力应按表 3.2.12确定。

表 3.2.12 卫生器具的给水额定流量、当量、连接管公称尺寸和工作压力

序号	给水配件名称		额定流量（L/s）	当量	连接管公称尺寸（mm）	工作压力（MPa）
1	洗涤盆、拖布盆、盥洗槽	单阀水嘴	0.15～0.20	0.75～1.00	15	0.100
		单阀水嘴	0.30～0.40	1.5～2.00	20	
		混合水嘴	0.15～0.20 (0.14)	0.75～1.00 (0.70)	15	
2	洗脸盆	单阀水嘴	0.15	0.75	15	0.100
		混合水嘴	0.15 (0.10)	0.75 (0.50)		
3	洗手盆	感应水嘴	0.10	0.50	15	0.100
		混合水嘴	0.15(0.10)	0.75(0.50)		
4	浴盆	单阀水嘴	0.20	1.00	15	0.100
		混合水嘴(含带沐浴转换器)	0.24(0.20)	1.2(1.0)		
5	沐浴器	混合阀	0.15(0.10)	0.75(0.50)	15	0.100～0.200
6	大便器	冲洗水箱浮球阀	0.10	0.50	15	0.050
		延时自闭式冲洗阀	1.20	6.00	25	0.100～0.150
7	小便器	手动或自动自闭式冲洗阀	0.10	0.50	15	0.050
		自动冲洗水箱进水阀	0.10	0.50		0.020
8	小便槽穿孔冲洗管(每 m 长)		0.05	0.25	15～20	0.015
9	净身盆冲洗水嘴		0.10(0.07)	0.50(0.35)	15	0.100
10	医院倒便器		0.20	1.00	15	0.100
11	实验室化验水嘴(鹅颈)	单联	0.07	0.35	15	0.020
		双联	0.15	0.75		
		三联	0.20	1.00		
12	饮水器喷嘴		0.05	0.25	15	0.050
13	洒水栓		0.40	2.00	20	0.050～0.100
			0.70	3.50	25	
14	室内地面冲洗水嘴		0.20	1.00	15	0.100
15	家用洗衣机水嘴		0.20	1.00	15	0.100

注：1 表中括弧内的数值系在有热水供应时，单独计算冷水或热水时使用。

2 当浴盆上附设淋浴器时，或混合水嘴有淋浴器转换开关时，其额定流量和当量只计水嘴，不计淋浴器，但水压应按淋浴器计。

3 家用燃气热水器，所需水压按产品要求和热水供应系统最不利配水点所需工作压力确定。

4 绿地的自动喷灌应按产品要求设计。

5 卫生器具给水配件所需额定流量和工作压力有特殊要求时，其值应按产品要求确定。

3.5.16 建筑物水表的设置位置应符合下列规定：

1 建筑物的引入管、住宅的入户管；

2 公用建筑物内按用途和管理要求需计量水量的水管；

3 根据水平衡测试的要求进行分级计量的管段;

4 根据分区计量管理需计量的管段。

2.《城镇供水水量计量仪表的配备和管理通则》CJ/T 454—2014。

5.1.1 供水单位水厂的取水管道、出厂水管道均应配备水表,水表配备率应达到100%。

5.1.2 供水单位应在输(配)水管网中合理建立独立计量区(DMA),独立计量区(DMA)的水表配备率应达到100%。

5.1.3 供水、用水单位在贸易结算及用水计量时均应配备水表,水表配备率应达到100%。

5.1.4 绿化、环卫、消防等用水,宜加装水表或采取其他方式计量。

3.《用水单位水计量器具配备和管理通则》GB 24789—2009

4.1 水计量器具的配备原则

4.1.1 应满足对各类供水进行分质计量,对取水量、用水量、重复利用水量、排水量等进行分项统计的需要。

4.1.2 公共供水与自建设施供水应分别计量。

4.1.3 生活用水与生产用水应分别计量。

4.1.4 开展企业水平衡测试的水计量器具配备应满足GB/T 12452的要求。

4.1.5 工业企业应满足工业用水分类计量的要求。

4.2 水计量器具的计量范围

4.2.1 用水单位的输入水量和输出水量,包括自建供水设施的供水量、公共供水系统供水量、其他外购水量、净水厂输出水量、外排水量、外供水量等。

4.2.2 次级用水单位的输入水量和输出水量。

4.2.3 用水设备(用水系统)需计量以下的有关水量:

——冷却水系统:补充水量;

——软化水、除盐水系统:输入水量、输出水量、排水量;

——锅炉系统:补充水量、排水量、冷凝水回用量;

——污水处理系统:输入水量、外排水量、回用水量;

——工艺用水系统:输入水量;

——其他用水系统:输入水量;

注1:以上计量的水量如包括常规水资源和非常规水资源,宜分别计量。

注2:以上计量的补充水量,如包括新水量,宜单独计量。

4.《节水型产品通用技术条件》GB/T 18870—2011

4.1 通用要求

4.1.1 节水型产品生产企业应遵守和执行国家、行业相关法律法规的规定。

4.1.2 节水型产品除应符合本标准外,还应满足相关产品技术标准的要求。

4.1.3 节水型产品生产企业原则上应按照本标准、产品的国家标准或行业标准进行生产,并注明执行的标准。按企业标准生产的产品,其技术要求不得低于本标准、产品国家标准或行业标准。

4.1.4 节水型产品生产企业应建立文件化的质量管理体系。

4.1.5 节水型产品生产企业应按标准要求进行规定项目的出厂检验,检测方法、检测设备、检测人员、标准物质、环境条件均应符合国家或行业标准要求，必要时应和法定检测机构进行比对试验。出厂检验所必需的检测仪器、设备和装置应按规定定期检定或校准，取得检定合格证书或校准证书。产品出厂检验合格后方能放行。

4.1.6 产品使用说明书应对包括影响产品节水效果以及妨碍正常安装、使用、维护、保管等方面的信息进行说明。

【条文】P.1.4 使用较高用水效率等级的卫生器具。一星级绿色建筑需采用三级以上节水器具，二星级、三星级绿色建筑需采用二级以上节水器具。

注：本条对应 2019 版《绿色建筑评价标准》评价与等级划分，第 3.2.8 条；资源节约，第 7.2.10 条。

【设计要点】

1.《水嘴水效限定值及水效等级》GB 25501—2019

4.3　水嘴水效等级

4.3.1 水嘴的水效等级分为 3 级，其中 3 级水效最低。

4.3.2 按 5.1 进行测试，各等级水嘴的流量应符合表 1 的规定。

4.3.3 多挡水嘴的大挡水效等级不应低于 3 级，以大挡实际达到的水效等级作为该水嘴的水效等级级别。

表 1　水嘴水效等级指标　　　　　　　　　　　　　单位为升每分

类别	流量		
	1 级	2 级	3 级
洗面器水嘴 厨房水嘴 妇洗器水嘴	≤4.5	≤6.0	≤7.5
普通洗涤水嘴	≤6.0	≤7.5	≤9.0

4.4　水嘴水效限定值

水效等级 3 级中规定的水嘴流量。

4.5　水嘴节水评价值

水效等级 2 级中规定的水嘴流量。

2.《坐便器水效限定值及水效等级》GB 25502—2017。

表 1　坐便器水效等级指标

用水效率等级	1 级	2 级	3 级
坐便器平均用水量/(L)	≤4.0	≤5.0	≤6.4
双冲坐便器全冲用水量/(L)	≤5.0	≤6.0	≤8.0

3.《小便器水效限定值及水效等级》GB 28377—2019

4　小便器水效等级

小便器水效等级分为 3 级，其中 3 级水效最低。各等级小便器的平均用水量应符合表 1 的规定。

表1 小便器水效等级指标　　　　　　　　　　　单位为升

小便器水效等级	1级	2级	3级
小便器平均用水量	≤0.5	≤1.5	≤2.5

4.《淋浴器水效限定值及水效等级》GB 28378—2019

4 淋浴器水效等级

4.1 淋浴器水效等级分为3级，其中3级水效最低。

4.2 各等级淋浴器的流量应符合表1的规定。

4.3 手持式花洒若其所带花洒有多种出水方式时，分别试验每种出水方式的流量，以最大流量所达到的水效等级作为该淋浴器的水效等级。

4.4 固定式花洒若其所带花洒有多种出水使用功能时，分别试验每种出水使用功能的流量，以最大流量所达到的水效等级作为该淋浴器的水效等级。

表1 淋浴器水效等级指标　　　　　　　　　　单位升每分

类别	流量		
	1级	2级	3级
手持式花洒	≤4.5	≤6.0	≤7.5
固定式花洒			

5.《便器冲洗阀用水效率限定值及用水效率等级》GB 28379—2012

表1 大便器冲洗阀用水效率等级指标

用水效率等级	1级	2级	3级	4级	5级
冲洗水量/(L)	4.0	5.0	6.0	7.0	8.0

表2 小便器冲洗阀用水效率等级指标

用水效率等级	1级	2级	3级
冲洗水量/(L)	2.0	3.0	4.0

6.《蹲便器水效限定值及水效等级》GB 30717—2019

表1 蹲便器用水效率等级指标

用水效率等级		1级	2级	3级
蹲便器平均用水量/(L)	单冲式	≤5.0	≤6.0	≤8.0
	双冲式	≤4.8	≤5.6	≤6.4
双冲式蹲便器全冲用水量/(L)		≤6.0	≤7.0	≤8.0

【条文】P.1.5 场地的竖向设计应有利于雨水的收集或排放，应有效组织雨水的下渗、滞蓄或再利用；对大于10hm² 的场地应进行雨水控制利用专项设计。

　　注：本条对应2019版《绿色建筑评价标准》环境宜居，第8.1.4条。

【设计要点】

1.《城乡建设用地竖向规划规范》CJJ 83—2016

6.0.2 城乡建设用地竖向规划应符合下列规定：

1 满足地面排水的规划要求；地面自然排水坡度不宜小于 0.3%；小于 0.3% 时应采用多坡向或特殊措施排水；

2 除用于雨水调蓄的下凹式绿地和滞水区等之外，建设用地的规划高程宜比周边道路的最低路段的地面高程或地面雨水收集点高出 0.2m 以上，小于 0.2m 时应有排水安全保障措施或雨水滞蓄利用方案。

2.《建筑与小区雨水控制及利用工程技术规范》GB 50400—2016

1.0.4 雨水控制及利用工程可采用渗、滞、蓄、净、用、排等技术措施。

1.0.5 规划和设计阶段文件应包括雨水控制及利用内容。雨水控制及利用设施应与项目主体工程同时规划设计，同时施工，同时使用。

4.1.2 雨水控制及利用应采用雨水入渗系统、收集回用系统、调蓄排放系统中的单一系统或多种系统组合，并应符合下列规定：

1 雨水入渗系统应由雨水收集、储存、入渗设施组成；

2 收集回用系统应设雨水收集、储存、处理和回用水管网等设施；

3 调蓄排放系统应设雨水收集、调蓄设施和排放管道等设施。

4.1.3 雨水控制及利用系统的选用应符合下列规定：

1 入渗系统的土壤渗透系数应为 10^{-6}m/s～10^{-3}m/s 之间，且渗透面距地下水位应大于 1.0m，渗透面应从最低处计；

2 收集回用系统宜用于年均降雨量大于 400mm 的地区；

3 调蓄排放系统宜用于有防洪排涝要求的场所或雨水资源化受条件限制的场所。

4.1.4 雨水控制及利用设施的布置应符合下列规定：

1 应结合现状地形地貌进行场地设计与建筑布局，保护并合理利用场地内原有的水体、湿地、坑塘、沟渠等；

2 应优化不透水硬化面与绿地空间布局，建筑、广场、道路周边宜布置可消纳径流雨水的绿地；

3 建筑、道路、绿地等竖向设计应有利于径流汇入雨水控制及利用设施。

4.1.5 雨水入渗场所应有详细的地质勘察资料，地质勘察资料应包括区域滞水层分布、土壤种类和相应的渗透系数、地下水动态等。

4.1.6 雨水入渗不应引起地质灾害及损害建筑物。下列场所不得采用雨水入渗系统：

1 可能造成坍塌、滑坡灾害的场所；

2 对居住环境以及自然环境造成危害的场所；

3 自重湿陷性黄土、膨胀土和高含盐土等特殊土壤地质场所。

6.1.1 雨水入渗方式可采用下凹绿地入渗、透水铺装地面入渗、植被浅沟与洼地入渗、生物滞留设施（浅沟渗渠组合）入渗、渗透管沟、入渗井、入渗池、渗透管—排放系统等。

6.1.2 雨水入渗宜优先采用下凹绿地、透水铺装、浅沟洼地入渗等地表面入渗方式，并应符合下列规定：

1 人行道、非机动车道、庭院、广场等硬化地面宜采用透水铺装，硬化地面中透水铺装的面积比例不宜低于 40%；

2 小区内路面宜高于路边绿地 50mm～100mm，并应确保雨水顺畅流入绿地；

3 绿地宜设置为下凹绿地。涉及绿地指标率要求的建设工程,下凹绿地面积占绿地面积的比例不宜低于50%;

4 非种植屋面雨水的入渗方式应根据现场条件,经技术经济和环境效益比较确定。

6.1.3 雨水入渗设施埋地设置时宜设在绿地下,也可设于非机动车路面下。渗透管沟间的最小净间距不宜小于2m,入渗井间的最小间距不宜小于储水深度的4倍。

6.1.4 地下建筑顶面覆土层设置透水铺装、下凹绿地等入渗设施时,应符合下列规定:

1 地下建筑顶面与覆土之间应设疏水片材或疏水管等排水层;

2 土壤渗透面至渗排设施间的土壤厚度不应小于300mm;

3 当覆土层土壤厚度超过1.0m时,可设置下凹绿地或在土壤层内埋设入渗设施。

5.2 得分项

【条文】P.2.1 采取提升建筑部品部件耐久性的措施:

1 使用耐腐蚀、抗老化、耐久性能好的管材、管线、管件;

2 活动配件选用长寿命产品,并考虑部品组合的同寿命性;不同使用寿命的部品组合时,采用便于拆换、更新和升级的构造。

注:本条对应2019版《绿色建筑评价标准》安全耐久,第4.2.7条。

【设计要点】

《建筑给水排水设计标准》GB 50015—2019

3.5.2 室内的给水管道,应选用耐腐蚀和安装连接方便可靠的管材,可采用不锈钢管、铜管、塑料给水管和金属塑料复合管及经防腐处理的钢管。高层建筑给水立管不宜采用塑料管。

3.5.3 给水管道阀门材质应根据耐腐蚀、管径、压力等级、使用温度等因素确定,可采用全铜、全不锈钢、铁壳铜芯和全塑阀门等。阀门的公称压力不得小于管材及管件的公称压力。

【条文】P.2.2 直饮水、集中生活热水、游泳池水、采暖空调系统用水、景观水体等的水质满足国家现行有关标准的要求。

注:本条对应2019版《绿色建筑评价标准》健康舒适,第5.2.3条。

【设计要点】

1. 《饮用净水水质标准》CJ 94—2005

表1 饮用净水水质标准

项目		限值
感官性状	色	5度
	浑浊度	0.5NTU
	臭和味	无异臭异味
	肉眼可见物	无

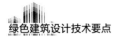绿色建筑设计技术要点

续表

项目		限值
一般化学指标	pH	6.0～8.5
	总硬度(以 CaCO$_3$ 计)	300mg/L
	铁	0.20mg/L
	锰	0.05mg/L
	铜	1.0mg/L
	锌	1.0mg/L
	铝	0.20mg/L
	挥发性酚类(以苯酚计)	0.002mg/L
	阴离子合成洗涤剂	0.20mg/L
	硫酸盐	100mg/L
	氯化物	100mg/L
	溶解性总固体	500mg/L
	耗氧量(COD$_{Mn}$,以 O$_2$ 计)	2.0mg/L
毒理性指标	氟化物	1.0mg/L
	硝酸盐氮(以 N 计)	10mg/L
	砷	0.01mg/L
	硒	0.01mg/L
	汞	0.001mg/L
	镉	0.003mg/L
	铬(六价)	0.05mg/L
	铅	0.01mg/L
	银(采用载银活性炭时测定)	0.05mg/L
	氯仿	0.03mg/L
	四氯化碳	0.002mg/L
	亚氯酸盐(采用 ClO$_2$ 消毒时测定)	0.70mg/L
	氯酸盐(采用 ClO$_2$ 消毒时测定)	0.70mg/L
	溴酸盐(采用 O$_3$ 消毒时测定)	0.01mg/L
	甲醛(采用 O$_3$ 消毒时测定)	0.90mg/L
细菌学指标	细菌总数	50cfu/mL
	总大肠菌群	每 100mL 水样中不得检出
	粪大肠菌群	每 100mL 水样中不得检出
	余氯	0.01mg/L(管网末梢水)*
	臭氧(采用 O$_3$ 消毒时测定)	0.01mg/L(管网末梢水)*
	二氧化氯(采用 ClO$_2$ 消毒时测定)	0.01mg/L(管网末梢水)* 或 余氯 0.01mg/L(管网末梢水)*

注:表中带"*"的限值为该项目的检出限,实测浓度应小于检出限

2.《生活热水水质标准》CJ/T 521—2018

表1 常规指标及限值

项目		限值	备注
常规指标	水温/℃	≥46	
	总硬度(以CaCO₃)/(mg/L)	≤300	
	浑浊度/(NTU)	≤2	
	耗氧量(COD$_{Mn}$)/(mg/L)	≤3	
	溶解氧*(DO)/(mg/L)	≤8	
	总有机碳*(TOC)/(mg/L)	≤4	
	氯化物*/(mg/L)	≤200	
	稳定指数*(Ryznar Stability Index,R.S.I)	6.0＜R.S.I≤7.0	需检测:水温、溶解性总固体、钙硬度、总碱度、pH值
微生物指标	菌落总数/(CFU/mL)	≤100	
	异养菌数*(HPC)/(CFU/mL)	≤500	
	总大肠杆菌/(MPN/100mL或CFU/100mL)	不得检出	
	嗜肺军团菌	不得检出	采样量500mL

注:稳定指数计算方法参见附录A
* 指标为试行。试行指标于2019年1月1日起正式实施

表2 消毒剂余量及要求

消毒剂指标	管网末梢水中余量
游离余氯(采用氯消毒液时测定)/(mg/L)	≥0.05
二氧化氯(采用二氧化氯消毒时测定)/(mg/L)	≥0.02
银离子(采用银离子消毒时)/(mg/L)	≤0.05

3.《游泳池水质标准》CJ 244—2016

4.2.1 游泳池池水的感官性状应良好。

4.2.2 游泳池池水中不应含有病原微生物。

4.2.3 游泳池水中所含化学物质不应危害人体健康。

4.2.4 常规检验项目及其限值见表1。

表1 游泳池池水水质常规检验项目及限值

序号	项目	限值
1	浑浊度(散射浊度计单位)/NTU	≤0.5
2	pH	7.2～7.8
3	尿素/(mg/L)	≤3.5
4	菌落总数/(CFU/mL)	≤100
5	总大肠菌群/(MPN/100mL或CFU/100mL)	不应检出
6	水温/℃	20～30
7	游离性余氯/(mg/L)	0.3～1.0
8	化合性余氯/(mg/L)	＜0.4

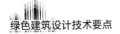

续表

序号	项目	限值
9	氰脲酸 $C_3H_3N_3O_3$（使用含氰脲酸的氯化合物消毒时）/(mg/L)	<30(室内池) <100(室外池和紫外消毒)
10	臭氧（采用臭氧消毒时）/(mg/m³)	<0.2(水面上20cm空气中) <0.05mg/L(池水中)
11	过氧化氢/(mg/L)	60～100
12	氧化还原电位/mV	≥700(采用氯和臭氧消毒时) 200～300(采用过氧化氢消毒时)

注：第7～12项根据所使用的消毒剂确定的检测项目及限值

4.《采暖空调系统水质》GB/T 29044—2012

表1 集中空调间接供冷开式循环冷却水系统水质要求

检测项	单位	补充水	循环水
pH(25℃)	—	6.5～8.5	7.5～9.5
浊度	NTU	≤10	≤20 ≤10 (当换热设备为板式、翅片管式、螺旋版式)
电导率(25℃)	μS/cm	≤600	≤2300
钙硬度(以 CaCO₃ 计)	mg/L	≤120	—
总碱度(以 CaCO₃ 计)	mg/L	≤200	≤600
钙硬度+总碱度(以 CaCO₃ 计)	mg/L	—	≤1100
Cl⁻	mg/L	≤100	≤500
总铁	mg/L	≤0.3	≤1.0
NH₃-Nᵃ	mg/L	≤5	≤10
游离氯	mg/L	0.05～0.2(管网末梢)	0.05～1.0(循环回水总管处)
CODcr	mg/L	≤30	≤100
异养菌总数	个/mL	—	≤1×10⁵
有机磷(以 P 计)	mg/L	—	≤0.5

a 当补充水水源为地表水、地下水或再生水回用时，应对本指标项进行检测与控制

表2 集中空调循环冷水系统水质要求

检测项	单位	补充水	循环水
pH(25℃)	—	7.5～9.5	7.5～10
浊度	NTU	≤5	≤10
电导率(25℃)	μS/cm	≤600	≤2000
Cl⁻	mg/L	≤250	≤250
总铁	mg/L	≤0.3	≤1.0
钙硬度(以 CaCO₃ 计)	mg/L	≤300	≤300
总碱度(以 CaCO₃ 计)	mg/L	≤200	≤500
溶解氧	mg/L	—	≤0.1
有机磷(以 P 计)	mg/L	—	≤0.5

表3 集中空调间接供冷闭式循环冷却水系统循环水及补充水水质要求

检测项	单位	补充水	循环水
pH(25℃)	—	7.5～9.5	7.5～10
浊度	NTU	≤5	≤10
电导率(25℃)	μS/cm	≤600	≤2000
Cl⁻	mg/L	≤250	≤250
总铁	mg/L	≤0.3	≤1.0
钙硬度(以 CaCO$_3$ 计)	mg/L	≤300	≤300
总碱度(以 CaCO$_3$ 计)	mg/L	≤200	≤500
溶解氧	mg/L	—	≤0.1
有机磷(以 P 计)	mg/L	—	≤0.5

表4 蒸发式循环冷却水系统水质要求

检测项	单位	直接蒸发式		间接蒸发式	
		补充水	循环水	补充水	循环水
pH(25℃)	—	6.5～8.5	7.0～9.5	6.5～8.5	7.0～9.5
浊度	NTU	≤3	≤3	≤3	≤5
电导率(25℃)	μS/cm	≤400	≤800	≤400	≤800
钙硬度(以 CaCO$_3$ 计)	mg/L	≤80	≤160	≤100	≤200
总碱度(以 CaCO$_3$ 计)	mg/L	≤150	≤300	≤200	≤400
Cl⁻	mg/L	≤100	≤200	≤150	≤300
总铁	mg/L	≤0.3	≤1.0	≤0.3	≤1.0
硫酸根离子(以 SO$_4^{2-}$ 计)	mg/L	≤250	≤500	≤250	≤500
NH$_3$-N[a]	mg/L	≤0.3	≤1.0	≤5	≤10
COD$_{cr}$[a]	mg/L	≤3	≤5	≤30	≤60
菌落总数	CFU/mL	≤100	≤100		
异养菌总数	个/mL	—	—	—	≤1×10⁵
有机磷(以 P 计)	mg/L				≤0.5

a 当补充水水源为地表水、地下水或再生水回用时，应对本指标项进行检测与控制。

5.《民用建筑节水设计标准》GB 50555—2010

4.1.5 景观用水水源不得采用市政自来水和地下井水。

6.《城市污水再生利用 景观环境用水水质》GB/T 18921—2019

表1 景观环境用水的再生水水质

序号	项目	观赏性景观环境用水			娱乐性景观环境用水			景观湿地环境用水
		河道类	湖泊类	水景类	河道类	湖泊类	水景类	
1	基本要求	无漂浮物，无令人不愉快的嗅和味						
2	pH 值(无量纲)	6.0～9.0						
3	五日生化需氧量(BOD$_5$)/(mg/L)	≤10	≤6	≤10	≤6			≤10
4	浊度/NTU	≤10	≤5	≤10	≤5			≤10
5	总磷(以 P 计)/(mg/L)	≤0.5	≤0.3	≤0.5	≤0.3			≤0.5

续表

序号	项目	观赏性景观环境用水			娱乐性景观环境用水			景观湿地环境用水
		河道类	湖泊类	水景类	河道类	湖泊类	水景类	
6	总氮(以 N 计)/(mg/L)	≤15	≤10		≤15	≤10		≤15
7	氨氮(以 N 计)/(mg/L)	≤5	≤3		≤5	≤3		≤5
8	粪大肠杆菌/(个/L)	≤1000			≤1000		≤3	≤1000
9	余氯/(mg/L)	—					0.5~0.1	—
10	色度/度	≤20						

注1：未采用加氯消毒方式的再生水，其补水特点无余氯要求。

注2："—"表示对此项无要求。

7. 《模块化户内中水集成系统技术规程》JGJ/T 409—2017

3.0.4 户内中水系统处理后的水质应符合表 3.0.4 的规定。

表 3.0.4 户内中水水质标准

序号	检测项目	户内中水冲厕标准	检测依据
1	pH 值	6.0~9.0	现行国家标准《生活饮用水标准检验方法 感官性状和物理指标》GB/T 5750.4
2	色(度)	≤30	
3	嗅	无不快感	
4	浊度(NTU)	≤5	
5	溶解性总固体(mg/L)	≤1500	
6	总余氯(mg/L)	接触30min后≥1.0，管网末端≥0.2	现行国家标准《生活饮用水标准检验方法 毒剂指标》GB/T 5750.11
7	总大肠杆菌(个/L)	≤3	现行国家标准《生活饮用水标准检验方法 微生物指标》GB/T 5750.12

【条文】P.2.3 生活饮用水水池、水箱等储水设施采取措施满足卫生要求：

1 使用符合国家现行有关标准要求的成品水箱；

2 采取保证储水不变质的措施。

注：本条对应 2019 版《绿色建筑评价标准》健康舒适，第 5.2.4 条。

【设计要点】

1. 《二次供水设施卫生规范》GB 17051—1997

5.1 设计水箱或蓄水池：饮用水箱或蓄水池应专用，不得渗漏，设置在建筑物内的水箱其顶部与屋顶的距离应大于80cm，水箱应有相应的透气管和罩，入孔位置和大小要满足水箱内部清洗消毒工作的需要，人孔或水箱入口应有盖（或门），并高出水箱面5cm以上，并有上锁装置，水箱内外应设有爬梯。水箱必须安装在有排水条件的底盘上，泄水管应设在水箱的底部，溢水管与泄水管均不得与下水管道直接连通，水箱的材质和内壁涂料应无毒无害，不影响水的感观性状。水箱的容积设计不得超过用户48h的用水量。

8.1 设施的管理部门负责设施的日常运转、保养、清洗、消毒。

8.2 管理单位对设施的卫生管理必须制定设施的卫生制度并予以实施，管理人员每年进行一次健康检查和卫生知识培训，合格上岗。

8.3 管理单位每年应对设施进行一次全面清洗，消毒，并对水质进行检验，及时发现和消除污染隐患，保证居民饮水的卫生安全。

8.4 发生供水事故时，设施的管理单位必须立即采取应急措施，保证居民日常生活用水，同时报告当地卫生部门并协助卫生部门进行调查处理。

2.《二次供水工程技术规程》CJJ 140—2010

6.1.1 当水箱选用不锈钢材料时，焊接材料应与水箱材质相匹配，焊缝应进行抗氧化处理。

6.1.2 水池（箱）宜独立设置，且结构合理、内壁光洁、内拉筋无毛刺、不渗漏。

6.1.3 水池（箱）距污染源、污染物的距离应符合现行国家标准《建筑给水排水设计规范》^①GB 50015 的规定。

6.1.4 水池（箱）应设置在维护方便、通风良好、不结冰的房间内。室外设置的水池（箱）及管道应有防冻、隔热措施。

6.1.5 当水池（箱）容积大于 50m³ 时，宜分为容积基本相等的两格，并能独立工作。

6.1.6 水池高度不宜超过 3.5m，水箱高度不宜超过 3m。当水池（箱）高度大于 1.5m 时，水池（箱）内外应设置爬梯。

6.1.7 建筑物内水池（箱）侧壁与墙面间距不宜小于 0.7m，安装有管道的侧面，净距不宜小于 1.0m；水池（箱）与室内建筑凸出部分间距不宜小于 0.5m；水池（箱）顶部与楼板间距不宜小于 0.8m；水池（箱）底部应架空，距地面不宜小于 0.5m，并应具有排水条件。

6.1.8 水池（箱）应设进水管、出水管、溢流管、泄水管、通气管、人孔，并应符合下列规定：

   1 进水管的设置应符合现行国家标准《建筑给水排水设计规范》^① GB 50015 的规定；

   2 出水管管底应高于水池（箱）内底，高差不小于 0.1m；

   3 进、出水管的布置不得产生水流短路，必要时应设导流装置；

   4 进、出水管上必须安装阀门，水池（箱）宜设置水位监控和溢流报警装置；

   5 溢流管管径应大于进水管管径，宜采用水平喇叭口集水，溢流管出口末端应设置耐腐蚀材料防护网，与排水系统不得直接连接并应有不小于 0.2m 的空气间隙；

   6 泄水管应设在水池（箱）底部，管径不应小于 DN50。水池（箱）底部宜有坡度，并坡向泄水管或集水坑。泄水管与排水系统不得直接连接并应有不小于 0.2m 的空气间隙；

   7 通气管管径不应小于 DN25，通气管口应采取防护措施；

   8 水池（箱）人孔必须加盖、带锁、封闭严密，人孔高出水池（箱）外顶不应小于 0.1m。圆形人孔直径不应小于 0.7m，方形人孔每边长不应小于 0.6m。

【条文】**P.2.4** 所有给水排水管道、设备、设施设置明确、清晰的永久性标识。

   注：本条对应 2019 版《绿色建筑评价标准》健康舒适，第 5.2.5 条。

---

   ① 编者注：该标准的现行版本为《建筑给水排水设计标准》GB 50015—2019。

【设计要点】

《工业管道的基本识别色、识别符号和安全标识》GB 7231—2003

4.2 基本识别色标识方法

工业管道的基本识别色标识方法，使用方应从以下五种方法中选择。应用举例见附录A（标准的附录）。

a) 管道全长上标识；

b) 在管道上以宽为150mm的色环标识；

c) 在管道上以长方形的识别色标牌标识；

d) 在管道上带箭头的长方形识别色标牌标识；

e) 在管道上以系挂的识别色标牌标识。

表1 八种基本识别色和色样及颜色标准编号

物种分类	基本识别色	色样	颜色标准编号
水	艳绿		G03
水蒸气	大红		R03
空气	淡灰		B03
气体	中黄		Y07
酸或碱	紫		P02
可燃液体	棕		YR05
其他液体	黑		
氧	淡蓝		PB06

4.3 当采用4.2中b)，c)，d)，e)方法时，二个识别之间的最小距离应为10m。

4.4 4.2中c)，d)，e)的标牌最小尺寸应以能清楚观察识别色来确定。

4.5 当管道采用4.2中b)，c)，d)，e)基本识别色标识方法时，其标识的场所应该包括所有管道的起点、终点、交叉点、转弯处、阀门和穿孔墙两侧等的管道上和其他需要标识的部位。

【条文】P.2.5 设置用水远传计量系统、水质在线监测系统：

1 设置用水量远传计量系统，能分类、分级记录、统计分析各种用水情况；

2 利用计量数据进行管网漏损自动检测、分析与整改，管道漏损率低于5%；

3 设置水质在线监测系统，监测生活饮用水、管道直饮水、游泳池水、非传统水源、空调冷却水的水质指标，记录并保存水质监测结果，且能随时供用户查询。

注：本条对应2019版《绿色建筑评价标准》生活便利，第6.2.8条。

【设计要点】

1.《民用建筑设计统一标准》GB 50352—2019

8.1.1 建筑给水设计应符合下列规定：

1 应采用节水型低噪声卫生器具和水嘴；

2 当分户计量时，宜在公共区域外设水表箱或水表间。

2.《水质监测新技术与实践》（曾永 等编著，黄河水利出版社，2006年）

2.1.1 水质自动监测系统的特点

水质自动监测系统是一套以在线自动分析仪器为核心，运用现代自动监测技术、自动控制技术、计算机应用技术以及相关的专用分析软件和通信网络所构成的一个综合性的在线自动监测系统。

2.1.2 水质自动监测系统的任务

实现水质的实时、连续监测和远程控制，达到及时掌握主要流域重点断面水体的水质状况、预警预报重大或流域性水质污染事故、解决跨行政区域的水污染事故纠纷、监督总量控制制度落实情况和排放达标情况等目的。

【条文】P.2.6 结合当地气候和自然资源条件合理利用可再生能源。

注：本条对应 2019 版《绿色建筑评价标准》资源节约，第 7.2.9 条。

【设计要点】

1. 《可再生能源建筑应用工程评价标准》GB/T 50801—2013

2.0.1 可再生能源建筑应用

在建筑供热水、采暖、空调和供电等系统中，采用太阳能、地热能等可再生能源系统提供全部或部分建筑用能的应用形式。

2.0.2 太阳能热利用系统

将太阳能转换成热能，进行供热、制冷等应用的系统，在建筑中主要包括太阳能供热水、采暖和空调系统。

2.0.5 太阳能光伏系统

利用光生伏打效应，将太阳能转变成电能，包含逆变器、平衡系统部件及太阳能电池方阵在内的系统。

2.0.6 地源热泵系统

以岩土体、地下水或地表水为低温热源，由水源热泵机组、地热能交换系统、建筑物内系统组成的供热空调系统。根据地热能交换系统形式的不同，地源热泵系统分为地埋管地源热泵系统、地下水地源热泵系统和地表水地源热泵系统。其中地表水源热泵又分为江、河、湖、海水源热泵系统。

2.0.7 太阳能保证率

太阳能供热水、采暖或空调系统中由太阳能供给的能量占系统总消耗能量的百分率。

2. 《民用建筑供暖通风与空气调节设计规范》GB 50736—2012

8.1.1（2） 在技术经济合理的情况下，冷、热源宜利用浅层地能、太阳能、风能等可再生能源。当采用可再生能源受到气候等原因的限制无法保证时，应设置辅助冷热源。

3. 《建筑给排水设计标准》GB 50015—2019

6.3.1 集中热水供应系统的热源应通过技术经济比较，并应按下列顺序选择：

1 采用具有稳定、可靠的余热、废热、地热，当以地热为热源时，应按地热水的水温、水质和水压，采取相应的技术措施处理满足使用要求；

2 当日照时数大于 1400h/a 且年太阳辐射量大于 4200MJ/m² 及年极端最低气温不低于 −45℃ 的地区，采用太阳能，全国各地日照时数及年太阳能辐照量应按本标准附录 H 取值；

3 在夏热冬暖、夏热冬冷地区采用空气源热泵；

4 在地下水源充沛、水文地质条件适宜，并能保证回灌的地区，采用地下水源热泵；

5 在沿江、沿海、沿湖，地表水源充足、水文地质条件适宜，以及有条件利用城市污水、再生水的地区，采用地表水源热泵；当采用地下水源和地表水源时，应经当地水务、交通航运等部门审批，必要时应进行生态环境、水质卫生方面的评估。

【条文】P.2.7 绿化灌溉及空调冷却水系统采用节水设备或技术：

1 绿化灌溉采用节水设备或技术：

1） 采用节水灌溉系统。

2） 在采用节水灌溉系统的基础上，设置土壤湿度感应器、雨天自动关闭装置等节水控制措施，或种植无须永久灌溉植物。

2 空调冷却水系统采用节水设备或技术：

1） 循环冷却水系统采取设置水处理措施、加大集水盘、设置平衡管或平衡水箱等方式，避免冷却水泵停泵时冷却水溢出。

2） 采用无蒸发耗水量的冷却技术。

注：本条对应 2019 版《绿色建筑评价标准》资源节约，第 7.2.11 条。

【设计要点】

1. 《节水灌溉工程技术标准》GB/T 50363—2018

2.0.1 节水灌溉

根据作物需水规律和当地供水条件，高效利用降水和灌溉水，以取得农业最佳经济效益、社会效益和环境效益的综合措施。

2.0.4 喷灌

利用专门设备将有压水流通过喷头喷洒成细小水滴，落到土壤表面进行灌溉的方法。

2.0.5 微灌

通过管道系统与安装在末级管道上的灌水器，将水和作物生长所需的养分以较小的流量，均匀、准确地直接输送到作物根部附近土壤的一种灌水方法。

2. 《全国民用建筑工程设计技术措施　给水排水》2009

表 14.1.2　绿地灌溉系统的类型、特点及适用场合

分类方式	类型	特点	适用场合
按灌水方式	喷灌系统	对地形的适应性强，可降低表层土壤的盐度，有利于植物降温和增强植物叶面的光合作用；供水压力较大，气象因素对灌水效果的影响较大，水的蒸发和飘逸损失较大，建设成本较高	草坪、花卉（限微喷）和低矮灌木
	滴灌系统	节水效果明显，对土壤和地形的适应性强，不增加环境湿度，灌水量和灌溉范围的可控性强，系统运行时不影响养护作业；易造成土壤中的盐分积累，对水质的要求较高，限制植物根系发展	狭长草坪绿化带、花卉、灌木及乔木
	涌灌系统	节能效果明显，对水质的要求较低，灌水量和灌溉范围的可控性强；在土壤渗透性很大和地面坡度很陡的场合不宜使用	花卉、灌木和乔木
	渗灌系统	节水效果明显，施工安装简便，系统运行时不影响养护作业；对水质的要求严格，限制植物根系发展，不宜发现渗水管堵塞，不便维修，在土壤渗透性很大和地面坡度很陡的场合不宜使用	狭长草坪绿化带、花卉及灌木

分类方式	类型	特点	适用场合
按管网铺设方式	固定系统	投资较大,易实现科学灌水,运行管理成本较低,系统使用寿命较长,便于实现自动控制	新建、改建或面积较大、养护等级较高的绿地
	移动系统	投资较小,不易实现科学灌水,运行管理成本较高,系统使用寿命较短,无法实现自动控制	已建或面积较小、养护等级不高的绿地
按控制方式	程控系统	投资较大,易实现科学灌水,运行管理成本较低,专业化管理要求较高	面积较大或养护等级较高的绿地
	手控系统	投资较小,不易实现科学灌水,运行管理成本较高,专业化管理要求较低	面积较小或养护等级不高的绿地
按供水方式	自压系统	建设和运行管理成本均较低,系统运行的稳定性受外界影响较大	水源压力和水量能够满足设计要求
	加压系统	建设和运行管理成本均较高,系统运行的稳定性受外界影响较小	水源压力和水量不能满足设计要求时

14.7.3 控制器

3 附件

2) 传感器

传感器包括降水传感器和土壤湿度传感器。降水传感器将降水量作为监控对象,其受水部件的安装位置不得受到遮挡,应具有真实性和代表性。

土壤湿度传感器将土壤湿度作为监测对象,其受水部件应埋设在灌溉区域里,平面位置应具有代表性,埋设深度应能够反映植物根系土壤的湿度情况。

【条文】 P.2.8 结合雨水综合利用设施营造室外景观水体,室外景观水体利用雨水的补水量大于水体蒸发量的 60%,且采用保障水体水质的生态水处理技术:

1 对进入室外景观水体的雨水,利用生态设施削减径流污染;

2 利用水生动、植物保障室外景观水体水质。

注:本条对应 2019 版《绿色建筑评价标准》资源节约,第 7.2.12 条。

【设计要点】

《全国民用建筑工程设计技术措施 2009 规划·建筑·景观》

2.6.2 人工水体

1 人工水体应充分注重不同地区、不同季节变化对水景的影响,合理确定水景规模,尽量降低维护成本,并应考虑流水声音、雾气等可能对人们形成的影响。

2 人工水体供水宜采用循环水,可采用冷却水、中水处理水,减少用水量和能源消耗。应采用过滤、循环、净化、充氧等技术措施,保证水质符合卫生及观感要求。

3 人工水体的进水口、溢水口、排水坑、泵坑、过滤装置等宜设置在相对隐蔽的位置。

4 硬底人工水体近岸 2.0m 范围内水深不得大于 0.7m,否则应设护栏。无护栏的园桥、汀步附近 2.0m 范围内,水深不得大于 0.5m。

5 人工池体应采用防水及抗渗漏材料,并依据不同地区气候条件考虑防冻等特殊措施,刚性池体应根据要求设置伸缩缝。

6 人工溪流缓流坡度 0.3%~0.5%,急流处 3% 左右。可涉入的溪流水深不应大于

0.3m，底部宜石砌，便于清理。

7 室外游泳池应形成独立区域并设置管理及配套服务设施。游泳池深度应根据使用人群确定，儿童游泳池水深 0.5m～1.0m 为宜，成人游泳池水深 1.2m～2m 为宜。池底和池岸应防滑，池壁应平整光滑，池岸应做圆角处理，并应符合游泳池设计的相关规定。

8 养鱼池深度因所养鱼种而异，一般池深 0.8m～1.0m，并需确保水质的措施。

9 水生植物种植池深度应满足不同植物的栽植要求，浮水植物（如睡莲）水深要求 0.5m～2.0m，挺水植物（如荷花）水深要求 1.0m 左右。

10 喷泉可与水池结合，与游人接触的喷泉，不得使用再生水。

11 旱喷泉喷洒范围内不宜设置道路，以免喷洒时影响交通，地面铺装还需考虑防滑。旱喷泉内禁止直接使用电压超过 12V 的潜水泵。

2.6.3 驳岸及护坡

1 素土驳岸岸顶至水底坡度小于 1∶1 的应采用植被覆盖，坡度大于 1∶1 的应有固土和防冲刷的技术措施。

2 人工砌筑或混凝土浇筑的驳岸及护坡，边坡一般为 1∶1 或 1∶1.5，并应有良好的透水构造，以防土壤自坡下流失，驳岸或护坡基础应在冰冻线以下，并应根据水体及土层冻胀对驳岸的影响提出相应技术措施。

3 水体岸边应有安全防护措施，并满足相关设计规范。

【条文】P.2.9 使用非传统水源：

1 绿化灌溉、车库及道路冲洗、洗车用水采用非传统水源的用水量占其总用水量的比例不低于 40%；

2 冲厕采用非传统水源的用水量占其总用水量的比例不低于 30%；

3 冷却水补水采用非传统水源的用水量占其总用水量的比例不低于 20%。

注：本条对应 2019 版《绿色建筑评价标准》资源节约，第 7.2.13 条。

【设计要点】

《民用建筑节水设计标准》GB 50555—2010

5.1.1 节水设计应因地制宜采取措施综合利用雨水、中水、海水等非传统水源，合理确定供水水质指标，并应符合国家现行有关标准的规定。

5.1.2 民用建筑采用非传统水源时，处理出水必须保障用水终端的日常供水水质安全可靠，严禁对人体健康和室内卫生环境产生负面影响。

5.1.3 非传统水源的水质处理工艺应根据源水特征、污染物和出水水质要求确定。

5.1.4 雨水和中水利用工程应根据现行国家标准《建筑与小区雨水利用工程技术规范》GB 50400 和《建筑中水设计规范》GB 50336 的有关规定进行设计。

5.1.5 雨水和中水等非传统水源可用于景观用水、绿化用水、汽车冲洗用水、路面地面冲洗用水、冲厕用水、消防用水等非与人身接触的生活用水，雨水，还可用于建筑空调循环冷却系统的补水。

5.1.6 中水、雨水不得用于生活饮用水及游泳池等用水。与人身接触的景观娱乐用水不宜使用中水或城市污水再生水。

5.1.7 景观水体的平均日补水量 W_{jd} 和年用水量 W_{ja} 应分别按下列公式进行计算：

$$W_{jd} = W_{zd} + W_{sd} + W_{fd} \qquad (5.1.7-1)$$

$$W_{ja} = W_{jd} \times D_j \qquad (5.1.7-2)$$

式中 W_{jd}——平均日补水量（m^3/d）；

$\quad W_{zd}$——日均蒸发量（m^3/d）、根据当地水面日均蒸发厚度乘以水面面积计算；

$\quad W_{sd}$——渗透量（m^3/d），为水体渗透面积与入渗速率的乘积；

$\quad W_{fd}$——处理站机房自用水量等（m^3/d）；

$\quad W_{ja}$——景观水体年用水量（m^3/a）；

$\quad D_j$——年平均运行天数（d/a）。

5.1.8 绿化灌溉的年用水量应按本标准表3.1.6的规定确定，平均日喷灌水量 W_{ld} 应按下式计算：

$$W_{ld} = 0.001 q_l F_l \qquad (5.1.8)$$

式中 W_{ld}——日喷灌水量（m^3/d）；

$\quad q_l$——浇水定额（$L/m^2 \cdot d$），可取 $2L/m^2 \cdot d$；

$\quad F_l$——绿地面积（m^2）。

5.1.9 冲洗路面、地面等用水量应按本标准表3.1.5的规定确定，年浇洒次数可按30次计。

5.1.10 洗车场洗车用水可按本标准表3.1.3的规定和日均洗车数量及年洗车数量计算确定。

5.1.11 冷却塔补水的日均补水量 W_{td} 和补水年用水量 W_{ta} 应分别按下列公式进行计算：

$$W_{td} = (0.5 \sim 0.6) q_q T \qquad (5.1.11-1)$$

$$W_{ta} = W_{td} \times D_t \qquad (5.1.11-2)$$

式中 W_{td}——冷却塔日均补水量（m^3/d）；

$\quad q_q$——补水定额，可按冷却循环水量的 $1\% \sim 2\%$ 计算，（m^3/h），使用雨水时宜取高限；

$\quad T$——冷却塔每天运行时间（h/d）；

$\quad D_t$——冷却塔每年运行天数（d/a）；

$\quad W_{ta}$——冷却塔补水年用水量（m^3/a）。

5.1.12 冲厕用水年用水量应按下式计算：

$$W_{ca} = \frac{q_c n_c D_c}{1000} \qquad (5.1.12)$$

式中 W_{ca}——年冲厕用水量（m^3/a）；

$\quad q_c$——日均用水定额，可按本标准第3.1.1、3.1.2条和表3.1.8的规定采用（L/人·d）；

$\quad n_c$——年平均使用人数（人）。对于酒店客房，应考虑年入住率；对于住宅，应按本标准3.2.1-1式中的 n_z 值计算；

$\quad D_c$——年平均使用天数（d/a）。

5.1.13 当具有城市污水再生水供应管网时，建筑中水应优先采用城市再生水。

5.1.14 观赏性景观环境用水应优先采用雨水、中水、城市再生水及天然水源等。

5.1.15 建筑或小区中设有雨水回用和中水合用系统时，原水应分别调蓄和净化处理，出水可在清水池混合。

5.1.16 建筑或小区中设有雨水回用和中水合用系统时，在雨季应优先利用雨水，需要排放原水时应优先排放中水原水。

5.1.17 非传统水源利用率应按下式计算：

$$R = \frac{\sum W_a}{\sum Q_a} \times 100\%$$ (5.1.17)

式中 R——非传统水源利用率；

$\sum Q_a$——年总用水量，包含自来水用量和非传统水源用量，可根据本标准第 3 章和本节的规定计算；

$\sum W_a$——非传统水源年使用量。

5.2 雨水利用

5.2.1 建筑与小区应采取雨水入渗收集、收集回用等雨水利用措施。

5.2.2 收集回用系统宜用于年降雨量大于 400mm 的地区，常年降雨量超过 800mm 的城市应优先采用屋面雨水收集回用方式。

5.2.3 建设用地内设置了雨水利用设施后，仍应设置雨水外排设施。

5.2.4 雨水回用系统的年用雨水量应按下式计算：

$$W_{ya} = (0.6 \sim 0.7) \times 10 \Psi_c h_a F$$ (5.2.4)

式中 W_{ya}——年用雨水量（m^3）；

Ψ_c——雨量径流系数；

h_a——常年降雨厚度（mm）；

F——计算汇水面积（hm^2），按本标准第 5.2.5 条的规定确定；

0.6~0.7——除去不能形成径流的降雨、弃流雨水等外的可回用系数。

5.2.5 计算汇水面积 F 可按下列公式进行计算，并可与雨水蓄水池汇水面积相比较后取三者中最小值：

$$F = \frac{V}{10 \Psi_c h_d}$$ (5.2.5-1)

$$F = \frac{3Q_{hd}}{10 \Psi_c h_d}$$ (5.2.5-2)

式中 h_d——常年最大日降雨厚度（mm）；

V——蓄水池有效容积（m^3）；

Q_{hd}——雨水回用系统的平均日用水量（m^3）。

5.2.6 雨水入渗面积的计算应包括透水铺砌面积、地面和屋面绿地面积、室外埋地入渗设施的有效渗透面积，室外下凹绿地面积可按 2 倍透水地面面积计算。

5.2.7 不透水地面的雨水径流采用回用或入渗方式利用时，配置的雨水储存设施应使设计日雨水径流量溢流外排的量小于 20%，并且储存的雨水能在 3d 之内入渗完毕或使用完毕。

5.2.8　雨水回用系统的自来水替代率或雨水利用率 R_y 应按下式计算：

$$R_y = W_{ya} / \sum Q_a \tag{5.2.8}$$

式中　R_y——自来水替代率或雨水利用率。

5.3　中水利用

5.3.1　水源型缺水且无城市再生水供应的地区，新建和扩建的下列建筑宜设置中水处理设施：

1　建筑面积大于 3 万 m^2 的宾馆、饭店；

2　建筑面积大于 5 万 m^2 且可回收水量大于 $100m^3/d$ 的办公、公寓等其他公共建筑；

3　建筑面积大于 5 万 m^2 且可回收水量大于 $150m^3/d$ 的住宅建筑。

注：1　若地方有相关规定，则按地方规定执行。

　　2　不包括传染病医院、结核病医院建筑。

5.3.2　中水源水的可回收利用水量宜按优质杂排水或杂排水量计算。

5.3.3　当建筑污、废水没有市政污水管网接纳时，应进行处理并宜再生回用。

5.3.4　当中水由建筑中水处理站供应时，建筑中水系统的年回用中水量应按下列公式进行计算，并应选取三个水量中的最小数值：

$$W_{ma} = 0.8 \times Q_{sa} \tag{5.3.4-1}$$

$$W_{ma} = 0.8 \times 365 Q_{cd} \tag{5.3.4-2}$$

$$W_{ma} = 0.9 \times Q_{xa} \tag{5.3.4-3}$$

式中　W_{ma}——中水的年回用量（m^3）；

　　　Q_{sa}——中水原水年收集量（m^3）；应根据本标准第 3 章的年用水量乘 0.9 计算。

　　　Q_{cd}——中水处理设施日处理水量，应按经过水量平衡计算后的中水原水量取值（m^3/d）；

　　　Q_{xa}——中水供应管网系统年需水量（m^3），应根据本标准第 5.1 节的规定计算。

【条文】**P.2.11**　规划场地地表和屋面雨水径流，对场地雨水实施外排总量控制。

注：本条对应 2019 版《绿色建筑评价标准》环境宜居，第 8.2.2 条。

【设计要点】

1.《建筑与小区雨水控制及利用工程技术规范》GB 50400—2016

2.1.1　雨水控制及利用

径流总量、径流峰值、径流污染控制设施的总称，包括雨水入渗（渗透）、收集回用、调蓄排放等。

2.1.2　年径流总量控制率

根据多年日降雨量统计分析计算，场地内累计全年得到控制的雨量占全年总降雨量的百分比。

2.1.3　需控制及利用的雨水径流总量

地面硬化后常年最大 24h 降雨产生的径流增量。

2.1.6 雨量径流系数

设定时间内降雨产生的径流总量与总雨量之比。

3.1.2 建设用地内应对年雨水径流总量进行控制，控制率及相应的设计降雨量应符合当地海绵城市规划控制指标要求。

3.1.3 建设用地内应对年雨水径流峰值进行控制，需控制利用的雨水径流总量应按下式计算。当水文及降雨资料具备时，也可按多年降雨资料分析确定。

$$W = 10(\Psi_c - \Psi_0)h_y F \qquad (3.1.3)$$

式中　W——需控制及利用的雨水径流总量（m^3）；

　　　Ψ_c——雨量径流系数；

　　　Ψ_0——控制径流峰值所对应的径流系数，应符合当地规划控制要求；

　　　h_y——设计日降雨量（mm）；

　　　F——硬化汇水面面积（hm^2），应按硬化汇水面水平投影面积计算。

3.1.4 雨量径流系数宜按表3.1.4采用，汇水面积的综合径流系数应按下垫面种类加权平均计算。

表3.1.4　雨量径流系数

下垫面类型	雨量径流系数 ψ_c
硬屋面、未铺石子的平屋面、沥青屋面	0.80～0.90
铺石子的平屋面	0.60～0.70
绿化屋面	0.30～0.40
混凝土和沥青路面	0.80～0.90
块石等铺砌路面	0.50～0.60
干砌砖、石及碎石路面	0.40
非铺砌的土路面	0.30
绿地	0.15
水面	1.00
地下建筑覆土绿地(覆土厚度≥500mm)	0.15
地下建筑覆土绿地(覆土厚度＜500mm)	0.30～0.40
透水铺装地面	0.29～0.36

3.1.6 硬化汇水面面积应按硬化地面、非绿化屋面、水面的面积之和计算，并应扣减透水铺装地面面积。

2. 《海绵城市建设技术指南——低影响开发雨水系统构建（试行）》

附录2　年径流总量控制率与设计降雨量之间的关系

城市年径流总量控制率对应的设计降雨量值的确定，是通过统计学方法获得的。根据中国气象科学数据共享服务网中国地面国际交换站气候资料数据，选取至少近30年（反映长期的降雨规律和近年气候的变化）日降雨（不包括降雪）资料，扣除小于等于2mm的降雨事件的降雨量，将降雨量日值按雨量由小到大进行排序，统计小于某一降雨量的降雨总量（小于该降雨量的按真实雨量计算出降雨总量，大于该降雨量的按该降雨量计算出降雨总量,两者累计总和)在总降雨量中的比率,此比率(即年径流总量控制率)对应的降雨量(日值)即为设计降雨量。

表 F2-1 我国部分城市年径流总量控制率对应的设计降雨量值一览表

城市	不同年径流总量控制率对应的设计降雨量(mm)				
	60%	70%	75%	80%	85%
酒泉	4.1	5.4	6.3	7.4	8.9
拉萨	6.2	8.1	9.2	10.6	12.3
西宁	6.1	8.0	9.2	10.7	12.7
乌鲁木齐	5.8	7.8	9.1	10.8	13.0
银川	7.5	10.3	12.1	14.4	17.7
呼和浩特	9.5	13.0	12.1	14.4	17.7
哈尔滨	9.1	12.7	15.1	18.2	22.2
太原	9.7	13.5	16.1	19.4	23.6
长春	10.6	14.9	17.8	21.4	26.6
昆明	11.5	15.7	18.5	22.0	26.8
汉中	11.7	15.7	18.5	22.0	26.8
石家庄	12.3	17.1	20.3	24.1	28.9
沈阳	12.8	17.5	20.8	25.0	30.3
杭州	13.1	18.0	21.3	25.6	31.3
合肥	13.1	18.0	21.3	25.6	31.3
长沙	13.7	18.5	21.8	26.0	31.6
重庆	12.2	17.4	20.9	25.5	31.9
贵阳	13.2	18.4	21.9	26.3	32.0
上海	13.4	18.7	22.2	26.7	33.0
北京	14.0	19.4	22.8	27.3	33.6
郑州	14.0	19.5	23.1	27.8	34.3
福州	14.8	20.4	24.1	28.9	35.7
南京	14.7	20.5	24.6	29.7	36.6
宜宾	12.9	19.0	23.4	29.1	36.7
天津	14.9	20.9	25.0	30.4	37.8
南昌	16.7	22.8	26.8	32.0	38.9
南宁	17.0	23.5	27.9	33.4	40.4
济南	16.7	23.2	27.7	33.5	41.3
武汉	17.6	24.5	29.2	29.7	35.5
广州	18.4	25.2	29.7	35.5	43.4
海口	23.5	33.1	40.0	49.5	63.4

第6章 暖 通

6.1 控制项

【条文】H.1.1 外遮阳、太阳能设施、空调室外机位、外墙花池等外部设施应与建筑主体结构统一设计、施工，并应具备安装、检修与维护条件。

　　注：本条对应2019版《绿色建筑评价标准》安全耐久，第4.1.3条。

【设计要点】

《通风与空调工程施工质量验收规范》GB 50243—2016

7.3.3 单元式空调机组的安装应符合下列规定：

　　1 分体式空调机组的室外机和风冷整体式空调机组的安装固定应牢固可靠，并应满足冷却风自然进入的空间环境要求。

　　2 分体式空调机组室内机的安装位置应正确，并应保持水平，冷凝水排放应顺畅。管道穿墙处密封应良好，不应有雨水渗入。

8.3.6 多联机空调系统的安装应符合下列规定：

　　1 室外机的通风应通畅，不应有短路现象，运行时不应有异常噪声。当多台机组集中安装时，不应影响相邻机组的正常运行。

　　2 室外机组应安装在设计专用平台上，并应采取减振与防止紧固螺栓松动的措施。

　　3 风管式室内机的送、回风口之间，不应形成气流短路。风口安装应平整，且应与装饰线条相一致。

　　4 室内外机组间冷媒管道的布置应采用合理的短捷路线，并应排列整理。

【条文】H.1.2 应采取措施避免厨房、餐厅、打印复印室、卫生间、地下车库等区域的空气和污染物串通到其他空间；应防止厨房、卫生间的排气倒灌。

　　注：本条对应2019版《绿色建筑评价标准》健康舒适，第5.1.2条。

【设计要点】

《民用建筑供暖通风与空气调节设计规范》GB 50736—2012

6.3.4 住宅通风系统设计应符合下列规定：

　　1 自然通风不能满足室内卫生要求的住宅，应设置机械通风系统或自然通风与机械通风结合的复合通风系统。室外新风应先进入人员的主要活动区；

　　2 厨房、无外窗卫生间应采用机械排风系统或预留机械排风系统开口，且应留有必要的进风面积；

3 厨房和卫生间全面通风换气次数不宜小于 3 次/h；

4 厨房、卫生间宜设竖向排风道，竖向排风道应具有防火、防倒灌及均匀排气的功能，并应采取防止支管回流和竖井泄漏的措施。顶部应设置防止室外风倒灌装置。

6.3.5 公共厨房通风应符合下列规定：

1 发热量大且散发大量油烟和蒸汽的厨房设备应设排气罩等局部机械排风设施；其他区域当自然通风达不到要求时，应设置机械通风；

2 采用机械排风的区域，当自然补风满足不了要求时，应采用机械补风。厨房相对于其他区域应保持负压，补风量应与排风量相匹配，且宜为排风量的 80%～90%。严寒和寒冷地区宜对机械补风采取加热措施；

3 产生油烟设备的排风应设置油烟净化设施，其油烟排放浓度及净化设备的最低去除效率不应低于国家现行相关标准的规定，排风口的位置应符合本规范第 6.6.18 条的规定；

4 厨房排油烟风道不应与防火排烟风道共用；

5 排风罩、排油烟风道及排风机设置安装应便于油、水的收集和油污清理，且应采取防止油烟气味外溢的措施。

6.3.6 公共卫生间和浴室通风应符合下列规定：

1 公共卫生间应设置机械排风系统。公共浴室宜设气窗；无条件设气窗时，应设独立的机械排风系统。应采取措施保证浴室、卫生间对更衣室以及其他公共区域的负压；

2 公共卫生间、浴室及附属房间采用机械通风时，其通风量宜按换气次数确定。

【条文】H.1.3 应采取措施保障室内热环境。采用集中供暖空调系统的建筑，房间内的温度、湿度、新风量等设计参数应符合现行国家标准《民用建筑供暖通风与空气调节设计规范》GB 50736 的有关规定；采用非集中供暖空调系统的建筑，应具有保障室内热环境的措施或预留条件。

注：本条对应 2019 版《绿色建筑评价标准》健康舒适，第 5.1.6 条。

【设计要点】

《民用建筑供暖与通风空气调节设计规范》GB 50736—2012

3.0.1 供暖室内设计温度应符合下列规定：

1 严寒和寒冷地区主要房间应采用 18℃～24℃；

2 夏热冬冷地区主要房间宜采用 16℃～22℃；

3 设置值班供暖房间不应低于 5℃。

3.0.2 舒适性空调室内设计参数应符合以下规定：

1 人员长期逗留区域空调室内设计参数应符合表 3.0.2 的规定：

表 3.0.2 人员长期逗留区域空调室内设计参数

类别	热舒适度等级	温度(℃)	相对湿度(%)	风速(m/s)
供热工况	I 级	22～24	≥30	≤0.2
	II 级	18～22	—	≤0.2
供冷工况	I 级	24～26	46～60	≤0.25
	II 级	26～28	≤70	≤0.3

注：I 级热舒适度较高，II 级热舒适度一般；

热舒适度等级划分按本规范 3.0.4 条确定。

2 人员短期逗留区域空调供冷工况室内设计参数宜比长期逗留区域提高1℃～2℃，供热工况宜降低1℃～2℃。短期逗留区域供冷工况风速不宜大于0.5m/s，供热工况风速不宜大于0.3m/s。

3.0.3 工艺性空调室内设计温度、相对湿度及其允许波动范围，应根据工艺需要及健康要求确定。人员活动区的风速，供热工况时，不宜大于0.3m/s；供冷工况时，宜采用0.2m/s～0.5m/s。

3.0.4 供暖与空调的室内热舒适性应按现行国家标准《中等热环境 PMV和PPD指数的测定及热舒适条件的规定》GB/T 18049的有关规定执行，采用预计平均热感觉指数（PMV）和预计不满意者的百分数（PPD）评价，热舒适度等级划分应按表3.0.4采用。

表3.0.4 不同热舒适度等级对应的PMV、PPD值

热舒适度等级	PMV	PPD
Ⅰ级	$-0.5 \leqslant PMV \leqslant 0.5$	≤10%
Ⅱ级	$-1 \leqslant PMV < -0.5, 0.5 < PMV \leqslant 1$	≤27%

3.0.5 辐射供暖室内设计温度宜降低2℃；辐射供冷室内设计温度宜提高0.5℃～1.5℃。

3.0.6 设计最小新风量应符合下列规定：

1 公共建筑主要房间每人所需最小新风量应符合表3.0.6-1规定。

表3.0.6-1 公共建筑主要房间每人所需最小新风量［m³/（h·人）］

建筑房间类型	新风量
办公室	30
客厅	30
大堂、四季厅	10

2 设置新风系统的居住建筑和医院建筑，所需最小新风量宜按换气次数法确定。居住建筑换气次数宜符合表3.0.6-2规定，医院建筑换气次数宜符合表3.0.6-3规定。

表3.0.6-2 居住建筑设计最小换气次数

人均居住面积 F_p	每小时换气次数
$F_p \leqslant 10m^2$	0.70
$10m^2 < F_p \leqslant 20m^2$	0.60
$20m^2 < F_p \leqslant 50m^2$	0.50
$F_p > 50m^2$	0.45

表3.0.6-3 医院建筑设计最小换气次数

功能房间	每小时换气次数
门诊室	2
急诊室	2
配药室	5
放射室	2
病房	2

3 高密人群建筑每人所需最小新风量应按人员密度确定，且应符合表 3.0.6-4 规定。

表 3.0.6-4 高密度人群建筑每人所需最小新风量 $[m^3/(h \cdot 人)]$

建筑类型	人员密度 P_F(人/m^2)		
	$P_F \leqslant 0.4$	$0.4 < P_F \leqslant 1.0$	$P_F > 1.0$
影剧院、音乐厅、大会厅、多功能厅、会议室	14	12	11
商场、超市	19	16	15
博物馆、展览厅	19	16	15
公共交通等候厅	19	16	15
歌厅	23	20	19
酒吧、咖啡厅、宴会厅、餐厅	30	25	23
游艺厅、保龄球房	30	25	23
体育馆	19	16	15
健身房	40	38	37
教室	28	24	22
图书馆	20	17	16
幼儿园	30	25	23

【条文】 H.1.4 主要功能房间应具有现场独立控制的热环境调节装置。

注：本条对应 2019 版《绿色建筑评价标准》健康舒适，第 5.1.8 条。

【设计要点】

1.《公共建筑节能设计标准》GB 50189—2015

4.5.6 供暖空调系统应设置室温调控装置；散热器及辐射供暖系统应安装自动温度控制阀。

2.《严寒和寒冷地区居住建筑节能设计标准》JGJ 26—2018

5.1.10 供暖空调系统应设置自动室温调控装置。

3.《夏热冬冷地区居住建筑节能设计标准》JGJ 134—2010

6.0.2 当居住建筑采用集中采暖、空调系统时，必须设置分室（户）温度调节、控制装置及分户热（冷）量计量或分摊设施。

4.《夏热冬暖地区居住建筑节能设计标准》JGJ 75—2012

6.0.2 采用集中式空调（采暖）方式或户式（单元式）中央空调的住宅应进行逐时逐项冷负荷计算；采用集中式空调（采暖）方式的居住建筑，应设置分室（户）温度控制及分户冷（热）量计量设施。

5.《温和地区居住建筑节能设计标准》JGJ 475—2019

6.0.3 当居住建筑采用集中供暖系统时，每个独立调节房间均应设置室温调控装置，并宜采用自动温度控制阀。

【条文】 H.1.5 地下车库应设置与排风设备联动的一氧化碳浓度监测装置。

注：本条对应 2019 版《绿色建筑评价标准》健康舒适，第 5.1.9 条。

【设计要点】

《公共建筑节能设计标准》GB 50189—2015

4.5.11 地下停车库风机宜采用多台并联方式或设置风机调速装置，并宜根据使用情况对通风机设置定时启停（台数）控制或根据车库内的一氧化碳浓度进行自动运行控制。

【条文】H.1.6 应采取措施降低部分负荷、部分空间使用下的供暖、空调系统能耗，并应符合下列规定：

    1 应区分房间的朝向细分供暖、空调区域，并应对系统进行分区控制；

    2 空调冷源的部分负荷性能系数（IPLV）、电冷源综合制冷性能系数（SCOP）应符合现行国家标准《公共建筑节能设计标准》GB 50189 的规定。

    注：本条对应 2019 版《绿色建筑评价标准》资源节约，第 7.1.2 条。

【设计要点】

《公共建筑节能设计标准》GB 50189—2015

4.2.5 在名义工况和规定条件下，锅炉的热效率不应低于表 4.2.5 的数值。

表 4.2.5　名义工况和规定条件下锅炉的热效率（%）

锅炉类型及燃料种类		锅炉额定蒸发量 $D(t/h)$/额定热功率 $Q(MW)$					
		$D<1/Q$ <0.7	$1\leq D\leq 2/0.7$ $\leq Q\leq 1.4$	$2<D<6/1.4$ $<Q<4.2$	$6\leq D\leq 8/4.2$ $\leq Q\leq 5.6$	$8<D\leq 20/5.6$ $<Q\leq 14.0$	$D>20/Q$ >14.0
燃油燃气锅炉	重油	86			88		
	轻油	88			90		
	燃气	88			90		
层状燃气锅炉		75	78	80		81	82
抛煤机链条炉排锅炉	Ⅲ类烟煤	—	—	—		82	83
流化床燃烧锅炉		—			84		

4.2.8 电动压缩式冷水机组的总装机容量，应按本标准第 4.1.1 条的规定计算的空调冷负荷值直接选定，不得另作附加。在设计条件下，当机组的规格不符合计算冷负荷的要求时，所选择机组的总装机容量与计算冷负荷的比值不得大于 1.1。

4.2.10 采用电机驱动的蒸汽压缩循环冷水（热泵）机组时，其在名义制冷工况和规定条件下的性能系数（COP）应符合下列规定：

    1 水冷定频机组及风冷或蒸发冷却机组的性能系数（COP）不应低于表 4.2.10 的数值；

    2 水冷变频离心式机组的性能系数（COP）不应低于表 4.2.10 中数值的 0.93 倍；

    3 水冷变频螺杆式机组的性能系数（COP）不应低于表 4.2.10 中数值的 0.95 倍。

表4.2.10 名义制冷工况和规定条件下冷水（热泵）机组的制冷性能系数（COP）

类型		名义制冷量 CC(kW)	性能系数 COP(W/W)					
			严寒A、B区	严寒C区	温和地区	寒冷地区	夏热冬冷地区	夏热冬暖地区
水冷	活塞式/涡旋式	CC≤528	4.10	4.10	4.10	4.10	4.20	4.40
	螺杆式	CC≤528	4.60	4.70	4.70	4.70	4.80	4.90
		528<CC≤1163	5.00	5.00	5.00	5.10	5.20	5.30
		CC>1163	5.20	5.30	5.40	5.50	5.60	5.60
	离心式	CC≤1163	5.00	5.00	5.10	5.20	5.30	5.40
		1163<CC≤2110	5.30	5.40	5.40	5.50	5.60	5.70
		CC>2110	5.70	5.70	5.70	5.80	5.90	5.90
风冷或蒸发冷却	活塞式/涡旋式	CC≤50	2.60	2.60	2.60	2.60	2.70	2.80
		CC>50	2.80	2.80	2.80	2.80	2.90	2.90
	螺杆式	CC≤50	2.70	2.70	2.70	2.70	2.90	2.90
		CC>50	2.90	2.90	2.90	3.00	3.00	3.00

4.2.11 电机驱动的蒸汽压缩循环冷水（热泵）机组的综合部分负荷性能系数（IPLV）应符合下列规定：

    1 综合部分负荷性能系数（IPLV）计算方法应符合本标准第4.2.13条的规定；

    2 水冷定频机组的综合部分负荷性能系数（IPLV）不应低于表4.2.11的数值；

    3 水冷变频离心式冷水机组的综合部分负荷性能系数（IPLV）不应低于4.2.11中水冷离心式冷水机组限值的1.30倍；

    4 水冷变频螺杆式冷水机组的综合部分负荷性能系数（IPLV）不应低于表4.2.11中水冷螺杆式冷水机组限值的1.15倍。

表4.2.11 冷水（热泵）机组综合部分负荷性能系数（IPLV）

类型		名义制冷量 CC(kW)	综合部分负荷性能系数 IPLV					
			严寒A、B区	严寒C区	温和地区	寒冷地区	夏热冬冷地区	夏热冬暖地区
水冷	活塞式/涡旋式	CC≤528	4.90	4.90	4.90	4.90	5.05	5.25
	螺杆式	CC≤528	5.35	5.45	5.45	5.45	5.55	5.65
		528<CC≤1163	5.75	5.75	5.75	5.85	5.90	6.00
		CC>1163	5.85	5.95	6.10	6.20	6.30	6.30
	离心式	CC≤1163	5.15	5.15	5.25	5.35	5.45	5.55
		1163<CC≤2110	5.40	5.50	5.55	5.60	5.75	5.85
		CC>2110	5.95	5.95	6.10	6.10	6.20	6.20
风冷或蒸发冷却	活塞式/涡旋式	CC≤50	3.10	3.10	3.10	3.10	3.20	3.20
		CC>50	3.35	3.35	3.35	3.35	3.40	3.45
	螺杆式	CC≤50	2.90	2.90	2.90	3.00	3.10	3.10
		CC>50	3.10	3.10	3.10	3.20	3.20	3.20

4.2.12 空调系统的电冷源综合制冷性能系数（*SCOP*）不应低于表4.2.12的数值。对多台冷水机组、冷却水泵和冷却塔组成的冷水系统，应将实际参与运行的所有设备的名义制冷量和耗电功率综合统计计算，当机组类型不同时，其限值应按冷量加权的方式确定。

表4.2.12　空调系统的电冷源综合制冷性能系数（*SCOP*）

类型		名义制冷量 CC(kW)	综合制冷性能系数 $SCOP$(W/W)					
			严寒 A、B 区	严寒 C 区	温和地区	寒冷地区	夏热冬冷地区	夏热冬暖地区
水冷	活塞式/涡旋式	$CC \leqslant 528$	3.3	3.3	3.3	3.3	3.4	3.6
	螺杆式	$CC \leqslant 528$	3.6	3.6	3.6	3.6	3.6	3.7
		$528 < CC \leqslant 1163$	4	4	4	4	4.1	4.1
		$CC > 1163$	4	4.1	4.2	4.4	4.4	4.4
	离心式	$CC \leqslant 1163$	4	4	4	4.1	4.1	4.2
		$1163 < CC \leqslant 2110$	4.1	4.2	4.2	4.4	4.4	4.5
		$CC > 2110$	4.5	4.5	4.5	4.5	4.6	4.6

4.2.14 采用名义制冷量大于7.1kW、电机驱动的单元式空气调节机、风管送风式和屋顶式空气调节机组时，其在名义制冷工况和规定条件下的能效比（*EER*）不应低于表4.2.14的数值。

表4.2.14　名义制冷工况和规定条件下单元式空气调节机、风管送风式和屋顶式空气调节机组能效比（*EER*）

类型		名义制冷量 CC(kW)	能效比 $SCOP$(W/W)					
			严寒 A、B 区	严寒 C 区	温和地区	寒冷地区	夏热冬冷地区	夏热冬暖地区
风冷	不接风管	$7.1 < CC \leqslant 14.0$	2.70	2.70	2.70	2.75	2.80	2.85
		$CC > 14.0$	2.65	2.65	2.65	2.70	2.75	2.75
	接风管	$7.1 < CC \leqslant 14.0$	2.50	2.50	2.50	2.55	2.60	2.60
		$CC > 14.0$	2.45	2.45	2.45	2.50	2.55	2.55
水冷	不接风管	$7.1 < CC \leqslant 14.0$	3.40	3.45	3.45	3.50	3.55	3.55
		$CC > 14.0$	3.25	3.30	3.30	3.35	3.40	3.45
	接风管	$7.1 < CC \leqslant 14.0$	3.10	3.10	3.15	3.20	3.25	3.25
		$CC > 14.0$	3.00	3.00	3.05	3.10	3.15	3.20

4.2.17 采用多联式空调（热泵）机组时，其在名义制冷工况和规定条件下的制冷综合性能系数 *IPLV*(C) 不应低于表4.2.17的数值。

表4.2.17　名义制冷工况和规定条件下多联式空调（热泵）机组制冷综合性能系数 **IPLV**（C）

名义制冷量 CC(kW)	制冷综合性能系数 $IPLV$(C)					
	严寒 A、B 区	严寒 C 区	温和地区	寒冷地区	夏热冬冷地区	夏热冬暖地区
$CC \leqslant 28$	3.80	3.85	3.85	3.90	4.00	4.00
$28 < CC \leqslant 84$	3.75	3.80	3.80	3.85	3.95	3.95
$CC > 84$	3.65	3.70	3.70	3.75	3.80	3.80

4.2.18　除具有热回收功能型或低温热泵型多联机系统外，多联机空调系统的制冷剂连接管等效长度应满足对应制冷工况下满负荷时的能效比（*EER*）不低于 2.8 的要求。

4.2.19　采用直燃型溴化锂吸收式冷（温）水机组时，其在名义工况和规定条件下的性能参数应符合表 4.2.19 的规定。

表 4.2.19　名义工况和规定条件下直燃型溴化锂吸收式冷（温）水机组的性能参数

名义工况		性能参数	
冷（温）水进/出口温度(℃)	冷却水进/出口温度(℃)	性能系数(W/W)	
		制冷	供热
12/7(供冷)	30/35	≥1.20	—
—/60(供热)	—	—	≥0.90

【条文】H.1.7　应根据建筑空间功能的设置分区温度，合理降低室内过渡区空间的温度设定标准。

　　注：本条对应 2019 版《绿色建筑评价标准》资源节约，第 7.1.3 条。

【设计要点】

《民用建筑供暖通风与空调设计规范》GB 50736—2012

3.0.2（2）　人员短期逗留区域空调供冷工况室内设计参数宜比长期逗留区域提高 1℃～2℃，供热工况宜降低 1℃～2℃。短期逗留区域供冷工况风速不宜大于 0.5m/s，供热工况风速不宜大于 0.3m/s。

【条文】H.1.8　冷热源、输配系统和照明等各部分能耗应进行独立分项计量。

　　注：本条对应 2019 版《绿色建筑评价标准》资源节约，第 7.1.5 条。

【设计要点】

《民用建筑节能条例》

第十八条　实行集中供热的建筑应当安装供热系统调控装置、用热计量装置和室内温度调控装置；公共建筑还应当安装用电分项计量装置。居住建筑安装的用热计量装置应当满足分户计量的要求。计量装置应当依法检定合格。

6.2　得分项

【条文】H.2.1　控制室内主要空气污染物的浓度：

　1　氨、甲醛、苯、总挥发性有机物、氡等污染物浓度低于现行国家标准《室内空气质量标准》GB/T 18883 规定限值的 10%，满足一星级；低于 20%，满足二、三星级；

　2　室内 $PM_{2.5}$ 年均浓度不高于 $25\mu g/m^3$，且室内 PM_{10} 年均浓度不高于 $50\mu g/m^3$。

　　注：本条对应 2019 版《绿色建筑评价标准》健康舒适，第 5.2.1 条。

【设计要点】

同本书 A.1.7 条设计要点

【条文】H.2.2 具有良好的室内热湿环境：

1 自然通风或复合通风的建筑，建筑主要功能房间室内热环境参数在适应性热舒适区域的时间比例，达到30%；

2 采用人工冷热源的建筑，主要功能房间达到现行国家标准《民用建筑室内热湿环境评价标准》GB/T 50785规定的室内人工冷热源热湿环境整体评价Ⅱ级的面积比例，达到60%。

注：本条对应2019版《绿色建筑评价标准》健康舒适，第5.2.9条。

【设计要点】

1.《民用建筑设计统一标准》GB 50352—2019

7.3.1 需要夏季防热的建筑物应符合下列规定：

1 建筑外围护结构的夏季隔热设计，应符合现行国家标准《民用建筑热工设计规范》GB 50176和国家现行相关节能标准的规定；

2 应采取绿化环境、组织有效自然通风、外围护结构隔热和设置建筑遮阳等综合措施；

3 建筑物的东、西向窗户及采光顶应采取有效的遮阳措施，且采光顶宜能通风散热。

7.3.2 设置空气调节的建筑物应符合下列规定：

1 设置集中空气调节系统的房间应相对集中布置；

2 空气调节房间的外窗应有良好的气密性。

7.3.3 需要冬季保温的建筑应符合下列规定：

1 建筑物宜布置在向阳、日照遮挡少、避风的地段；

2 严寒及寒冷地区的建筑物应降低体形系数、减少外表面积；

3 围护结构应采取保温措施，保温设计应符合现行国家标准《民用建筑热工设计规范》GB 50176和国家现行相关节能标准的规定；

4 严寒及寒冷地区的建筑物不应设置开敞的楼梯间和外廊；严寒地区出入口应设门斗或采取其他防寒措施，寒冷地区出入口宜设门斗或采取其他防寒措施。

7.3.4 冬季日照时数多的地区，建筑宜设置被动式太阳能利用措施。

7.3.5 夏热冬冷地区的长江中、下游地区和夏热冬暖地区建筑的室内外地面应采取防泛潮措施。

7.3.6 供暖建筑应按照现行国家标准《民用建筑热工设计规范》GB 50176采取建筑物防潮措施。

2.《民用建筑室内热湿环境评价标准》GB/T 50785—2012

4.2.1 对于人工冷热源热湿环境，设计评价的方法应按表4.2.1选择，工程评价的方法宜按照表4.2.1选择。

表4.2.1 人工热冷源湿热环境的评价方法

冬季评价条件		夏季评价条件		评价方法
空气流速(m/s)	服装热阻(clo)	空气流速(m/s)	服装热阻(clo)	
$v_a \leq 0.20$	$I_{cl} \leq 1.0$	$v_a \leq 0.25$	$I_{cl} \leq 0.5$	计算法或图示法
$v_a > 0.20$	$I_{cl} > 1.0$	$v_a > 0.25$	$I_{cl} > 0.5$	图示法

4.2.3 整体评价指标应包括预计平均热感觉指标（PMV）、预计不满意者的百分数（PPD）。

4.2.4 对于人工冷热源热湿环境的评价等级，整体评价指标应符合表 4.2.4-1 的规定。

表 4.2.4-1　整体评价指标

等级	整体评价指标	
Ⅰ级	$PPD \leqslant 10\%$	$-0.5 \leqslant PMV \leqslant +0.5$
Ⅱ级	$10\% \leqslant PPD \leqslant 25\%$	$-1 \leqslant PMV < -0.5$ 或 $+0.5 < PMV \leqslant +1$
Ⅲ级	$PPD > 25\%$	$PMV < -1$ 或 $PMV > +1$

【条文】**T.2.2**　设置 PM_{10}、$PM_{2.5}$、CO_2 浓度的空气监测系统，且具有储存至少一年的监测数据和实时显示等功能。

注：本条对应 2019 版《绿色建筑评价标准》生活便利，第 6.2.7 条。

【条文】**H.2.4**　供暖空调系统的冷、热源机组能效均优于现行国家标准《公共建筑节能设计标准》GB 50189 的规定以及现行有关国家标准能效限定值的要求。

注：本条对应 2019 版《绿色建筑评价标准》资源节约，第 7.2.5 条。

【设计要点】

同本书第 H.1.6 条设计要点。

【条文】**H.2.5**　采取有效措施降低供暖空调系统的末端系统及输配系统的能耗：

1　通风空调系统风机的单位风量耗功率比现行国家标准《公共建筑节能设计标准》GB 50189 的规定低 20%；

2　集中供暖系统热水循环泵的耗电输热比、空调冷热水系统循环水泵的耗电输冷（热）比比现行国家标准《民用建筑供暖通风与空气调节设计规范》GB 50736 规定值低 20%。

注：本条对应 2019 版《绿色建筑评价标准》资源节约，第 7.2.6 条。

【设计要点】

《公共建筑节能设计标准》GB 50189—2015

4.3.22　空调风系统和通风系统的风量大于 $10000m^3/h$ 时，风道系统单位风量耗功率（W_s）不宜大于表 4.3.22 的数值。风道系统单位风量耗功率（W_s）应按下式计算：

$$W_s = P/(3600 \times \eta_{CD} \times \eta_F) \tag{4.3.22}$$

式中　W_s——风道系统单位风量耗功率[$W/(m^3 \cdot h)$]；

　　　P——空调机组的余压或通风系统风机的风压（Pa）；

　　　η_{CD}——电机传动效率（%），取 0.855；

　　　η_F——风机效率（%），按设计图中标注的效率选择。

表 4.3.22　风道系统单位风量耗功率 W_s [$W/(m^3 \cdot h)$]

系统形式	W_s限值
机械通风系统	0.27
新风系统	0.24
办公建筑定风量系统	0.27

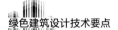

续表

系统形式	W_s限值
办公建筑变风量系统	0.29
商业、酒店建筑全空气系统	0.30

【条文】H.2.6 采取措施降低建筑能耗。

注：本条对应 2019 版《绿色建筑评价标准》资源节约，第 7.2.8 条；提高与创新，第 9.2.1 条。

【设计要点】

《民用建筑绿色性能计算标准》JGJ/T 449-2018

5.3.1 建筑供暖和空调系统能耗应包括冷热源、输配系统及末端空气处理设备的能耗；建筑通风系统能耗应包括除消防及事故通风外的机械通风设备能耗；照明系统能耗应包括居住建筑公共空间或公共建筑的照明系统能耗。

5.3.2 当进行供暖和空调系统能耗计算时，节能计算软件除应符合本标准第 5.1.3 条规定外，尚应符合下列规定：

1 应具有冷热源、风机和水泵的设备选型功能；

2 应具有冷热源、风机和水泵的部分负荷运行效率曲线；

3 应能给出建筑中未满足室温设定要求的时间；

4 应能将建筑全年累计耗冷量和累计耗热量折算为一次能耗量和耗电量。

5.3.3 设计系统和参照系统的建筑围护结构性能参数应按设计建筑围护结构设置。照明功率密度、设备功率密度、人员密度及散热量、照明开关时间、设备使用率、人员在室率的设置应符合本标准附录 C 的规定。

5.3.4 参照系统和设计系统的系统形式和参数的设置应符合下列规定：

1 新风量、新风逐时开关率、房间空调设定温度、供暖设定温度及房间逐时温度应符合本标准附录 C 的规定。

2 居住建筑设计系统和参照系统计算参数设置应符合表 5.3.4-1 的规定。对表中未提到的参数，设计系统与参照系统应保持一致。

表 5.3.4-1 居住建筑设计系统和参照系统计算参数设置

气候分区	系统	设计系统		参照系统	
		系统形式	参数	系统形式	参数
严寒地区寒冷地区	热源	实际采用的热源[1]	热源效率应根据设计工况确定[2]	燃煤锅炉或燃气锅炉	锅炉额定热效率及室外管网输送效率应按现行行业标准《严寒和寒冷地区居住建筑节能设计标准》JGJ 26 的限值确定
	冷源	实际采用的冷源	冷源效率应根据设计工况确定	家用空气源热泵空调器	性能参数应按现行行业标准《严寒和寒冷地区居住建筑节能设计标准》JGJ 26 的限值确定
	输配系统	实际采用的管网和循环水泵[3]	耗电输热比折算参照系统水泵的功率。设计系统与参照系统水泵均按水泵曲线计算	与设计系统相同	循环水泵能耗应根据现行行业标准《严寒和寒冷地区居住建筑节能设计标准》JGJ 26 中耗电输热比限值计算

气候分区	系统	设计系统		参照系统	
		系统形式	参数	系统形式	参数
夏热冬冷地区夏热冬暖地区	热源	实际采用的热源	热源效率应根据设计工况确定[2]	家用空气源热泵空调器	性能参数应按现行行业标准《夏热冬冷地区居住建筑节能设计标准》JGJ 134 或《夏热冬暖地区居住建筑节能设计标准》JGJ 75 的限值确定
	冷源	单元式空调	冷源效率应按设计工况确定		
		冷水(热泵)机组	冷源效率应根据不同负荷时的性能系数确定		
	输配系统	循环水泵能耗应根据现行行业标准耗电输热(冷)比限值计算[3]		—	
温和地区		实际设计方案	冷源效率应按设计工况确定	参照夏热冬冷地区的参照系统	

注:1 当以市政热力为热源时,设计系统的供暖能耗应包括热源侧供暖能耗与一次管网输送能耗;
2 燃气燃煤锅炉应按管网与锅炉效率折算;地源热泵等集中系统应折算为季节综合性能系数(COP);
3 当以家用空气源热泵空调器作为冷热源时,无输配系统能耗。

3 公共建筑设计系统和参照系统形式和参数的设置应符合表 5.3.4-2 的规定。在表中未提到的参数,参照系统应与设计系统保持一致。

表 5.3.4-2 公共建筑设计系统和参照系统形式和参数设置

系统分类		设计系统		参照系统	
		系统形式	参数	系统形式	参数
冷源	水冷式冷水机组(离心式/螺杆式)	实际设计方案	冷源效率应根据不同负荷时的性能系数确定	电动离心/螺杆式冷水机组	能效值(满负荷和部分负荷能效值)应按现行国家标准《公共建筑节能设计标准》GB 50189 规定的限值确定
	水源/地源热泵			电动离心/螺杆式冷水机组	能效值(满负荷和部分负荷能效值)应按现行国家标准《公共建筑节能设计标准》GB 50189 规定的限值计算
	风冷冷水机组、吸收式制冷机组			风冷冷水机组或吸收式制冷机组	其能效值应按现行国家标准《公共建筑节能设计标准》GB 50189 规定的限值计算
	单元式空调机组、多联式空调(热泵)机组或风管送风式空调(热泵)机组			与设计系统相同	台数与实际方案相同,其效率应满足国家现行相关标准的单元式空调机组、多联式空调(热泵)机组或风管送风式空调(热泵)机组空调系统的要求
	区域集中冷源	与参照系统	冷源能效值(满负荷和部分负荷能效值)按现行国家标准《公共建筑节能设计标准》GB 50189 规定限值计算	电动离心式/螺杆式冷水机组	冷源能效值(满负荷和部分负荷能效值)应按现行国家标准《公共建筑节能设计标准》GB 50189 规定的限值计算

绿色建筑设计技术要点

续表

系统分类			设计系统		参照系统	
			系统形式	参数	系统形式	参数
热源	集中供热燃煤锅炉或燃气锅炉		实际设计方案	热源效率应根据设计工况确定	燃煤锅炉或燃气锅炉	锅炉额定热效率应按现行行业标准《严寒和寒冷地区居住建筑节能设计标准》JGJ 26 的规定选取,锅炉耗热量或耗气量应折算为耗电量
	市政热力		实际设计方案	—	与设计系统相同	—
	风冷热泵	严寒和寒冷地区	实际设计方案	热源效率应根据不同负荷时的性能系数确定	燃煤或燃气锅炉系统	其效率应满足相应国家现行标准的单元式空调机组、多联式空调(热泵)机组或风管送风式空调(热泵)机组的空调系统的要求
		夏热冬冷、夏热冬暖和温和地区			与设计系统相同	
	地源热泵		实际设计方案	热源效率应根据不同负荷时的性能系数确定	热源采用燃气锅炉	锅炉效率应满足国家现行相关标准的要求
冷热水输配系统	一级泵/二级泵系统		实际设计方案	实际供暖水输送系统的耗电输热比或空调冷热水系统的耗电输冷(热)比	与设计系统相同	供暖水输送系统的耗电输热比或空调冷热水系统的耗电输冷(热)比应按现行国家标准《公共建筑节能设计标准》GB 50189 规定的限值公式计算确定
冷热水输配系统	区域集中冷水输配系统	直供系统	与参照系统相同	与参照系统相同	一次泵系统	空调冷热水系统的耗电输冷(热)比应按现行国家标准《公共建筑节能设计标准》GB 50189 的规定计算确定
		楼内是二级泵/二次泵系统	实际设计方案	实际空调冷热水系统的耗电输冷(热)比	二级泵/二次泵系统	空调冷热水系统的耗电输冷(热)比应按现行国家标准《公共建筑节能设计标准》GB 50189 的规定计算确定

148

系统分类		设计系统		参照系统	
		系统形式	参数	系统形式	参数
风处理和输送系统	全空气系统	定风量全空气系统	实际设计方案	与设计系统相同	单位风量耗功率应按现行国家标准《公共建筑节能设计标准》GB 50189 的规定计算确定
		变风量全空气系统	风系统耗功率 $W_{fa,i}$ 按本标准第 5.3.7 条确定	定风量全空气系统	单位风量耗功率应按现行国家标准《公共建筑节能设计标准》GB 50189 的规定计算取值
	风机盘管+新风系统		风机盘管和新风的耗功率 $W_{fa,i}$ 可按本标准第 5.3.7 条确定	与设计系统相同	新风量或新风比、风机耗功率可按本标准第 5.3.7 条确定

注:1 当采用吸收式机组进行供暖和制冷时,参照系统的选用应符合现行国家标准《蒸汽和热水型溴化锂吸收式冷水机组》GB/T 18431 和《直燃型溴化锂吸收式冷(温)水机组》GB/T 18362 的规定;

2 当设计系统的输配水泵为一级泵时,参照系统应采用对应的一级泵定频系统;当设计系统的输配水泵为二级泵系统时,参照系统也应采用一级泵定频、二级泵变频系统;当设计系统采用变频措施时,水泵节能量可计入总节能量;

3 冷机和水泵均为一机对一泵的台数控制。

5.3.5 当建筑供暖和空调能耗计算中包括蓄能、热回收等技术措施时,设计系统和参照系统的系统形式和参数设置应符合下列规定:

1 当设计系统采用蓄能系统时,设计系统的热冷源、输配和末端能耗应按实际蓄能系统的设计方案进行计算,参照系统的能耗应按未设置蓄能系统相对应的常规方案进行计算,且应符合本标准第 5.3.4 条的规定;

2 当设计系统采用热回收技术和利用自然冷源等节能措施时,设计系统的热冷源、输配和末端能耗应按实际设计方案计算能耗,参照系统的能耗应按未设置相应节能措施进行计算。

5.3.6 建筑供暖和空调系统的能耗计算应符合下列规定:

1 空调制冷机组的能耗计算应符合下列规定:

1) 电制冷冷水机组用电量应根据满负荷制冷性能系数(COP)和部分负荷效率曲线进行计算;

2) 单元机组用电量应根据设备性能系数(EER)进行计算;

3) 多联机组用电量应根据满负荷设备性能系数(EER)进行计算;

4) 直燃机组能耗应按机组名义工况制冷性能系数(COP)计算,其中热量折电量系数宜取 0.45。

2 冷却水系统的能耗计算应符合下列规定:

1) 参照系统的水泵扬程应取 30m;

2) 参照系统的水泵流量应根据冷机冷凝热量、冷却水供回水温差计算,且应增加 10% 的富余量;

3) 参照系统的水泵效率应根据水泵流量选取;当水泵流量小于 200m³/h 时,水泵效率应取 0.69；当流量大于或等于 200m³/h 时，水泵效率应取 0.71；

4) 参照系统的冷却塔风机电量应按单位电耗制冷量 170kW/kW 计算；

5) 设计系统的水泵扬程、流量及冷却塔风机电量应按实际参数进行计算；设计系统的水泵效率应按水泵设计工况进行计算。

3 进行供暖空调水输送系统能耗计算时，参照系统和设计系统的水泵能耗应按下列公式计算：

$$E_{p,r}=EHR_r \times Q_1 \tag{5.3.6-1}$$
$$E_{p,f}=EHR_f \times Q_1 \tag{5.3.6-2}$$

式中　$E_{p,r}$——参照系统的水泵电功率（kW）；

　　　$E_{p,f}$——设计系统的水泵电功率（kW）；

　　　Q_1——建筑设计热负荷（kW）；

　　　EHR_r——参照系统供暖空调循环水泵耗电输热比；

　　　EHR_f——设计系统供暖空调循环水泵耗电输热比。

5.3.7 进行空气处理系统能耗计算时，设备参数的设置应符合下列规定：

1 全空气空调系统设置可调新风比时，设计系统和参照系统的总新风比的最小限值可取 50%；

2 当新风总送风量小于 40000m³/h 或不计新风量时，风机盘管加集中新风空调系统的热回收排风量与总新风送风量的比例最小限值可取 0；新风总送风量不小于 40000m³/h 时，最小限值可取 0.25；

3 未设置集中新风系统的房间，在设置新风换气机的人员所需新风量与总人员所需新风量的比例时，当人员所需最小总新风量小于 40000m³/h 时，最小限值可取 0；当人员所需最小总新风量不小于 40000m³/h 时，最小限值可取 0.25；

4 新风或空调系统或风机盘管送风耗功率和空调送风系统的耗电量可按下列公式计算：

$$W_{fa,i}=W_{sa,i} \times V_{fa,i}=\frac{P_{fa,i}}{3600 \times \eta_{cd,i} \times \eta_{f,i}} \tag{5.3.7-1}$$
$$E_{sup}=\sum_i W_{fa,i} \times t_{df,i} \times F_{f,i} \times 10^{-3} \tag{5.3.7-2}$$

式中　$W_{fa,i}$——送风系统耗功率（W）；

　　　E_{sup}——送风系统耗电量（kWh）；

　　　$W_{sa,i}$——送风系统单位风量耗功率[W/(m³·h)]；

　　　$V_{fa,i}$——新风风量、空调机组送风量或风机盘管送风量，风机盘管时按中档风量（m³/h）；

　　　$P_{fa,i}$——新风机组、空调机组或风机盘管的全压（Pa）；

　　　$\eta_{cd,i}$——电机及传动效率，风机盘管时取 0.85；

　　　$\eta_{f,i}$——风机效率，风机盘管时取 0.78；

　　　$t_{df,i}$——新风机组、空调机组或风机盘管年运行小时数（h）；

　　　$F_{f,i}$——新风机组、空调机组或风机盘管的同时使用系数。

5.3.8 用于车库通风、厨房通风、设备间通风的耗功率和通风系统耗电量可按下列公式计算：

$$W_{v,i} = W_{s,i} \times V_i = \frac{P_i}{3600 \times \eta_{cd,i} \times \eta_{f,i}} \times V_i \qquad (5.3.8\text{-}1)$$

$$E_{vent} = \sum_i W_{v,i} \times t_{dv,i} \times 10^{-3} \qquad (5.3.8\text{-}2)$$

式中 $W_{v,i}$ ——通风系统耗功率（W）；

E_{vent} ——通风系统耗电量（kWh）；

$W_{s,i}$ ——通风系统单位风量耗功率[W/(m³·h)]；

V_i ——通风系统送风量（m³/h）；

P_i ——通风系统风机的风压（Pa）；

$\eta_{cd,i}$ ——电机及传动效率；

$\eta_{f,i}$ ——风机效率；

$t_{dv,i}$ ——通风系统年运行小时数（h）；

$F_{v,i}$ ——通风系统风机的同时使用系数。

5.3.9 照明功率密度和照明系统耗电量可按下式计算：

$$LPD_i = \frac{E_{v_i}}{\eta_s \times U_i \times K_i} \qquad (5.3.9\text{-}1)$$

$$E_{lgt} = \sum_i LPD_i \times A_i \times t_{dl,i} \times F_{l,i} \times 10^{-3} \qquad (5.3.9\text{-}2)$$

式中 LPD_i ——照明功率密度（W/m²）；

E_{lgt} ——照明系统耗电量（kWh）；

E_{v_i} ——设计照度（lx）；

η_s ——灯具的平均光效（lm/W）；

U_i ——灯具利用系数；

K_i ——维护系数；

A_i ——工作面面积或建筑面积（m²）；

$t_{dl,i}$ ——照明年运行小时数（h）；

$F_{l,i}$ ——灯具的同时使用系数。

5.3.10 供暖和空调系统、通风系统、照明系统的能耗量应折算成一次能耗量，折算系数取值应符合本标准第5.1.5条的规定。

5.3.11 当进行供暖和空调系统节能率计算时，设计系统和参照系统的全年供暖和供冷综合能耗量应按下式计算：

$$E_{HVAC} = E_{H,i} + E_{C,i} \qquad (5.3.11)$$

式中 E_{HVAC} ——供暖和空调系统全年综合能耗量（kWh）；

$E_{H,i}$ ——供暖和空调系统全年供暖能耗量（kWh），通过模拟计算确定；

$E_{C,i}$ ——供暖和空调系统全年供冷能耗量（kWh），通过模拟计算确定。

5.3.12 供暖和空调系统节能率应按下式计算：

$$\Phi_{HVAC} = (1 - \frac{E_{HVAC,des}}{E_{HVAC,ref}}) \times 100\% \qquad (5.3.12)$$

式中 Φ_{HVAC} ——供暖和空调系统节能率；

$E_{HVAC,des}$——设计系统全年综合能耗量（kWh）；

$E_{HVAC,ref}$——参照系统全年综合能耗量（kWh）。

5.3.13 照明系统节能率应按下式计算：

$$\Phi_{lgt}=(1-\frac{E_{lgt,des}}{E_{lgt,ref}})\times100\%$$ (5.3.13)

式中　Φ_{lgt}——照明系统节能率；

$E_{lgt,des}$——设计条件照明系统全年能耗量（kWh），不同房间照明功率密度按实际设计条件取值；

$E_{lgt,ref}$——基准条件照明系统全年能耗量（kWh），不同房间照明功率密度可按本标准附录C取值。

【条文】**H.2.7** 结合当地气候和自然资源条件合理利用可再生能源。

注：本条对应2019版《绿色建筑评价标准》资源节约，第7.2.9条。

【设计要点】

参见本书 **P.2.6** 条设计要点。

第7章 电 气

7.1 控制项

【条文】E.1.1 建筑照明应符合下列规定：

1 照明数量应符合现行国家标准《建筑照明设计标准》GB 50034 的规定；

2 人员长期停留的场所应采用符合现行国家标准《灯和灯系统的光生物安全性》GB/T 20145 规定的无危险类照明产品；

3 选用 LED 照明产品的光输出波形的波动深度应满足现行国家标准《LED 室内照明应用技术要求》GB/T 31831 的规定。

注：本条对应 2019 版《绿色建筑评价标准》健康舒适，第 5.1.5 条。

【设计要点】

《建筑照明设计标准》GB 50034—2013

表 5.2.1　住宅建筑照明标准值

房间或场所		参考平面及其高度	照度标准值(lx)	R_a
起居室	一般活动	0.75m 水平面	100	80
	书写、阅读		300*	
卧室	一般活动	0.75m 水平面	75	80
	床头、阅读		150*	
餐厅		0.75m 餐桌面	150	80
厨房	一般活动	0.75m 水平面	100	80
	操作台	台面	150*	
卫生间		0.75m 水平面	100	80
电梯前厅		地面	75	60
走道、楼梯间		地面	50	60
车库		地面	30	60

*指混合照明照度

表 5.2.2　其他居住建筑照明标准值

房间或场所		参考平面及其高度	照度标准值(lx)	R_a
职工宿舍*		地面	100	80
老年人卧室	一般活动	0.75m 水平面	150	80
	床头、阅读		300**	80

房间或场所		参考平面及其高度	照度标准值(lx)	R_a
老年人起居室	一般活动	0.75m水平面	200	80
	书写、阅读		500*	80
酒店式公寓		地面	150	80

* 指混合照明照度

表5.3.1 图书馆建筑照明标准值

房间或场所	参考平面及其高度	照度标准值(lx)	UGR	U_0	R_a
一般阅览室、开放式阅览室	0.75m水平面	300	19	0.60	80
多媒体阅览室	0.75m水平面	300	19	0.60	80
老年阅览室	0.75m水平面	500	19	0.70	80
珍善本、舆图阅览室	0.75m水平面	500	19	0.60	80
陈列室、目录厅(室)、出纳厅	0.75m水平面	300	19	0.60	80
档案库	0.75m水平面	200	19	0.60	80
书库、书架	0.25m水平面	50	—	0.40	80
工作间	0.75m水平面	300	19	0.60	80
采编、修复工作间	0.75m水平面	500	19	0.60	80

表5.3.2 办公建筑照明标准值

房间或场所	参考平面及其高度	照度标准值(lx)	UGR	U_0	R_a
普通办公室	0.75m水平面	300	19	0.60	80
高档办公室	0.75m水平面	500	19	0.60	80
会议室	0.75m水平面	300	19	0.60	80
视频会议室	0.75m水平面	750	19	0.60	80
接待室、前台	0.75m水平面	200	—	0.40	80
服务大厅、营业厅	0.75m水平面	300	22	0.40	80
设计室	实际工作面	500	19	0.60	80
文件整理、复印、发行室	0.75m水平面	300	—	0.40	80
资料、档案存放室	0.75m水平面	200	—	0.40	80

注:此表适用于所有类型建筑的办公室和类似用途场所的照明。

表5.3.3 商店建筑照明标准值

房间或场所	参考平面及其高度	照度标准值(lx)	UGR	U_0	R_a
一般商店营业厅	0.75m水平面	300	22	0.60	80
一般室内商业街	地面	200	22	0.60	80
高档商店营业厅	0.75m水平面	500	22	0.60	80
高档室内商业街	地面	300	22	0.60	80
一般超市营业厅	0.75m水平面	300	22	0.60	80
高档超市营业厅	0.75m水平面	500	22	0.60	80

房间或场所	参考平面及其高度	照度标准值(lx)	UGR	U_0	R_a
仓储试营业	0.75m 水平面	300	22	0.60	80
专卖店营业厅	0.75m 水平面	300	22	0.60	80
农贸市场	0.75m 水平面	200	25	0.40	80
收款台	台面	500*	—	0.60	80

注：*指混合照明照度。

表 5.3.4　观演建筑照明标准值

房间或场所		参考平面及其高度	照度标准值(lx)	UGR	U_0	R_a
门厅		地面	200	22	0.40	80
观众厅	影院	0.75m 水平面	100	22	0.40	80
	剧场、音乐厅	0.75m 水平面	150	22	0.40	80
观众休息厅	影院	地面	150	22	0.40	80
	剧院、音乐厅	地面	200	22	0.40	80
排演厅		地面	300	22	0.40	80
化妆室	一般活动区	0.75m 水平面	150	22	0.60	80
	化妆台	1.1m 高出垂直面	500*	—	—	90

注：*指混合照明照度。

表 5.3.5　旅馆建筑照明标准值

房间或场所		参考平面及其高度	照度标准值(lx)	UGR	U_0	R_a
客房	一般活动区	0.75m 水平面	75	—	—	80
	床头	0.75m 水平面	150	—	—	80
	写字台	台面	300*	—	—	80
	卫生间	0.75m 水平面	150	—	—	80
中餐厅		0.75m 水平面	200	22	0.60	80
西餐厅		0.75m 水平面	150	—	0.60	80
酒吧间、咖啡厅		0.75m 水平面	75	—	0.40	80
多功能厅、宴会厅		0.75m 水平面	300	22	0.60	80
会议室		0.75m 水平面	300	19	0.60	80
大堂		地面	200	—	0.40	80
总服务台		台面	300*	—	—	80
休息厅		地面	200	22	0.40	80
客房层走廊		地面	50	—	0.40	80
厨房		台面	500*	—	0.70	80
游泳池		水面	200	22	0.60	80
健身房		0.75m 水平面	200	22	0.60	80
洗衣房		0.75m 水平面	200	—	0.40	80

注：*指混合照明照度。

表 5.3.6　医疗建筑照明标准值

房间或场所	参考平面及其高度	照度标准值(lx)	UGR	U_0	R_a
治疗室、检查室	0.75m 水平面	300	19	0.70	80
化验室	0.75m 水平面	500	19	0.70	80
手术室	0.75m 水平面	750	19	0.70	80
诊室	0.75m 水平面	300	19	0.60	80
候诊室、挂号厅	0.75m 水平面	200	22	0.40	80
病房	地面	100	—	0.60	80
走道	地面	100	19	0.60	80
护士站	0.75m 水平面	300	—	0.60	80
药房	0.75m 水平面	500	19	0.60	80
重症监护室	0.75m 水平面	300	19	0.60	90

表 5.3.7　教育建筑照明标准值

房间或场所	参考平面及其高度	照度标准值(lx)	UGR	U_0	R_a
教室、阅览室	课桌面	300	19	0.60	80
实验室	实验桌面	300	19	0.60	80
美术教室	桌面	500	19	0.60	90
多媒体教室	0.75m 水平面	300	19	0.60	80
电子信息机房	0.75m 水平面	500	19	0.60	80
计算机教室、电子阅览室	0.75m 水平面	500	19	0.60	80
楼梯间	地面	100	22	0.40	80
教室黑板	黑板面	500*	—	0.70	80
学生宿舍	地面	150	22	0.40	80

注：* 指混合照明照度。

表 5.3.8-1　美术馆建筑照明标准值

房间或场所	参考平面及其高度	照度标准值(lx)	UGR	U_0	R_a
会议报告厅	0.75m 水平面	300	22	0.60	80
休息厅	0.75m 水平面	150	22	0.40	80
美术品售卖	0.75m 水平面	300	19	0.60	80
公共大厅	地面	200	22	0.40	80
绘画展厅	地面	100	19	0.60	80
雕塑展厅	地面	150	19	0.60	80
藏画库	地面	150	22	0.60	80
藏画修理	0.75m 水平面	500	19	0.70	90

注：1. 绘画、雕塑展厅的照明标准值中不含展品陈列照明；

2. 当展览对光敏感要求的展品时应满足表 5.3.8-3 的要求。

156

表 5.3.8-2 科技馆建筑照明标准值

房间或场所	参考平面及其高度	照度标准值(lx)	UGR	U_0	R_a
科普教室、实验区	0.75m 水平面	300	19	0.60	80
会议报告厅	0.75m 水平面	300	22	0.60	80
纪念品售卖区	0.75m 水平面	300	22	0.60	80
儿童乐园	地面	300	22	0.60	80
公共大厅	地面	200	22	0.40	80
球幕、巨幕、3D、4D 影院	地面	100	19	0.40	80
常设展厅	地面	200	22	0.60	80
临时展厅	地面	200	22	0.60	80

注:常设展厅和临时展厅的照明标准值中不含展品陈列照明。

表 5.3.8-4 博物馆建筑其他场所照明标准值

房间或场所	参考平面及其高度	照度标准值(lx)	UGR	U_0	R_a
门厅	地面	200	22	0.40	80
序厅	地面	100	22	0.40	80
会议报告厅	0.75m 水平面	300	22	0.60	80
美术制作室	0.75m 水平面	500	22	0.60	90
编目室	0.75m 水平面	300	22	0.60	80
摄影室	0.75m 水平面	100	22	0.60	80
熏蒸室	实际工作面	150	22	0.60	80
实验室	实际工作面	300	22	0.60	80
保护修复室	实际工作面	750*	19	0.70	90
文物复制室	实际工作面	750*	19	0.70	90
标本制作室	实际工作面	750*	19	0.70	90
周转库房	地面	50	22	0.40	80
藏品库房	地面	75	22	0.40	80
藏品提看室	0.75m 水平面	150	22	0.60	80

注:*指混合照明的照度标准值。其一般照明的照度值应按混合照明照度的20%~30%选取。

表 5.3.9 会展建筑照明标准值

房间或场所	参考平面及其高度	照度标准值(lx)	UGR	U_0	R_a
会议室、洽谈室	0.75m 水平面	300	19	0.60	80
宴会厅	0.75m 水平面	300	22	0.60	80
多功能厅	0.75m 水平面	300	22	0.60	80
公共大厅	地面	200	22	0.40	80
一般展厅	地面	200	22	0.60	80
高档展厅	地面	300	22	0.60	80

表 5.3.10 交通建筑照明标准值

房间或场所		参考平面及其高度	照度标准值(lx)	UGR	U_0	R_a
售票台		台面	500*	—	—	
问讯处		0.75m 水平面	200	—	0.60	80
候车(机、船)室	普通	地面	150	22	0.40	80
	高档	地面	200	22	0.60	80
贵宾室休息室		0.75m 水平面	300	22	0.60	80
中央大厅、售票大厅		地面	200	22	0.40	80
海关、护照检查		工作面	500	—	0.70	80
安全检查		地面	300	—	0.60	80
换票、行李托运		0.75m 水平面	300	19	0.60	80
行李认领、到达大厅、出发大厅		地面	200	22	0.40	80
通道、连接区、扶梯、换乘厅		地面	150	—	0.40	80
有棚站台		地面	75	—	0.60	60
无棚站台		地面	50	—	0.60	20
走廊、楼梯、平台、流动区域	普通	地面	75	25	0.40	60
	高档	地面	150	25	0.60	80
地铁站厅	普通	地面	100	25	0.60	80
	高档	地面	200	22	0.60	80
地铁进出站门厅	普通	地面	150	25	0.60	80
	高档	地面	200	22	0.60	80

注:* 指混合照明照度。

表 5.3.11 金融建筑照明标准值

房间或场所		参考平面及其高度	照度标准值(lx)	UGR	U_0	R_a
营业大厅		地面	200	22	0.60	80
营业柜台		台面	500	—	0.60	80
客户服务中心	普通	0.75m 水平面	200	22	0.60	60
	高档	0.75m 水平面	300	22	0.60	80
交易大厅		0.75m 水平面	300	22	0.60	80
数据中心主机房		0.75m 水平面	500	19	0.60	80
保管库		地面	200	22	0.40	80
信用卡作业区		0.75m 水平面	300	19	0.60	80
自助银行		地面	200	19	0.60	80

注:本表适用于银行、证券、期货、保险、电信、邮政等行业,也适用于类似用途(如供电、供水、供气)的营业厅、柜台和客服中心。

表 5.5.1 公共和工业建筑通用房间或场所照明标准值

房间或场所		参考平面及其高度	照度标准值(lx)	UGR	U_0	R_a
门厅	普通	地面	100	—	0.40	60
	高档	地面	200	—	0.60	80
走廊、流动区域、楼梯间	普通	地面	50	25	0.40	60
	高档	地面	100	25	0.60	80
自动扶梯		地面	150	—	0.60	60
厕所、盥洗室、浴室	普通	地面	75	—	0.40	60
	高档	地面	150	—	0.60	80
电梯前厅	普通	地面	100	—	0.40	60
	高档	地面	150	—	0.60	80
休息室		地面	100	22	0.40	80
更衣室		地面	150	22	0.40	80
储藏室		地面	100	—	0.40	60
餐厅		地面	200	22	0.60	80
公共车库		地面	50	—	0.60	60
公共车库检修间		地面	200	25	0.60	80
试验室	一般	0.75m 水平面	300	22	0.60	80
	精细	0.75m 水平面	500	19	0.60	80
检验	一般	0.75m 水平面	300	22	0.60	80
	精细,有颜色要求	0.75m 水平面	750	19	0.60	80
计量室,测量室		0.75m 水平面	500	19	0.70	80
电话站、网络中心		0.75m 水平面	500	19	0.60	80
计算机站		0.75m 水平面	500	19	0.60	80
变、配电站	配电装置室	0.75m 水平面	200	—	0.60	80
	变压器室	地面	100	—	0.60	60
电源设备室、发电机室		地面	200	25	0.60	80
电梯机房		地面	200	25	0.60	80
控制室	一般控制室	0.75m 水平面	300	22	0.60	80
	主控制室	0.75m 水平面	500	19	0.60	80
动力站	风机房、空调机房	地面	100	—	0.60	60
	泵房	地面	100	—	0.60	60
	冷冻站	地面	150	—	0.60	60
	压缩空气站	地面	150	—	0.60	60
	锅炉房、煤气站的操作层	地面	100	—	0.60	60

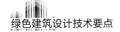
续表

房间或场所		参考平面及其高度	照度标准值(lx)	UGR	U_0	R_a
仓库	大件库	1.0m 水平面	50	—	0.40	20
	一般件库	1.0m 水平面	100	—	0.60	60
	半成品库	1.0m 水平面	150	—	0.60	80
	精细件库	1.0m 水平面	200	—	0.60	80
车辆加油站		地面	100	—	0.60	60

【条文】E.1.2   停车场应具有电动汽车充电设施或具备充电设施的安装条件,并应合理设置电动汽车和无障碍汽车停车位。电动汽车充电桩的车位数占总车位数的比例不低于10%。

　　注：本条对应 2019 版《绿色建筑评价标准》生活便利，第 6.1.3 条和第 6.2.3 条。

【设计要点】

参见本书第 G.1.4 条设计要点。

【条文】E.1.3   主要功能房间的照明密度值不应高于现行国家标准《建筑照明设计标准》GB50034 规定的现行值；公共区域的照明系统应采用分区、定时、感应等节能控制；采光区域的照明控制应独立于其他区域的照明控制。

　　注：本条对应 2019 版《绿色建筑评价标准》资源节约，第 7.1.4 条。

【设计要点】

1.《建筑照明设计标准》GB 50034—2013

表 6.3.1   住宅建筑每户照明功率密度限值

房间或场所	照度标准值(lx)	照明功率密度限值(W/m²)	
		现行值	目标值
起居室	100	≤6.0	≤5.0
卧室	75		
餐厅	150		
厨房	100		
卫生间	100		
职工宿舍	100	≤4.0	≤3.5
车库	30	≤2.0	≤1.8

表 6.3.2   图书馆建筑照明功率密度限值

房间或场所	照度标准值(lx)	照明功率密度限值(W/m²)	
		现行值	目标值
一般阅览室、开放式阅览室	300	≤9.0	≤8.0

房间或场所	照度标准值(lx)	照明功率密度限值(W/m²)	
		现行值	目标值
目录厅(室)、出纳室	300	≤11.0	≤10.0
多媒体阅览室	300	≤9.0	≤8.0
老年阅览室	500	≤15.0	≤13.5

表 6.3.3　办公建筑和其他类型建筑中具有办公用途场所照明功率密度限值

房间或场所	照度标准值(lx)	照明功率密度限值(W/m²)	
		现行值	目标值
普通办公室	300	≤9.0	≤8.0
高档办公室、设计室	500	≤15.0	≤13.5
会议室	300	≤9.0	≤8.0
服务大厅	300	≤11.0	≤10.0

表 6.3.4　商店建筑照明功率密度限值

房间或场所	照度标准值(lx)	照明功率密度限值(W/m²)	
		现行值	目标值
一般商店营业厅	300	≤10.0	≤9.0
高档商店营业厅	500	≤16.0	≤14.5
一般超市营业厅	300	≤11.0	≤10.0
高档超市营业厅	500	≤17.0	≤15.5
专卖店营业厅	300	≤11.0	≤10.0
仓储超市	300	≤11.0	≤10.0

表 6.3.5　旅馆建筑照明功率密度限值

房间或场所	照度标准值(lx)	照明功率密度限值(W/m²)	
		现行值	目标值
客房	—	≤7.0	≤6.0
中餐厅	200	≤9.0	≤8.0
西餐厅	150	≤6.5	≤5.5
多功能厅	300	≤13.5	≤12.0
客房层走廊	50	≤4.0	≤3.5
大堂	200	≤9.0	≤8.0
会议室	300	≤9.0	≤8.0

表 6.3.6　医疗建筑照明功率密度限值

房间或场所	照度标准值(lx)	照明功率密度限值(W/m²)	
		现行值	目标值
治疗室、诊室	300	≤9.0	≤8.0
化验室	500	≤15.0	≤13.5
候诊室、挂号厅	200	≤6.5	≤5.5
病房	100	≤5.0	≤4.5
护士站	300	≤9.0	≤8.0
药房	500	≤15.0	≤13.5
走廊	100	≤4.5	≤4.0

表 6.3.7　教育建筑照明功率密度限值

房间或场所	照度标准值(lx)	照明功率密度限值(W/m²)	
		现行值	目标值
教室、阅览室	300	≤9.0	≤8.0
实验室	300	≤9.0	≤8.0
美术教室	500	≤15.0	≤13.5
多媒体教室	300	≤9.0	≤8.0
计算机教室、电子阅览室	500	≤15.0	≤13.5
学生宿舍	150	≤5.0	≤4.5

表 6.3.8-1　美术馆建筑照明功率密度限值

房间或场所	照度标准值(lx)	照明功率密度限值(W/m²)	
		现行值	目标值
会议报告厅	300	≤9.0	≤8.0
美术品售卖区	300	≤9.0	≤8.0
公共大厅	200	≤9.0	≤8.0
绘画展厅	100	≤5.0	≤4.5
雕塑展厅	150	≤6.5	≤5.5

表 6.3.8-2　科技馆建筑照明功率密度限值

房间或场所	照度标准值(lx)	照明功率密度限值(W/m²)	
		现行值	目标值
科普教室	300	≤9.0	≤8.0
会议报告厅	300	≤9.0	≤8.0
纪念品售卖区	300	≤9.0	≤8.0
儿童乐园	300	≤10.0	≤8.0
公共大厅	200	≤9.0	≤8.0
常设展厅	200	≤9.0	≤8.0

表 6.3.8-3 博物馆建筑其他场所照明功率密度限值

房间或场所	照度标准值(lx)	照明功率密度限值(W/m²)	
		现行值	目标值
会议报告厅	300	≤9.0	≤8.0
美术制作室	500	≤15.0	≤13.5
编目室	300	≤9.0	≤8.0
藏品库房	75	≤4.0	≤3.5
藏品提看室	150	≤5.0	≤4.5

表 6.3.9 会展建筑照明功率密度限值

房间或场所	照度标准值(lx)	照明功率密度限值(W/m²)	
		现行值	目标值
会议室、洽谈室	300	≤9.0	≤8.0
宴会厅、多功能厅	300	≤13.5	≤12.0
一般展厅	200	≤9.0	≤8.0
高档展厅	300	≤13.5	≤12.0

表 6.3.10 交通建筑照明功率密度限值

房间或场所		照度标准值(lx)	照明功率密度限值(W/m²)	
			现行值	目标值
候车(机、船)室	普通	150	≤7.0	≤6.0
	高档	200	≤9.0	≤8.0
中央大厅、售票大厅		200	≤9.0	≤8.0
行李认领、到达大厅、出发大厅		200	≤9.0	≤8.0
地铁站厅	普通	100	≤5.0	≤4.5
	高档	200	≤9.0	≤8.0
地铁进出站门厅	普通	150	≤6.5	≤5.5
	高档	200	≤9.0	≤8.0

表 6.3.11 金融建筑照明功率密度限值

房间或场所	照度标准值(lx)	照明功率密度限值(W/m²)	
		现行值	目标值
营业大厅	200	≤9.0	≤8.0
交易大厅	300	≤13.5	≤12.0

表 6.3.12 公共和工业建筑非爆炸危险场所通用房间或场所照明功率密度限值

房间或场所		照度标准值(lx)	照明功率密度限值(W/m²)	
			现行值	目标值
走廊	一般	50	≤2.5	≤2.0
	高档	100	≤4.0	≤3.5

房间或场所		照度标准值(lx)	照明功率密度限值(W/m²)	
			现行值	目标值
厕所	一般	75	≤3.5	≤3.0
	高档	150	≤6.0	≤5.0
试验室	一般	300	≤9.0	≤8.0
	精细	500	≤15.0	≤13.5
检验	一般	300	≤9.0	≤8.0
	精细,有颜色要求	750	≤23.0	≤21.0
	计量室、测量室	500	≤15.0	≤13.5
控制室	一般控制室	300	≤9.0	≤8.0
	主控制室	500	≤15.0	≤13.5
	电话站、网络中心、计算机站	500	≤15.0	≤13.5
动力站	风机房、空调机房	100	≤4.0	≤3.5
	泵房	100	≤4.0	≤3.5
	冷冻站	150	≤6.0	≤5.0
	压缩空气站	150	≤6.0	≤5.0
	锅炉房、煤气站的操作层	100	≤5.0	≤4.5
仓库	大件库	50	≤2.5	≤2.0
	一般件库	100	≤4.0	≤3.5
	半成品库	150	≤6.0	≤5.0
	精细件库	200	≤7.0	≤6.0
	公共车库	50	≤2.5	≤2.0
	车辆加油站	100	≤5.0	≤4.5

7.3.1 公共建筑和工业建筑的走廊、楼梯间、门厅等公共场所的照明,宜按建筑使用条件和天然采光状况采取分区、分组控制措施。

7.3.2 公共场所应采用集中控制,并按需要采取调光或降低照度的控制措施。

7.3.4 住宅建筑共用部位的照明,应采用延时自动熄灭或自动降低照度等节能措施。当应急疏散照明采用节能自熄开关时,应采取消防时强制点亮的措施。

2. 《民用建筑电气设计标准》GB 51348—2019

24.3.7 照明控制应符合下列规定:

1 应结合建筑使用情况及天然采光状况,进行分区、分组控制;

2 天然采光良好的场所,宜按该场所照度要求、营运时间等自动开关灯或调光;

3 旅馆客房应设置节电控制型总开关,门厅、电梯厅、大堂和客房层走廊等场所,除疏散照明外宜采用夜间降低照度的自动控制装置;

4 功能性照明宜每盏灯具单独设置控制开关;当有困难时,每个开关所控的灯具数

不宜多于6盏;

5 走廊、楼梯间、门厅、电梯厅、卫生间、停车库等公共场所的照明,宜采用集中开关控制或自动控制;

6 大空间室内场所照明,宜采用智能照明控制系统;

7 道路照明、夜景照明应集中控制;

8 设置电动遮阳的场所,宜设照度控制与其联动。

【条文】E.1.4 冷热源、输配系统和照明等各部分能耗应进行独立分项计量。

注:本条对应2019版《绿色建筑评价标准》资源节约,第7.1.5条。

【设计要点】
同本书P.1.2条设计要点。

【条文】E.1.5 垂直电梯应采取群控、变频调速或能量反馈等节能措施;自动扶梯应采用变频感应启动等节能控制措施。

注:本条对应2019版《绿色建筑评价标准》资源节约,第7.1.6条。

【设计要点】
《民用建筑电气设计标准》GB 51348—2019
24.4.2 两台及以上电梯集中设置时,应具有规定程序集中调度和控制的群控功能。
24.4.3 电梯处于空载时宜具有延时关闭轿厢内照明和风扇的功能,宜采用变频调速和能量回收的电梯。
24.4.4 自动扶梯、自动人行道在空载时,应能暂停或低速运行。

7.2 得分项

【条文】E.2.1 采取人车分流措施,且步行和自行车交通系统有充足照明。

注:本条对应2019版《绿色建筑评价标准》安全耐久,第4.2.5条。

【设计要点】
《城市道路照明设计标准》CJJ 45—2015
3.5.1 主要供行人和非机动车使用的道路的照明标准值应符合表3.5.1-1的规定,眩光限值应符合表3.5.1-2的规定。

表 3.5.1-1 人行及非机动车道照明标准值

级别	道路类型	路面平均照度 $E_{h,av}$(lx)维持值	路面最小照度 $E_{h,min}$(lx)维持值	最小垂直照度 $E_{v,min}$(lx)维持值	最小半柱面照度 $E_{sc,min}$(lx)维持值
1	商业步行街;市中心或商业区人行流量高的道路;机动车与行人混合使用、与城市机动车道路连接的居住区出入道路	15	3	5	3

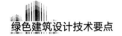

级别	道路类型	路面平均照度 $E_{h,av}$(lx)维持值	路面最小照度 $E_{h,min}$(lx)维持值	最小垂直照度 $E_{v,min}$(lx)维持值	最小半柱面照度 $E_{sc,min}$(lx)维持值
2	流量较高的道路	10	2	3	2
3	流量中等的道路	7.5	1.5	2.5	1.5
4	流量较低的道路	5	1	1.5	1

注:最小垂直照度和半柱面照度的计算点或测量点均位于道路中心线上距路面1.5m高度处。最小垂直照度需计算或测量通过该点垂直于路轴的平面上两个方向上的最小照度。

表3.5.1-2 人行及非机动车道照明眩光限值

级别	最大光强 I_{max}(cd/1000lm)			
	≥70°	≥80°	≥90°	>95°
1	500	100	10	<1
2	—	100	20	—
3		150	30	
4		200	50	

注:表中给出的是灯具在安装就位后与其向下垂直轴形成的指定角度上任何方向上的发光强度。

【条文】E.2.2 采用节能型电气设备及节能控制措施:

1 主要功能房间的照明功率密度值达到现行国家标准《建筑照明设计标准》GB 50034规定的目标值;

2 采光区域的人工照明随天然光照度变化自动调节;

3 照明产品、三相配电变压器、水泵、风机等设备满足国家现行有关标准的节能评价值的要求。

注:本条对应2019版《绿色建筑评价标准》资源节约,第7.2.7条。

【设计要点】

1.《建筑照明设计标准》GB 50034—2013

7.3.7 有条件的场所,宜采用下列控制方式:

1 可利用天然采光的场所,宜随天然光照度变化自动调节照度;

2 办公室的工作区域,公共建筑的楼梯间、走道等场所,可按使用需求自动开关灯或调光;

3 地下车库宜按使用需求自动调节照度;

4 门厅、大堂、电梯厅等场所,宜采用夜间定时降低照度的自动控制装置。

2.《民用建筑电气设计标准》GB 51348—2019

24.3.7(2) 照明控制应符合下列规定:天然采光良好的场所,宜按场所照度要求、营运时间等自动开关灯或调光。

3.《电力变压器能效限定值及能效等级》GB 20052—2020

表1　10kV油浸式三相双绕组无励磁调压配电变压器能效等级

额定容量/kVA	1级 电工钢带 空载损耗/W	1级 电工钢带 负载损耗/W Dyn11/Yzn11	1级 电工钢带 负载损耗/W Yyn0	1级 非晶合金 空载损耗/W	1级 非晶合金 负载损耗/W Dyn11/Yzn11	1级 非晶合金 负载损耗/W Yyn0	2级 电工钢带 空载损耗/W	2级 电工钢带 负载损耗/W Dyn11/Yzn11	2级 电工钢带 负载损耗/W Yyn0	2级 非晶合金 空载损耗/W	2级 非晶合金 负载损耗/W Dyn11/Yzn11	2级 非晶合金 负载损耗/W Yyn0	3级 电工钢带 空载损耗/W	3级 电工钢带 负载损耗/W Dyn11/Yzn11	3级 电工钢带 负载损耗/W Yyn0	3级 非晶合金 空载损耗/W	3级 非晶合金 负载损耗/W Dyn11/Yzn11	3级 非晶合金 负载损耗/W Yyn0	短路阻抗/%
30	65	455	430	25	510	480	70	505	480	33	535	510	80	630	600	33	630	600	4.0
50	80	655	625	35	735	700	90	730	695	43	780	745	100	910	870	43	910	870	4.0
63	90	785	745	40	880	840	100	870	830	50	930	890	110	1090	1040	50	1090	1040	4.0
80	105	945	900	50	1060	1010	115	1050	1000	60	1120	1070	130	1310	1250	60	1310	1250	4.0
100	120	1140	1080	60	1270	1215	135	1265	1200	75	1350	1285	150	1580	1500	75	1580	1500	4.0
125	135	1360	1295	70	1530	1450	150	1510	1440	85	1615	1540	170	1890	1800	85	1890	1800	4.0
160	160	1665	1585	80	1870	1780	180	1850	1760	100	1975	1880	200	2310	2200	100	2310	2200	4.0
200	190	1970	1870	95	2210	2100	215	2185	2080	120	2330	2225	240	2730	2600	120	2730	2600	4.0
250	230	2300	2195	110	2590	2470	260	2560	2440	140	2735	2610	290	3200	3050	140	3200	3050	4.0
315	270	2760	2630	135	3100	2950	305	3065	2920	170	3275	3120	340	3830	3650	170	3830	3650	4.0
400	330	3250	3095	160	3660	3480	370	3615	3440	200	3865	3675	410	4520	4300	200	4520	4300	4.0
500	385	3900	3710	190	4380	4170	430	4330	4120	240	4625	4400	480	5410	5150	240	5410	5150	4.0
630	460	4460	4460	250	5020	5020	510	4960	4960	320	5300	5300	570	6200	6200	320	6200	6200	4.0
800	560	5400	5400	300	6075	6075	630	6000	6000	380	6415	6415	700	7500	7500	380	7500	7500	4.5
1000	665	7415	7415	360	8340	8340	745	8240	8240	450	8800	8800	830	10300	10300	450	10300	10300	4.5
1250	780	8640	8640	425	9720	9720	870	9600	9600	530	10260	10260	970	12000	12000	530	12000	12000	4.5
1600	940	10440	10440	500	11745	11745	1050	11600	11600	630	12400	12400	1170	14500	14500	630	14500	14500	4.5
2000	1085	13180	13180	550	14000	14000	1225	14640	14640	710	14800	14800	1360	18300	18300	720	18300	18300	5.0
2500	1280	13360	13360	670	15450	15450	1440	14840	14840	860	16300	16300	1600	21200	21200	865	21200	21200	5.0

表2 10kV干式三相双绕组无励磁调压配电变压器能效等级

额定容量/kVA	1级								2级								3级								短路阻抗%
	电工钢带				非晶合金				电工钢带				非晶合金				电工钢带				非晶合金				
	空载损耗/W	负载损耗/W			空载损耗/W	负载损耗/W			空载损耗/W	负载损耗/W			空载损耗/W	负载损耗/W			空载损耗/W	负载损耗/W			空载损耗/W	负载损耗/W			
		B(100℃)	F(120℃)	H(145℃)		B(100℃)	F(120℃)	H(145℃)		B(100℃)	F(120℃)	H(145℃)		B(100℃)	F(120℃)	H(145℃)		B(100℃)	F(120℃)	H(145℃)		B(100℃)	F(120℃)	H(145℃)	
30	105	605	640	685	50	605	640	685	130	605	640	685	60	605	640	685	150	670	710	760	70	670	710	760	4.0
50	155	845	900	965	60	845	900	965	185	845	900	965	75	845	900	965	215	940	1000	1070	90	940	1000	1070	4.0
80	210	1160	1240	1330	85	1160	1240	1330	250	1160	1240	1330	100	1160	1240	1330	295	1290	1380	1480	120	1290	1380	1480	4.0
100	230	1330	1415	1520	90	1330	1415	1520	270	1330	1415	1520	110	1330	1415	1520	320	1480	1570	1690	130	1480	1570	1690	4.0
125	270	1565	1665	1780	105	1565	1665	1780	320	1565	1665	1780	130	1565	1665	1780	375	1740	1850	1980	150	1740	1850	1980	4.0
160	310	1800	1915	2050	120	1800	1915	2050	365	1800	1915	2050	145	1800	1915	2050	430	2000	2130	2280	170	2000	2130	2280	4.0
200	360	2135	2275	2440	140	2135	2275	2440	420	2135	2275	2440	170	2135	2275	2440	495	2370	2530	2710	200	2370	2530	2710	4.0
250	415	2330	2485	2665	160	2330	2485	2665	490	2330	2485	2665	195	2330	2485	2665	575	2590	2760	2960	230	2590	2760	2960	4.0
315	510	2945	3125	3355	195	2945	3125	3355	600	2945	3125	3355	235	2945	3125	3355	705	3270	3470	3730	280	3270	3470	3730	4.0
400	570	3375	3590	3850	215	3375	3590	3850	665	3375	3590	3850	265	3375	3590	3850	785	3750	3990	4280	310	3750	3990	4280	4.0
500	670	4130	4390	4705	250	4130	4390	4705	790	4130	4390	4705	305	4130	4390	4705	930	4590	4880	5230	360	4590	4880	5230	4.0
630	775	4975	5290	5660	295	4975	5290	5660	910	4975	5290	5660	360	4975	5290	5660	1070	5530	5880	6290	420	5530	5880	6290	6.0
630	750	5050	5365	5760	290	5050	5365	5760	885	5050	5365	5760	350	5050	5365	5760	1040	5610	5960	6400	410	5610	5960	6400	6.0
800	875	5895	6265	6715	335	5895	6265	6715	1035	5895	6265	6715	410	5895	6265	6715	1215	6550	6960	7460	480	6550	6960	7460	6.0
1000	1020	6885	7315	7885	385	6885	7315	7885	1205	6885	7315	7885	470	6885	7315	7885	1415	7650	8130	8760	550	7650	8130	8760	6.0
1250	1205	8190	8720	9335	455	8190	8720	9335	1420	8190	8720	9335	550	8190	8720	9335	1670	9100	9690	10370	650	9100	9690	10370	6.0
1600	1415	9945	10555	11320	530	9945	10555	11320	1665	9945	10555	11320	645	9945	10555	11320	1960	11050	11730	12580	760	11050	11730	12580	6.0
2000	1760	12240	13005	14005	700	12240	13005	14005	2075	12240	13005	14005	850	12240	13005	14005	2440	13600	14450	15560	1000	13600	14450	15560	6.0
2500	2080	14535	15445	16605	840	14535	15445	16605	2450	14535	15445	16605	1020	14535	15445	16605	2880	16150	17170	18450	1200	16150	17170	18450	6.0

【条文】E.2.3 结合当地气候和自然资源条件合理利用可再生能源。

注：本条对应 2019 版《绿色建筑评价标准》资源节约，第 7.2.9 条。

【设计要点】

参见本书第 P.2.6 条设计要点。

【条文】E.2.4 建筑及照明设计避免产生光污染：

1 玻璃幕墙的可见光反射比及反射光对周边环境的影响符合《玻璃幕墙光热性能》GB/T 18091 的规定；

2 室外夜景照明光污染的限制符合现行国家标准《室外照明干扰光限制规范》GB/T 35626 和现行行业标准《城市夜景照明设计规范》JGJ/T 163 的规定。

注：本条对应 2019 版《绿色建筑评价标准》环境宜居，第 8.2.7 条。

【设计要点】

《城市夜景照明设计规范》JGJ/T 163—2008

7.0.2 光污染的限制应符合下列规定：

1 夜景照明设施在居住建筑窗户外表面产生的垂直面照度不应大于表 7.0.2-1 的规定值。

表 7.0.2-1 居住建筑窗户外表面产生的垂直面照度最大允许值

照明技术参数	应用条件	环境区域			
		E1 区	E2 区	E3 区	E4 区
垂直面照度(E_v)(lx)	熄灯时段前	2	5	10	25
	熄灯时段	0	1	2	5

注：1 考虑对公共(道路)照明灯具会产生影响，E1 区熄灯时段的垂直面照度最大允许值可提高到 1lx；
2 环境区域(E1～E4 区)的划分可按本规范附录 A 进行。

2 夜景照明灯具朝居室方向的发光强度不应大于表 7.0.2-2 的规定值。

表 7.0.2-2 夜景照明灯具朝居室方向的发光强度的最大允许值

照明技术参数	应用条件	环境区域			
		E1 区	E2 区	E3 区	E4 区
灯具发光强度 I(cd)	熄灯时段前	2500	7500	10000	25000
	熄灯时段	0	500	1000	2500

注：1 要限制每个能持续看到的灯具，但对于瞬时或短时间看到的灯具不在此例；
2 如果看到光源是闪动的，其发光强度应降低一半；
3 如果是公共(道路)照明灯具，E1 区熄灯时段灯具发光强度最大允许值可提高到 500cd；
4 环境区域(E1～E4 区)的划分可按本规范附录 A 进行。

3 城市道路的非道路照明设施对汽车驾驶员产生的眩光的阈值增量不应大于 15%。

4 居住区和步行区的夜景照明设施应避免对行人和非机动车人造成眩光。夜景照明灯具的眩光限制值应满足表 7.0.2-3 的规定。

表 7.0.2-3   居住区和步行区夜景照明灯具的眩光限制值

安装高度(m)	L 与 $A^{0.5}$ 的乘积
$H \leqslant 4.5$	$LA^{0.5} \leqslant 4000$
$4.5 < H \leqslant 6$	$LA^{0.5} \leqslant 5500$
$H > 6$	$LA^{0.5} \leqslant 7000$

注:1 L 为灯具在与向下垂线成 85°和 90°方向间的最大平均亮度(cd/m²);

2 A 为灯具在与向下垂线成 90°方向的所有出光面积(m²)。

5 灯具的上射光通比的最大值不应大于表 7.0.2-4 的规定值。

表 7.0.2-4   灯具的上射光通比的最大允许值

照明技术参数	应用条件	环境区域			
		E1 区	E2 区	E3 区	E4 区
上射光通比	灯具所处位置水平面以上的光通量与灯具总光通量之比(%)	0	5	15	25

6 夜景照明在建筑立面和标识面产生的平均亮度不应大于表 7.0.2-5 的规定值。

表 7.0.2-5   建筑立面和标识面产生的平均亮度最大允许值

照明技术参数	应用条件	环境区域			
		E1 区	E2 区	E3 区	E4 区
建筑立面亮度 L_b(cd/m²)	被照面平均亮度	0	5	10	25
标识亮度 L_s(cd/m²)	外投光标识被照面平均亮度;对自发光广告标识,指发光面的平均亮度	50	400	800	1000

注:1 若被照面为漫反射面,建筑立面亮度可根据被照面的照度 E 和反射比 ρ,按式 $L = E\rho/\pi$ 计算出亮度 L_b 或 L_s;

2 标识亮度 L_s 值不适用于交通信号标识;

3 闪烁、循环组合的发光标识,在 E1 区和 E2 区里不应采用,在所有环境区域这类标识均不应靠近住宅的窗户设置。

第8章 弱 电

8.1 控制项

【条文】**T.1.1** 地下车库应设置与排风设备联动的一氧化碳浓度监测装置。

　　注：本条对应 2019 版《绿色建筑评价标准》健康舒适，第 5.1.9 条。

【设计要点】

　　同本书 H.1.5 条设计要点

【条文】**T.1.2** 建筑设备管理系统应具有自动监控管理功能。

　　注：本条对应 2019 版《绿色建筑评价标准》生活便利，第 6.1.5 条。

【设计要点】

1.《智能建筑设计标准》GB/T 50314—2015

2.0.6 建筑设备管理系统

　　对建筑设备监控系统和公共安全系统等实施综合管理的系统。

4.5.2 建筑设备管理系统宜包括建筑设备监控系统、建筑能效监管系统，以及需纳入管理的其他业务设施系统等。

4.5.3 建筑设备监控系统应符合下列规定：

　　1 监控的设备范围宜包括冷热源、供暖通风和空气调节、给水排水、供配电、照明、电梯等，并宜包括以自成控制体系方式纳入管理的专项设备监控系统等；

　　2 采集的信息宜包括温度、湿度、流量、压力、压差、液位、照度、气体浓度、电量、冷热量等建筑设备运行基础状态信息；

　　3 监控模式应与建筑设备的运行工艺相适应，并应满足对实时状况监控、管理方式及管理策略等进行优化的要求；

　　4 应适应相关的管理需求与公共安全系统信息关联；

　　5 宜具有向建筑内相关集成系统提供建筑设备运行、维护管理状态等信息的条件。

2.《建筑设备监控系统工程技术规范》JGJ/T 334—2014

4.1.2 监控系统的监控功能应根据监控范围和运行管理要求确定，并符合下列规定：

　　1 应具备监测功能；

　　2 应具备安全保护功能；

　　3 宜具备远程控制功能，并应以实现监测和安全保护功能为前提；

　　4 宜具备自动启停功能，并应以实现远程控制功能为前提；

5 宜具备自动调节功能，并应以实现远程控制功能为前提。

【条文】**T.1.3** 建筑应设置信息网络系统。

注：本条对应 2019 版《绿色建筑评价标准》生活便利，第 6.1.6 条。

【设计要点】

1.《民用建筑电气设计标准》GB 51348—2019

19.1.2 信息网络系统的设计和配置应标准化、模块化，兼具有实用性、可靠性、安全性和可扩展性，并宜适度超前。

2.《北京市建筑弱电工程施工及验收规范》DB/11883-2012

6.1.1 本章适用于建筑弱电工程中信息网络系统的工程实施、系统调试与试运行、系统检测和竣工验收。

6.1.2 本信息网络系统建设包括建筑及其区域内的计算机局域网建设与实施，不包括建筑区域外市政工程广域网的建设与实施。

6.1.3 网络如与互联网连接，必须在出口布防火墙、入侵检测系统。

6.1.4 系统安全专用设备必须具备国家相关部门核发的"计算机信息系统安全专用产品销售许可证"。

8.2 得分项

【条文】**T.2.1** 设置分类、分级用能自动远传计量系统，且设置能源管理系统实现对建筑能耗的监测、数据分析和管理。

注：本条对应 2019 版《绿色建筑评价标准》生活便利，第 6.2.6 条。

【设计要点】

1.《民用建筑电气设计标准》GB 51348—2019

25.4.1 能效监管系统应根据建筑物使用功能、能耗类别和用能设备特点进行设计。

25.4.2 建筑的分类和分项能耗数据监测应符合现行行业标准《公共建筑能耗远程监测系统技术规程》JGJ/T 285 的有关规定。

25.4.3 现场能耗数据采集宜利用建筑设备监控系统或变电站综合自动化系统的既有功能，实现数据共享。

2.《公共建筑能耗远程监测系统技术规程》JGJ/T 285—2014

3.0.1 公共建筑能耗远程监测系统应由能耗数据采集系统、能耗数据传输系统和能耗数据中心的软硬件设备及系统组成。

3.0.4 建筑中的电、水、燃气、集中供热（冷）及建筑直接使用的可再生能源等能耗应采用自动实时采集方式；当无法采用自动方式采集时，可采用人工采集方式。

3.《用能单位能源计量器具配备和管理通则》GB 17167—2006

4.2.1 应满足能源分类计量的要求。

4.2.2 应满足用能单位实现能源分级分项考核的要求。

4.2.3 重点用能单位应配备必要的便携式能源监测仪表,以满足自检自查的要求。

【条文】**T.2.2** 设置 PM_{10}、$PM_{2.5}$、CO_2 浓度的空气监测系统,且具有储存至少一年的监测数据和实时显示等功能。

　　注:本条对应 2019 版《绿色建筑评价标准》生活便利,第 6.2.7 条。

【设计要点】

《公共建筑节能设计标准》GB 50189—2015

4.3.13 在人员密度相对较大且变化较大的房间,宜根据室内 CO_2 浓度检测值进行新风需求控制,排风量也宜适应新风量的变化以保持房间的正压。

【条文】**T.2.3** 设置用水量远传计量系统、水质在线监测系统:

　　1 设置用水量远传计量系统,能分类、分级记录、统计分析各种用水情况;

　　2 利用计量数据进行管网漏损自动检测、分析与整改,管道漏损率低于 5%;

　　3 设置水质在线监测系统,监测生活饮用水、管道直饮水、游泳池水、非传统水源、空调冷却水的水质指标,记录并保存水质监测结果,且能随时供用户查询。

　　注:本条对应 2019 版《绿色建筑评价标准》生活便利,第 6.2.8 条。

【设计要点】

　　参见本书第 P.2.5 条设计要点。

【条文】**T.2.4** 具有智能化服务系统:

　　1 具有家电控制、照明控制、安全报警、环境监测、建筑设备控制、工作生活服务等至少 3 种类型功能;

　　2 具有远程监控的功能;

　　3 具有接入智慧城市(城区、社区)的功能。

　　注:本条对应 2019 版《绿色建筑评价标准》生活便利,第 6.2.9 条。

【设计要点】

《智能建筑设计标准》GB/T 50314—2015

4.3.1 智能化集成系统的功能应符合下列规定:

　　1 应以实现绿色建筑为目标,应满足建筑的业务功能、物业运营及管理模式的应用需求;

　　2 应采用智能化信息资源共享和协同运行的架构形式;

　　3 应具有实用、规范和高效的监管功能;

　　4 宜适应信息化综合应用功能的延伸及增强。

4.3.2 智能化集成系统构建应符合下列规定:

　　1 系统应包括智能化信息集成(平台)系统与集成信息应用系统;

　　2 智能化信息集成(平台)系统宜包括操作系统、数据库、集成系统平台应用程序、各纳入集成管理的智能化设施系统与集成互为关联的各类信息通信接口等;

　　3 集成信息应用系统宜由通用业务基础功能模块和专业业务运营功能模块等组成;

    4 宜具有虚拟化、分布式应用、统一安全管理等整体平台的支撑能力；

    5 宜顺应物联网、云计算、大数据、智慧城市等信息交互多元化和新应用的发展。

4.3.3 智能化集成系统通信互联应符合下列规定：

    1 应具有标准化通信方式和信息交互的支持能力；

    2 应符合国际通用的接口、协议及国家现行有关标准的规定。

4.3.4 智能化集成系统配置应符合下列规定：

    1 应适应标准化信息集成平台的技术发展方向；

    2 应形成对智能化相关信息采集、数据通信、分析处理等支持能力；

    3 宜满足对智能化实时信息及历史数据分析、可视化展现的要求；

    4 宜满足远程及移动应用的扩展需要；

    5 应符合实施规范化的管理方式和专业化的业务运行程序；

    6 应具有安全性、可用性、可维护性和可扩展性。

第9章　室内装修

9.1　控制项

【条文】I.1.1　建筑所有区域实施土建工程与装修工程一体化设计及施工。

　　注：本条对应 2019 版《绿色建筑评价标准》评价与等级划分，第 3.2.8 条；资源节约，第 7.2.14 条。

【设计要点】

　　土建和装修一体化设计，要求对土建设计和装修设计统一协调，在土建设计时考虑装修设计需求，事先进行孔洞预留和装修面层固定件的预理，避免在装修时对已有建筑构件打凿、穿孔。这样既可减少设计的反复，又可保证结构的安全，减少材料消耗，并降低装修成本。

9.2　得分项

【条文】I.2.1　合理采用耐久性好、易维护的装饰装修建筑材料：

　　1　采用耐久性好的外饰面材料；

　　2　采用耐久性好的防水和密封材料；

　　3　采用耐久性好、易维护的室内装饰装修材料。

　　注：本条对应 2019 版《绿色建筑评价标准》安全耐久，第 4.2.9 条。

【设计要点】

1.《建筑用水性氟涂料》HG/T 4104—2009

表 1　产品技术要求（节选）

耐人工气候老化	氙灯加速老化	合格品	白色和浅色：3000h 变色≤2 级、粉化≤1 级 其他色：3000h 变色商定、粉化商定
		优等品	白色和浅色：5000h 变色≤2 级、粉化≤1 级 其他色：5000h 变色商定、粉化商定
	超级荧光紫外加速老化 （UVB313,1.0W/m²）	合格品	白色和浅色：1000h 变色≤2 级、粉化 0 级 其他色：1000h 变色商定、粉化商定
		优等品	白色和浅色：1700h 变色≤2 级、粉化 0 级 其他色：1700h 变色商定、粉化商定

2.《绿色产品评价防水与密封材料》GB/T 35609—2017

4.3.1 沥青基防水卷材评价指标应符合表 2 规定。

表 2　沥青基防水卷材评价指标（节选）

一级指标	二级指标			单位	基准值	判定依据
品质属性	耐久性能	热空气老化	拉伸性能保持率	％	≥80	B. 11.1[b]
			低温柔度	℃	无裂纹	

4.3.2 高分子防水卷材评价指标应符合表 3 规定。

表 3　高分子防水卷材评价指标（节选）

一级指标	二级指标			单位	基准值	判定依据
品质属性	耐久性能	热空气老化	拉伸性能保持率	％	≥80	B. 11.2[b]
			低温弯折性	℃	无裂纹	
		人工气候加速老化	拉伸性能保持率	％	≥80	
			低温弯折性	℃	无裂纹	

4.3.3 防水涂层评价指标应符合表 4 规定。

表 4　防水涂层评价指标（节选）

一级指标	二级指标		单位	基准值		判定依据
				水性	高固含量型	
品质属性	耐久性能	热空气老化	—	通过		B. 11.3[b]
		人工气候加速老化				

4.3.4 密封胶评价指标应符合表 5 规定。

表 5　密封胶评价指标要求（节选）

一级指标	二级指标	单位	基准值						判定依据
			丙烯酸	硅酮	硅烷封端聚醚	聚氨酯	聚硫	丁基	
品质属性	耐久性能 拉压循环	—	无循环						B. 11.4[b]

【条文】I.2.2　控制室内主要空气污染物的浓度：

1　氨、甲醛、苯、总挥发性有机物、氡等污染物浓度低于现行国家标准《室内空气质量标准》GB/T 18883 规定限值的 10％，满足一星级；低于 20％，满足二、三星级；

2　室内 $PM_{2.5}$ 年均浓度不高于 $25\mu g/m^3$，且室内 PM_{10} 年均浓度不高于 $50\mu g/m^3$；

注：本条对应 2019 版《绿色建筑评价标准》健康舒适，第 5.2.1 条。

【设计要点】

参见本书第 H.2.1 条设计要点。

【条文】I.2.3　选用的装饰装修材料满足现行绿色产品评价标准中对有害物质限量的要求。

注：本条对应 2019 版《绿色建筑评价标准》健康舒适，第 5.2.2 条。

【设计要点】

装修材料主要有害物质限量要求如表 9.2-1 所示。

表 9.2-1 装修材料主要有害物质限量要求表

序号	装修材料	主要有害物质限量	满足标准
1	涂料	水性涂料品质属性：TVOC 释放量≤1.0mg/m³；甲醛释放量≤0.1mg/m³；游离甲醛含量≤10mg/kg；甲醛含量（内墙）≤20mg/kg；甲醛含量（外墙）≤30mg/kg；甲醛含量（腻子）≤5mg/kg；苯、甲苯、乙苯和二甲苯的含量总和≤50mg/kg；钡≤100mg/kg，其余各重金属元素含量≤20mg/kg； 无机粉体涂料品质属性：TVOC 释放量≤1.0mg/m³；甲醛释放量≤0.1mg/m³；游离甲醛含量≤10mg/kg；甲醛含量≤5mg/kg；苯、甲苯、乙苯和二甲苯的含量总和≤50mg/kg；钡≤100mg/kg，其余各重金属元素含量≤20mg/kg	《绿色产品评价 涂料》GB/T 35602—2017
2	人造板和木质地板	品质属性：甲醛释放量≤0.05mg/m³；苯释放量≤10ug/m³；甲苯释放量≤20ug/m³；二甲苯释放量≤20ug/m³；TVOC 释放量≤100ug/m³；可溶性重金属（铅、镉、铬、汞）总含量≤100mg/kg	《绿色产品评价 人造板和木质地板》GB/T 35601—2017
3	陶瓷砖	产品放射性（仅适用于室内用陶瓷砖（板））：内照射指数≤0.9；外照射指数≤1.2	《绿色产品评价 陶瓷砖（板）》GB/T 35610—2017
4	家具	品质属性：甲醛释放量≤0.05mg/m³；苯释放量≤0.05mg/m³；甲苯释放量≤0.1mg/m³；二甲苯释放量≤0.1mg/m³；TVOC 释放量≤0.3mg/m³；铅含量≤90mg/kg；镉含量≤50mg/kg；铬含量≤25mg/kg；汞含量≤25mg/kg；锑含量≤60mg/kg；钡含量≤1000mg/kg；硒含量≤50mg/kg；砷含量≤25mg/kg；可接触的实木部件中五氯苯酚（PCP）含量≤5mg/m³，纺织、皮革中五氯苯酚（PCP）含量（婴童家具）≤0.05mg/m³，其他≤0.5mg/m³；禁用可分解芳香胺染料；苯并芘含量≤5mg/kg	《绿色产品评价 家具》GB/T 35607—2017
5	防水与密封材料	水性防水涂料品质属性：VOC 含量≤10g/L；游离甲醛含量≤50mg/kg；氨含量≤500mg/kg；苯含量≤20mg/kg；甲苯、乙苯、二甲苯的含量总和≤300mg/kg；铅含量≤10mg/kg；镉含量≤10mg/kg；铬含量≤20mg/kg；汞含量≤10mg/kg； 高度含量型防水涂料品质属性：单组分 VOC 含量≤100g/L，多组分 VOC 含量≤50g/L；苯含量≤20mg/kg；甲苯、乙苯、二甲苯的含量总和≤1000mg/kg；苯酚含量≤100mg/kg；蒽含量≤10mg/kg；萘含量≤200mg/kg；游离 TDI 含量≤3g/kg；铅含量≤10mg/kg；镉含量≤10mg/kg；铬含量≤20mg/kg；汞含量≤10mg/kg； 密封胶品质属性：丙烯酸 VOC 含量≤50g/L，其他类 VOC 含量≤50g/kg；游离甲醛含量≤50mg/kg；苯含量≤1g/kg；甲苯含量≤1g/kg；甲苯二异氰酸酯含量≤3g/kg	《绿色产品评价 防水与密封材料》GB/T35609—2017

【条文】I.2.4 主要功能房间有眩光控制措施。

注：本条对应 2019 版《绿色建筑评价标准》健康舒适，第 5.2.8 条。

【设计要点】

《建筑采光设计标准》GB 50033—2013

5.0.2 采光设计时，应采取下列减小窗的不舒适眩光的措施：

1 作业区应减少或避免直射阳光；

2 工作人员的视觉背景不宜为窗口；

3 可采用室内外遮挡设施；

4 窗结构的内表面或窗周围的内墙面，宜采用浅色饰面。

5.0.3 在采光质量要求较高的场所，宜按本标准附录 B 进行窗的不舒适眩光计算，窗的不舒适眩光指数不宜高于表 5.0.3 规定的数值。

表 5.0.3　窗的不舒适眩光指数（DGI）

采光等级	眩光指数值 DGI
I	20
II	23
III	25
IV	27
V	28

【条文】I.2.5 建筑装修选用工业化内装部品。

注：本条对应 2019 版《绿色建筑评价标准》资源节约，第 7.2.16 条。

【设计要点】

1.《装配式建筑评价标准》GB/T 51129—2017

2.0.4 集成厨房

地面、吊顶、墙面、橱柜、厨房设备及管线等通过设计集成、工厂生产，在工地主要采用干式工法装配而成的厨房。

2.0.5 集成卫生间

地面、吊顶、墙面和洁具设备及管线等通过设计集成、工厂生产，在工地主要采用干式工法装配而成的卫生间。

2.《装配式住宅建筑设计标准》JGJ/T 398—2017

6.1.7 装配式住宅宜采用单元模块化的厨房、卫生间和收纳，并应符合下列规定：

1 厨房设计应符合干式工法施工的要求，宜优先选用标准化、系列化的整体厨房；

2 卫生间设计应符合干式工法施工和同层排水的要求，宜优先选用设计标准化、系列化的整体卫浴；

3 收纳空间设计应遵循模数协调原则，宜优先选用标准化、系列化的整体收纳。

6.3.1 整体厨房、整体卫浴和整体收纳应采用标准化内装部品，选型和安装应与建筑结构体一体化设计施工。

6.3.2 整体厨房的给水排水、燃气管线等应集中设置、合理定位，并应设置管道检修口。

6.3.3 整体卫浴设计应符合下列规定：

1 套内共用卫浴空间应优先采用干湿分区方式；

2 应优先采用内拼式部品安装；

3 同层排水架空层地面完成面高度不应高于套内地面完成面高度。

6.3.4 整体卫浴的给水排水、通风和电气等管道管线应在其预留空间内安装完成。

6.3.5 整体卫浴应在与给水排水、电气等系统预留的接口连接处设置检修口。

【条文】I.2.6 选用绿色建材。

注：本条对应 2019 版《绿色建筑评价标准》资源节约，第 7.2.18 条。

【设计要点】

绿色建材，又称生态建材、环保建材和健康建材，指健康型、环保型、安全型的建筑材料，在国际上也称为"健康建材"或"环保建材"，绿色设计应予以采用。

第10章 景 观

10.1 控制项

【条文】L.1.1 配建的绿地应符合所在地城乡规划的要求，应合理选择绿化方式，植物种植应适应当地气候和土壤，且应无毒害、易维护，种植区域覆盖土深度和排水能力应满足植物生长需求，并应采用复层绿化方式。

    注：本条对应 2019 版《绿色建筑评价标准》环境宜居，第 8.1.3 条。

【设计要点】
《城市绿化条例》（2017 年修订）
第九条 城市绿化规划应当从实际出发，根据城市发展需要，合理安排同城市人口和城市面积相适应的城市绿化用地面积。

    城市人均公共绿地面积和绿化覆盖率等规划指标，由国务院城市建设行政主管部门根据不同城市的性质、规模和自然条件等实际情况规定。

第十条 城市绿化规划应当根据当地的特点，利用原有的地形、地貌、水体、植被和历史文化遗址等自然、人文条件，以方便群众为原则，合理设置公共绿地、居住区绿地、防护绿地、生产绿地和风景林地等。

10.2 得分项

【条文】L.2.1 充分保护或修复场地生态环境，合理布局建筑及景观：

    1 保护场地内原有的自然水域、湿地、植被等，保持场地内的生态系统与场地外生态系统的连贯性。

    2 采取净地表层土回收利用等生态补偿措施。

    3 根据场地实际状况，采取其他生态恢复或补偿措施。

    注：本条对应 2019 版《绿色建筑评价标准》环境宜居，第 8.2.1 条。

【设计要点】
    第 1 款，建设项目应对场地的地形和场地内可利用的资源进行勘察，充分利用原有地形地貌进行场地设计以及建筑、生态景观的布局，尽量减少土石方量，减少开发建设过程对场地及周边环境生态系统的改变，包括原有植被、水体、山体、地表行泄洪通道、滞蓄洪坑塘洼地等。在建设过程中确需改造场地内的地形、地貌、水体、植被等时，应在工程结束后及时采取生态复原措施，减少对原场地环境的改变和破坏。场地内外生态系统保持衔接，形成连贯的生态系统更有利于生态建设和保护。

第 2 款，表层土含有丰富的有机质、矿物质和微量元素，适合植物和微生物的生长，有利于生态环境的恢复。对于场地内未受污染的净地表层土进行保护和回收利用是土壤资源保护、维持生物多样性的重要方法。

第 3 款，基于场地资源与生态诊断的科学规划设计，在开发建设的同时采取符合场地实际的技术措施，并提供足够证据表明该技术措施可有效实现生态恢复或生态补偿，可参与评审。比如，在场地内规划设计多样化的生态体系，如湿地系统、乔灌草复合绿化体系、结合多层空间的立体绿化系统等，为本土动物提供生物通道和栖息场所。采用生态驳岸、生态浮岛等措施增加本地生物生存活动空间，充分利用水生动植物的水质自然净化功能保障水体水质。

【条文】L. 2. 2　充分利用场地空间设置绿化用地：

1　住宅建筑：

1）绿地率达到规划指标 105％及以上；

2）住宅建筑所在居住街坊内人均集中绿地面积，按照表 8.2.3 的规则分档得分。

住宅建筑人均集中绿地面积评分规则　　　　　　　　表 8.2.3

人均集中绿地面积 A_g（m^2/人）	
新区建设	旧区改建
0.50	0.35
$0.50 < A_g < 0.60$	$0.35 < A_g < 0.45$
$A_g \geq 0.60$	$A_g \geq 0.45$

2　公共建筑：

1）绿地率达到规划指标 105％及以上；

2）绿地向公众开放。

注：本条对应 2019 版《绿色建筑评价标准》环境宜居，第 8.2.3 条。

【设计要点】

《城市居住区规划设计标准》GB 50180—2018

2.0.5　居住街坊

由支路等城市道路或用地边界线围合的住宅用地，是住宅建筑组合形成的居住基本单元；居住人口规模在 1000 人～3000 人（300 套～1000 套住宅，用地面积 $2hm^2$～$4hm^2$），并配建有便民服务设施。

2.0.6　居住区用地

城市居住区的住宅用地、配套设施用地、公共绿地以及城市道路用地的总称。

2.0.7　公共绿地

为居住区配套建设、可供居民游憩或开展体育活动的公园绿地。

4.0.7　居住街坊内集中绿地的规划建设，应符合下列规定：

1　新区建设不应低于 $0.50m^2$/人，旧区改建不应低于 $0.35m^2$/人；

2 宽度不应小于 8m；

3 在标准的建筑日照阴影线范围之外的绿地面积不应少于 1/3，其中应设置老年人、儿童活动场地。

【条文】L.2.3 室外吸烟区位置布局合理：

1 室外吸烟区布置在建筑主出入口的主导风的下风向，与所有建筑出入口、新风进气口和可开启窗扇的距离不少于 8m，且距离儿童和老人活动场地不少于 8m；

2 室外吸烟区与绿植结合布置，并合理配置座椅和带烟头收集的垃圾筒，从建筑主出入口至室外吸烟区的导向标识完整、定位标识醒目，吸烟区设置吸烟有害健康的警示标识。

注：本条对应 2019 版《绿色建筑评价标准》环境宜居，第 8.2.4 条。

【设计要点】

室外吸烟区的选择须避免人员密集区、有遮阴的人员聚集区，建筑出入口、雨篷等半开敞的空间、可开启窗户、建筑新风引入口、儿童年和老年人活动区域等位置，吸烟区内须配置垃圾筒和吸烟有害健康的警示标识。

【条文】L.2.4 利用场地空间设置绿色雨水基础设施：

1 下凹式绿地、雨水花园等有调蓄雨水功能的绿地和水体的面积之和占绿地面积的比例达到 40%；

2 衔接和引导不少于 80% 的屋面雨水进入地面生态设施；

3 衔接和引导不少于 80% 的道路雨水进入地面生态设施；

4 硬质铺装地面中透水铺装面积的比例达到 50%。

注：本条对应 2019 版《绿色建筑评价标准》环境宜居，第 8.2.5 条。

【设计要点】

《建筑与小区雨水控制及利用工程技术规范》GB 50400—2016

6.1.1 雨水入渗方式可采用下凹绿地入渗、透水铺装地面入渗、植被浅沟与洼地入渗、生物滞留设施（浅沟渗渠组合）入渗、渗透管沟、入渗井、入渗池、渗透管—排放系统等。

6.1.2 雨水入渗宜优先采用下凹绿地、透水铺装、浅沟洼地入渗等地表面入渗方式，并应符合下列规定：

1 人行道、非机动车道、庭院、广场等硬化地面宜采用透水铺装，硬化地面中透水铺装的面积比例不宜低于 40%；

2 小区内路面宜高于路边绿地 50mm～100mm，并应确保雨水顺畅流入绿地；

3 绿地宜设置为下凹绿地。涉及绿地指标率要求的建设工程，下凹绿地面积占绿地面积的比例不宜低于 50%；

4 非种植屋面雨水的入渗方式应根据现场条件，经技术经济和环境效益比较确定。

6.1.3 雨水入渗设施埋地设置时宜设在绿地下，也可设于非机动车路面下。渗透管沟间的最小净间距不宜小于 2m，入渗井间的最小间距不宜小于储水深度的 4 倍。

6.1.4 地下建筑顶面覆土层设置透水铺装、下凹绿地等入渗设施时，应符合下列规定：

1 地下建筑顶面与覆土之间应设疏水片材或疏水管等排水层；

2 土壤渗透面至渗排设施间的土壤厚度不应小于 300mm；

3 当覆土层土壤厚度超过 1.0m 时，可设置下凹绿地或在土壤层内埋设入渗设施。

【条文】L. 2. 5 场地绿容率不低于 3.0。

　　注：本条对应 2019 版《绿色建筑评价标准》提高与创新，第 9.2.4 条。

【设计要点】

《绿色建筑评价标准》GB/T 50378—2019 第 9.2.4 条条文说明规定：

绿容率＝［∑（乔木叶面积指数×乔木投影面积×乔木株数）＋灌木占地面积×3＋草地占地面积×1］/场地面积

其中，冠层稀疏类乔木叶面积指数按 2 取值，冠层密集类乔木叶面积指数按 4 取值（纳入冠层密集类的乔木需提供相似气候区该类苗木的图片说明）；乔木投影面积按苗木表数据计算，可按设计冠幅中间值进行取值；场地内的立体绿化如屋面绿化和垂直绿化均可纳入计算。

第11章 施工及运营

【条文】**11.0.1** 制定完善的节能、节水、节材、绿化的操作规程、应急预案、实施能源资源管理激励机制，且有效实施；相关设施具有完善的操作规程和应急预案；物业管理机构的工作考核体系中包含节能和节水绩效考核激励机制。

　　注：本条对应 2019 版《绿色建筑评价标准》生活便利，第 6.2.10 条。

【条文】**11.0.2** 建筑平均日用水量满足现行国家标准《民用建筑节水设计标准》GB 50555 中节水定额的要求。

　　注：本条对应 2019 版《绿色建筑评价标准》生活便利，第 6.2.11 条。

【设计要点】

《民用建筑节水设计标准》GB 50555—2010

2.1.1 节水用水定额

采用节水型生活用水器具后的平均日用水量。

3.1.1 住宅平均日生活用水的节水用水定额，可根据住宅类型、卫生器具设置标准和区域条件因素按表 3.1.1 的规定确定。

表 3.1.1　住宅平均日生活用水节水用水定额 q_z

住宅类型	卫生器具设置标准	节水用水定额 q_z(L/人·d)								
		一区			二区			三区		
		特大城市	大城市	中、小城市	特大城市	大城市	中、小城市	特大城市	大城市	中、小城市
普通住宅	I 有大便器、洗涤盆	100~140	90~110	80~100	70~110	60~80	50~70	60~100	50~70	45~65
	II 有大便器、洗脸盆、洗涤盆和洗衣机、热水器和沐浴设备	120~200	100~150	90~140	80~140	70~110	60~100	70~120	60~90	50~80
	III 有大便器、洗脸盆、洗衣机、集中供应或家用热水机组和沐浴设备	140~230	130~180	100~160	90~170	80~130	70~120	80~140	70~100	60~90
别墅	有大便器、洗脸盆、洗涤盆、洗衣机及其它设备(净身器等)、家用热水机组或集中供应和沐浴设备、洒水栓	150~250	140~200	110~180	100~190	90~150	80~140	90~160	80~110	70~100

　　注：1　特大城市指市区和近郊区非农业人口 100 万及以上的城市；大城市指市区和近郊区非农业人口 50 万及以上，不满 100 万的城市；中、小城市指市区和近郊区非农业人口不满 50 万的城市。

　　　　2　一区包括：湖北、湖南、江西、浙江、福建、广东、广西、海南、上海、江苏、安徽、重庆；二区包括：

四川、贵州、云南、黑龙江、吉林、辽宁、北京、天津、河北、山西、河南、山东、宁夏、陕西、内蒙古河套以东和甘肃黄河以东的地区;三区包括:新疆、青海、西藏、内蒙古河套以西和甘肃黄河以西的地区。

3 当地主管部门对住宅生活用水节水用水标准有规定的,按当地规定执行。

4 别墅用水定额中含庭园绿化用水,汽车抹车水。

5 表中用水量为全部用水量,当采用分质供水时,有直饮水系统的,应扣除直饮水用水定额;有杂用水系统的,应扣除杂用定额。

3.2.1 宿舍、旅馆和其他公共建筑的平均日生活用水的节水用水定额,可根据建筑物类型和卫生器具设置标准按表3.1.2的规定确定。

宿舍、旅馆和其他公共建筑的平均日生活用水节水用水定额 q_g 表 3.1.2

序号	建筑物类型及卫生器具设置标准	节水用水定额 q_g	单位
1	宿舍		
	Ⅰ类、Ⅱ类	130~160	L/人·d
	Ⅲ类、Ⅳ类	90~120	L/人·d
2	招待所、培训中心、普通旅馆		
	设公用厕所、盥洗室	40~80	L/人·d
	设公用厕所、盥洗室和淋浴室	70~100	L/人·d
	设公用厕所、盥洗室、淋浴室、洗衣室	90~120	L/人·d
	设单独卫生间、公用洗衣室	110~160	L/人·d
3	酒店式公寓	180~240	L/人·d
4	宾馆客房		
	旅客	220~320	L/床位·d
	员工	70~80	L/人·d
5	医院住院部		
	设公用厕所、盥洗室	90~160	L/床位·d
	设公用厕所、盥洗室和淋浴室	130~200	L/床位·d
	病房设单独卫生间	220~320	L/床位·d
	医务人员	130~200	L/人·班
	门诊部、诊疗所	6~12	L/人·次
	疗养院、休养所住院部	180~240	L/床位·d
6	养老院托老所		
	全托	90~120	L/人·d
	日托	40~60	L/人·d
7	幼儿园、托儿所		
	有住宿	40~80	L/儿童·d
	无住宿	25~40	L/儿童·d
8	公共浴室		
	淋浴	70~90	L/人·次
	淋浴、浴盆	120~150	L/人·次
	桑拿浴(淋浴、按摩池)	130~160	L/人·次
9	理发室、美容院	35~80	L/人·次
10	洗衣房	40~80	L/kg 干衣
11	餐饮业		
	中餐酒楼	35~50	L/人·次
	快餐店、职工及学生食堂	15~20	L/人·次
	酒吧、咖啡厅、茶座、卡拉OK	5~10	L/人·次
12	商场		
	员工及顾客	4~6	L/m²营业厅面积·d

绿色建筑设计技术要点

序号	建筑物类型及卫生器具设置标准	节水用水定额 q_g	单位
13	图书馆	5~8	L/人·次
14	书店 　员工 　营业厅	 27~40 3~5	 L/人·班 L/m² 营业厅面积·d
15	办公楼	25~40	L/人·班
16	教学实验楼 　中小学校 　高等学校	 15~35 35~40	 L/学生·d L/学生·d
17	电影院、剧院	3~5	L/观众·场
18	会展中心(博物馆、展览馆) 　员工 　展厅	 27~40 3~5	 L/人·班 L/m² 展厅面积·d
19	健身中心	25~40	L/人·次
20	体育场、体育馆 　运动员淋浴 　观众	 25~40 3	 L/人·次 L/人·场
21	会议厅	6~8	L/座位·次
22	客运站旅客、展览中心观众	3~6	L/人·次
23	菜市场冲洗地面及保鲜用水	8~15	L/m²·d
24	停车库地面冲洗用水	2~3	L/m²·次

注：1　除养老院、托儿所、幼儿园的用水定额中含食堂用水，其余均不含食堂用水。
　　2　除注明外均不含员工用水，员工用水定额每人每班 30L~45L。
　　3　医疗建筑用水中不含医疗用水。
　　4　表中用水量包括热水用量在内，空调用水应另计。
　　5　选择用水定额时，可依据当地气候条件、水资源状况等确定，缺水地区应选择低值。
　　6　用水人数或单位数应以平均年值计算。
　　7　每年用水天数应根据使用情况确定。

3.1.3 汽车冲洗用水定额应根据冲洗方式按表 3.1.3 的规定选用，并应考虑车辆用途、道路路面等级和污染程度等因素后综合确定。附设在民用建筑中停车库抹车用水可按 10%~15%轿车车位计。

表 3.1.3　汽车冲洗用水定额 （L/辆·次）

冲洗方式	高压水枪冲洗	循环用水冲洗补水	抹车
轿车	40~60	20~30	10~15
公共汽车 载重车辆	80~120	40~60	15~30

注：1　同时冲洗汽车数量按洗车台数确定。
　　2　在水泥和沥青路面行驶的汽车，宜选用下限值；路面等级较低时，宜选用上限值。
　　3　冲洗一辆车可按 10min 考虑。
　　4　软管冲洗时耗水量大，不推荐采用。

3.1.4 空调循环冷却水系统的补充水量，应根据气象条件、冷却塔形式、供水水质、水质处理及空调设计运行负荷、运行天数等确定，可按平均日循环水量的 1.0%~2.0%

计算。

3.1.5 浇洒道路用水定额可根据路面性质按表 3.1.5 的规定选用，并应考虑气象条件因素后综合确定。

表 3.1.5 浇洒道路用水定额 (L/m² · 次)

路面性质	用水定额
碎石路面	0.40～0.70
土路面	1.00～1.50
水泥或沥青路面	0.20～0.50

注：1 广场浇洒用水定额亦可参照本表选用。

2 每年浇洒天数按当地情况确定。

3.1.6 浇洒草坪、绿化年均灌水定额可按表 3.1.6 的规定确定。

表 3.1.6 浇洒草坪、绿化年均灌水定额 (m³/m² · a)

草坪种类	灌水定额		
	特级养护	一级养护	二级养护
冷季型	0.66	0.50	0.28
暖季型	—	0.28	0.12

【条文】11.0.3 定期对建筑运营效果进行评估，并根据结果进行运行优化：

1 制定绿色建筑运营效果评估的技术方案和计划；

2 定期检查、调适公共设施设备，具有检查、调试、运行、标定的记录，且记录完整；

3 定期开展节能诊断评估，并根据评估结果制定优化方案并实施；

4 定期对各类用水水质进行检测、公示。

注：本条对应 2019 版《绿色建筑评价标准》生活便利，第 6.2.12 条。

【条文】11.0.4 建立绿色教育宣传和实践机制，编制绿色设施使用手册，形成良好的绿色氛围，并定期开展使用者满意度调查。

1 每年组织不少于 2 次的绿色建筑技术宣传、绿色生活引导、灾害应急演练等绿色教育宣传和实践活动，并有活动记录；

2 具有绿色生活展示、体验或交流分享的平台，并向使用者提供绿色设施使用手册；

3 每年开展 1 次针对建筑绿色性能的使用者满意度调查，且根据调查结果制定改进措施并实施、公示。

注：本条对应 2019 版《绿色建筑评价标准》生活便利，第 6.2.13 条。

【条文】11.0.5 应用建筑信息模型（BIM）技术。

注：本条对应 2019 版《绿色建筑评价标准》提高与创新，第 9.2.6 条。

【设计要点】

《住房城乡建设部关于印发推进建筑信息模型应用指导意见的通知》

有关单位和企业要根据实际需求制定 BIM 应用发展规划、分阶段目标和实施方案，合理配置 BIM 应用所需的软硬件。改进传统项目管理方法，建立适合 BIM 应用的工程管理模式。构建企业级各专业族库，逐步建立覆盖 BIM 创建、修改、交换、应用和交付全过程的企业 BIM 应用标准流程。通过科研合作、技术培训、人才引进等方式，推动相关人员掌握 BIM 应用技能，全面提升 BIM 应用能力。

（三）设计单位。

研究建立基于 BIM 的协同设计工作模式，根据工程项目的实际需求和应用条件确定不同阶段的工作内容。开展 BIM 示范应用，积累和构建各专业族库，制定相关企业标准。

1. 投资策划与规划。在项目前期策划和规划设计阶段，基于 BIM 和地理信息系统（GIS）技术，对项目规划方案和投资策略进行模拟分析。

2. 设计模型建立。采用 BIM 应用软件和建模技术，构建包括建筑、结构、给排水、暖通空调、电气设备、消防等多专业信息的 BIM 模型。根据不同设计阶段任务要求，形成满足各参与方使用要求的数据信息。

3. 分析与优化。进行包括节能、日照、风环境、光环境、声环境、热环境、交通、抗震等在内的建筑性能分析。根据分析结果，结合全生命期成本，进行优化设计。

4. 设计成果审核。利用基于 BIM 的协同工作平台等手段，开展多专业间的数据共享和协同工作，实现各专业之间数据信息的无损传递和共享，进行各专业之间的碰撞检测和管线综合碰撞检测，最大限度减少错、漏、碰、缺等设计质量通病，提高设计质量和效率。

【条文】11.0.6 按照绿色施工的要求进行施工和管理：

1 获得绿色施工优良等级或绿色施工示范工程认定；

2 采取措施减少预拌混凝土损耗，损耗率降低至 1.0%；

3 采取措施减少现场加工钢筋损耗，损耗率降低至 1.5%；

4 现浇混凝土构件采用铝模等免墙面粉刷的模板体系。

注：本条对应 2019 版《绿色建筑评价标准》提高与创新，第 9.2.8 条。

【设计要点】

《建筑工程绿色施工规范》GB/T 50905—2014

2.0.1 绿色施工

在保证质量、安全等基本要求的前提下，通过科学管理和技术进步，最大限度地节约资源，减少对环境负面影响，实现节能、节材、节水、节地和环境保护的建筑工程施工活动。

【条文】11.0.7 采用建设工程质量潜在缺陷保险产品：

1 保险承保范围包括地基基础工程、主体结构工程、屋面防水工程和其他土建工程的质量问题；

2 保险承保范围包括装修工程、电气管线、上下水管线的安装工程，供热、供冷系统工程的质量问题。

注：本条对应 2019 版《绿色建筑评价标准》提高与创新，第 9.2.9 条。

【条文】11.0.8 采取节约资源、保护生态环境、保障安全健康、智慧友好运行、传承历史文化等其他创新，并有明显效益。

注：本条对应 2019 版《绿色建筑评价标准》提高与创新，第 9.2.10 条。

第12章 技术体系与增量成本

12.1 技术体系

12.1.1 基本规定

1. 住宅小区与公共建筑星级标准规定见本书1.3节绿色建筑星级指标规定。

2. 表12.1-1和表12.1-2所示的技术体系与《绿色建筑评价标准》GB/T 50378—2019一致。住宅小区与公共建筑的规划设计宜参照表12.1-1和表12.1-2的指标执行。其中控制项为必做项，评分项条文中"★、★★、★★★"标注的指标内容为各星级标准对应的笔者推荐优先采用的绿色建筑技术措施。

12.1.2 住宅小区技术体系

住宅小区绿色建筑评价指标见表12.1-1。

住宅小区绿色建筑技术指标表 表12.1-1

子项	条文编号	条文	满分
安全耐久			
控制项	4.1.1	场地应避开滑坡、泥石流等地质危险地段，易发生洪涝地区应有可靠的防洪涝基础设施；场地应无危险化学品、易燃易爆危险源的威胁，应无电磁辐射、含氡土壤的危害	—
	4.1.2	建筑结构应满足承载力和建筑使用功能要求。建筑外墙、屋面、门窗、幕墙及外保温等围护结构应满足安全、耐久和防护的要求	—
	4.1.3	外遮阳、太阳能设施、空调室外机位、外墙花池等外部设施应与建筑主体结构统一设计、施工，并应具备安装、检修与维护条件	—
	4.1.4	建筑内部的非结构件、设备及附属设施等应连接牢固并能适应主体结构变形	—
	4.1.5	建筑外门窗必须安装牢固，其抗风压性能和水密性能应符合国家现行有关标准的规定	—
	4.1.6	卫生间、浴室的地面应设置防水层，墙面、顶棚应设置防潮层	—
	4.1.7	走廊、疏散通道等通行空间应满足紧急疏散、应急救护等要求，且应保持畅通	—
	4.1.8	应具有安全防护的警示和引导标识相统一	—
安全	4.2.1	★★★采用基于性能的抗震设计并合理提高建筑的抗震性能	10
	4.2.2	★采取保障人员安全的防护措施	15
	4.2.3	★采用具有安全防护功能的产品或配件	10
	4.2.4	★室内外地面或路面设置防滑措施	10
	4.2.5	★★采取人车分流措施，且步行和自行车交通系统有充足照明	8

安全耐久			
子项	条文编号	条文	满分
耐久	4.2.6	★★采取提升建筑适变性的措施	18
	4.2.7	★★采取提升建筑部品、部件耐久性的措施	10
	4.2.8	提高建筑结构材料的耐久性	10
	4.2.9	★★合理采用耐久性好、易维护的装饰装修建筑材料	9
小结	一星推荐得分:35 二星推荐得分:61 三星推荐得分:85		100

健康舒适			
子项	条文编号	条文	满分
控制项	5.1.1	室内空气中的氨、甲醛、苯、总挥发性有机物、氡等污染物浓度应符合现行国家标准《室内空气质量标准》GB/T 18883 的有关规定。建筑室内和建筑主出入口处应禁止吸烟,并应在醒目位置设置禁烟标志	—
	5.1.2	应采取措施避免厨房、餐厅、打印复印室、卫生间、地下车库等区域的空气和污染物串通到其他空间;应防止厨房、卫生间的排气倒灌	—
	5.1.3	给水排水系统的设置应符合下列规定:(1)生活饮用水水质应满足现行国家标准《生活饮用水卫生标准》GB 5749 的要求;(2)应制定水池、水箱等储水设施定期清洗消毒计划并实施,且生活饮用水储水设施每半年清洗消毒不应少于 1 次;(3)应使用构造内自带水封的便器,且其水封深度不应小于 50mm;(4)非传统水源管道和设备应设置明确、清晰的永久性标识	—
	5.1.4	主要功能房间的室内噪声级和隔声性能应符合下列规定:(1)室内噪声级应满足现行国家标准《民用建筑隔声设计规范》GB 50118 中的低限要求;(2)外墙、隔墙、楼板和门窗的隔声性能应满足现行国家标准《民用建筑隔声设计规范》GB 50118 中的低限要求	—
	5.1.5	建筑照明应符合下列规定:(1)照明数量和质量应符合现行国家标准《建筑照明设计标准》GB 50034 的规定;(2)人员长期停留的场所应采用符合现行国家标准《灯和灯系统的光生物安全性》GB/T 20145 规定的无危险类照明产品;(3)选用 LED 照明产品的光输出波形的波动深度应满足现行国家标准《LED 室内照明应用技术要求》GB/T 31831 的规定。	—
	5.1.6	应采取措施保障室内热环境。采用集中供暖空调系统的建筑,房间内的温度、湿度、新风量等设计参数应符合现行国家标准《民用建筑供暖通风与空气调节设计规范》GB 50736 的有关规定;采用非集中供暖空调系统的建筑,应具有保障室内热环境的措施或预留条件	—
	5.1.7	围护结构热工性能应符合下列规定:(1)在室内设计温度、湿度条件下,建筑非透光围护结构内表面不得结露;(2)供暖建筑的屋面、外墙内部不应产生冷凝;(3)屋顶和外墙隔热性能应满足现行国家标准《民用建筑热工设计规范》GB 50176 的要求。	—
	5.1.8	主要功能房间应具有现场独立控制的热环境调节装置	—
	5.1.9	地下车库应设置与排风设备联动的一氧化碳浓度监测装置	—
室内空气品质	5.2.1	★★控制室内主要空气污染物的浓度	12
	5.2.2	★★选用的装饰装修材料满足国家现行绿色产品评价标准中对有害物质限量的要求	8
水质	5.2.3	★直饮水、集中生活热水、游泳池水、采暖空调系统用水、景观水体等的水质满足国家现行有关标准的要求	8
	5.2.4	★生活饮用水水池、水箱等储水设施采取措施满足卫生要求	9
	5.2.5	★所有给水排水管道、设备、设施设置明确、清晰的永久性标识	8

<table>
<tr><td colspan="4" align="center">健康舒适</td></tr>
</table>

子项	条文编号	条文	满分
声环境与光环境	5.2.6	★采取措施优化主要功能房间的室内声环境	8
	5.2.7	★★主要功能房间的隔声性能良好	10
	5.2.8	★充分利用天然光	12
室内热湿环境	5.2.9	★★★具有良好的室内热湿环境	8
	5.2.10	★优化建筑空间和平面布局,改善自然通风效果	8
	5.2.11	★★★设置可调节遮阳设施,改善室内热舒适	9
小结		一星推荐得分:43 二星推荐得分:63 三星推荐得分:81	100

<table>
<tr><td colspan="4" align="center">生活便利</td></tr>
</table>

子项	条文编号	条文	满分
控制项	6.1.1	建筑、室外场地、公共绿地、城市道路相互之间应设置连贯的无障碍步行系统	—
	6.1.2	场地人行出入口 500m 内应设有公共交通站点或配备联系公共交通站点的专用接驳车	—
	6.1.3	停车场应具有电动汽车充电设施或具备充电设施的安装条件,并应合理设置电动汽车和无障碍汽车停车位	—
	6.1.4	自行车停车场所应位置合理、方便出入	—
	6.1.5	建筑设备管理系统应具有自动监控管理功能	—
	6.1.6	建筑应设置信息网络系统	—
出行与无障碍	6.2.1	★场地与公共交通站点联系便捷	8
	6.2.2	★建筑室内外公共区域满足全龄化设计要求	8
服务设施	6.2.3	★提供便利的公共服务	10
	6.2.4	★城市绿地、广场及公共运动场地等开敞空间,步行可达	5
	6.2.5	★合理设置健身场地和空间	10
智慧运行	6.2.6	★★设置分类、分级用能自动远传计量系统,且设置能源管理系统实现对建筑能耗的监测、数据分析和管理	8
	6.2.7	★★设置 PM_{10}、$PM_{2.5}$、CO_2 浓度的空气质量监测系统,且具有存储至少一年的监测数据和实时显示等功能	5
	6.2.8	★★设置用水远传计量系统、水质在线监测系统	7
	6.2.9	★具有智能化服务系统	9
物业管理	6.2.10	★★★制定完善的节能、节水、节材、绿化的操作规程、应急预案,实施能源资源管理激励机制,且有效实施	5
	6.2.11	★★★建筑平均日用水量满足现行国家标准《民用建筑节水设计标准》GB 50555 中节水用水定额的要求	5
	6.2.12	★★★定期对建筑运营效果进行评估,并根据结果进行运行优化	12
	6.2.13	★★★建立绿色教育宣传和实践机制,编制绿色设施使用手册,形成良好的绿色氛围,并定期开展使用者满意度调查	8
小结		一星推荐得分:32 二星推荐得分:50 三星推荐得分:80	100

子项	条文编号	条文	满分
控制项	7.1.1	应结合场地自然条件和建筑功能需求,对建筑的体形、平面布局、空间尺度、围护结构等进行节能设计,且应符合国家有关节能设计的要求	—
	7.1.2	应采取措施降低部分负荷、部分空间使用下的供暖、空调系统能耗,并应符合下列规定:(1)应区分房间的朝向细分供暖、空调区域,并应对系统进行分区控制;(2)空调冷源的部分负荷性能系数(IPLV)、电冷源综合制冷性能系数(SCOP)应符合现行国家标准《公共建筑节能设计标准》GB 50189 的规定	—
	7.1.3	应根据建筑空间功能设置分区温度,合理降低室内过渡区空间的温度设定标准	—
	7.1.4	主要功能房间的照明功率密度值不应高于现行国家标准《建筑照明设计标准》GB 50034 规定的现行值;公共区域的照明系统应采用分区、定时、感应等节能控制;采光区域的照明控制应独立于其他区域的照明控制	—
	7.1.5	冷热源、输配系统和照明等各部分能耗应进行独立分项计量	—
	7.1.6	垂直电梯应采取群控、变频调速或能量反馈等节能措施;自动扶梯应采用变频感应启动等节能控制措施	—
	7.1.7	应制定水资源利用方案,统筹利用各种水资源,并应符合下列规定:(1)应按使用用途、付费或管理单元,分别设置用水计量装置;(2)用水点处水压大于 0.2MPa 的配水支管应设置减压设施,并应满足给水配件最低工作压力的要求;(3)用水器具和设备应满足节水产品的要求	—
	7.1.8	不应采用建筑形体和布置严重不规则的建筑结构	—
	7.1.9	建筑造型要素应简约,应无大量装饰性构件,并应符合下列规定:(1)住宅建筑的装饰性构件造价占建筑总造价的比例不应大于 2%;(2)公共建筑的装饰性构件造价占建筑总造价的比例不应大于 1%	—
	7.1.10	选用的建筑材料应符合下列规定:1500km 以内生产的建筑材料重量占建筑材料总重量的比例应大于 60%;2 现浇混凝土应采用预拌混凝土,建筑砂浆应采用预拌砂浆	—
节地与土地利用	7.2.1	★节约集约利用土地	20
	7.2.2	★合理开发利用地下空间	12
	7.2.3	★采用机械式停车设施、地下停车库或地面停车楼等方式	8
节能与能源利用	7.2.4	★优化建筑围护结构的热工性能	15
	7.2.5	★供暖空调系统的冷、热源机组能效均优于现行国家标准《公共建筑节能设计标准》GB 50189 的规定以及现行有关国家标准能效限定值的要求	10
	7.2.6	★★采取有效措施降低供暖空调系统的末端系统及输配系统的能耗	5
	7.2.7	★采用节能型电气设备及节能控制措施	10
	7.2.8	采取措施降低建筑能耗	10
	7.2.9	★★结合当地气候和自然资源条件合理利用可再生能源	10
节水与水资源利用	7.2.10	★★使用较高用水效率等级的卫生器具	15
	7.2.11	★绿化灌溉及空调冷却水系统采用节水设备或技术	12
	7.2.12	★★★结合雨水综合利用设施营造室外景观水体,室外景观水体利用雨水的补水量大于水体蒸发量的 60%,且采用保障水体水质的生态水处理技术	8
	7.2.13	★使用非传统水源	15

资源节约

资源节约

子项	条文编号	条文	满分
节材与绿色建材	7.2.14	★建筑所有区域实施土建工程与装修工程一体化设计及施工	8
	7.2.15	★合理选用建筑结构材料与构件	10
	7.2.16	★★★建筑装修选用工业化内装部品	8
	7.2.17	选用可再循环材料、可再利用材料及利废建材	12
	7.2.18	★★选用绿色建材	12
小结		一星推荐得分:79 二星推荐得分:115 三星推荐得分:153	200

环境宜居

子项	条文编号	条文	满分
控制项	8.1.1	建筑规划布局应满足日照标准,且不得降低周边建筑的日照标准	—
	8.1.2	室外热环境应满足国家现行有关标准的要求	—
	8.1.3	配建的绿地应符合所在地城乡规划的要求,应合理选择绿化方式,植物种植应适应当地气候和土壤,且应无毒、易维护,种植区域覆土深度和排水能力应满足植物生长需求,并应采用复层绿化方式	—
	8.1.4	场地的竖向设计应有利于雨水的收集或排放,应有效组织雨水的下渗、滞蓄或再利用;对大于 10hm² 的场地应进行雨水控制利用专项设计	—
	8.1.5	建筑内外均应设置便于识别和使用的标识系统	—
	8.1.6	场地内不应有排放超标的污染源	—
	8.1.7	生活垃圾应分类收集,垃圾容器和收集点的设置应合理并应与周围景观协调	—
场地生态景观	8.2.1	充分保护或修复场地生态环境,合理布局建筑及景观	10
	8.2.2	★★规划场地表和屋面雨水径流,对场地雨水实施外排总量控制	10
	8.2.3	★充分利用场地空间设置绿化用地	16
	8.2.4	★室外吸烟区位置布局合理	9
	8.2.5	★★★利用场地空间设置绿色雨水基础设施	15
室外物理环境	8.2.6	★场地内的环境噪声优于现行国家标准《声环境质量标准》GB 3096 的要求	10
	8.2.7	★建筑及照明设计避免产生光污染	10
	8.2.8	★场地内风环境有利于室外行走、活动舒适和建筑的自然通风	10
	8.2.9	★采取措施降低热岛强度	10
小结		一星推荐得分:40 二星推荐得分:58 三星推荐得分:66	100

提高与创新

子项	条文编号	条文	满分
一般规定	9.1.1	绿色建筑评价时,应按本章规定对提高与创新项进行评价	—
	9.1.2	提高与创新项得分为加分项得分之和,当得分大于 100 分时,应取为 100 分	—

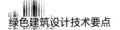
续表

提高与创新			
子项	条文编号	条文	满分
加分项	9.2.1	采取措施进一步降低建筑供暖空调系统的能耗	30
	9.2.2	采用适宜地区特色的建筑风貌设计,因地制宜传承地域建筑文化	20
	9.2.3	合理选用废弃场地进行建设,或充分利用尚可使用的旧建筑	8
	9.2.4	场地绿容率不低于3.0	5
	9.2.5	采用符合工业化建造要求的结构体系与建筑构件	10
	9.2.6	★★★应用建筑信息模型(BIM)技术	15
	9.2.7	★★★进行建筑碳排放计算分析,采取措施降低单位建筑面积碳排放强度	12
	9.2.8	按照绿色施工的要求进行施工和管理	20
	9.2.9	采用建设工程质量潜在缺陷保险产品	20
	9.3.0	采取节约资源、保护生态环境、保障安全健康、智慧友好运行、传承历史文化等其他创新,并有明显效益	40
小结		一星推荐得分:0 二星推荐得分:0 三星推荐得分:22	100

12.1.3　公共建筑

公共建筑绿色建筑技术指标如表 12.1-2 所示。

公共建筑——绿色建筑技术指标表　　　　表 12.1-2

安全耐久			
子项	条文编号	条文	满分
控制项	4.1.1	场地应避开滑坡、泥石流等地质危险地段,易发生洪涝地区应有可靠的防洪涝基础设施;场地应无危险化学品、易燃易爆危险源的威胁,应无电磁辐射、含氡土壤的危害	—
	4.1.2	建筑结构应满足承载力和建筑使用功能要求。建筑外墙、屋面、门窗、幕墙及外保温等围护结构应满足安全、耐久和防护的要求	—
	4.1.3	外遮阳、太阳能设施、空调室外机位、外墙花池等外部设施应与建筑主体结构统一设计、施工,并应具备安装、检修与维护条件	—
	4.1.4	建筑内部的非结构构件、设备及附属设施等应连接牢固并能适应主体结构变形	—
	4.1.5	建筑外门窗必须安装牢固,其抗风压性能和水密性能应符合国家现行有关标准的规定	—
	4.1.6	卫生间、浴室的地面应设置防水层,墙面、顶棚应设置防潮层	—
	4.1.7	走廊、疏散通道等通行空间应满足紧急疏散、应急救护等要求,且应保持畅通	—
	4.1.8	应具有安全防护的警示和引导标识相续	—
安全	4.2.1	★★★采用基于性能的抗震设计并合理提高建筑的抗震性能	10
	4.2.2	★采取保障人员安全的防护措施	15
	4.2.3	★采用具有安全防护功能的产品或配件	10
	4.2.4	★室内外地面或路面设置防滑措施	10
	4.2.5	★★采取人车分流措施,且步行和自行车交通系统有充足照明	8

子项	条文编号	条文	满分
		安全耐久	
耐久	4.2.6	★★采取提升建筑适变性的措施	18
	4.2.7	★★采取提升建筑部品部件耐久性的措施	10
	4.2.8	提高建筑结构材料的耐久性	10
	4.2.9	★★合理采用耐久性好、易维护的装饰装修建筑材料	9
小结		一星推荐得分:35 二星推荐得分:61 三星推荐得分:80	100

子项	条文编号	条文	满分
		健康舒适	
控制项	5.1.1	室内空气中的氨、甲醛、苯、总挥发性有机物、氡等污染物浓度应符合现行国家标准《室内空气质量标准》GB/T 18883 的有关规定。建筑室内和建筑主出入口处应禁止吸烟,并应在醒目位置设置禁烟标志	—
	5.1.2	应采取措施避免厨房、餐厅、打印复印室、卫生间、地下车库等区域的空气和污染物串通到其他空间;应防止厨房、卫生间的排气倒灌	—
	5.1.3	给水排水系统的设置应符合下列规定:(1)生活饮用水水质应满足现行国家标准《生活饮用水卫生标准》GB 5749 的要求;(2)应制定水池、水箱等储水设施定期清洗消毒计划并实施,且生活饮用水储水设施每半年清洗消毒不应少于 1 次;(3)应使用构造内自带水封的便器,且其水封深度不应小于 50mm;(4)非传统水源管道和设备应设置明确、清晰的永久性标识	—
	5.1.4	主要功能房间的室内噪声级和隔声性能应符合下列规定:(1)室内噪声级应满足现行国家标准《民用建筑隔声设计规范》GB 50118 中的低要求;(2)外墙、隔墙、楼板和门窗的隔声性能应满足现行国家标准《民用建筑隔声设计规范》GB 50118 中的低限要求。	—
	5.1.5	建筑照明应符合下列规定:(1)照明数量和质量应符合现行国家标准《建筑照明设计标准》GB 50034 的规定;(2)人员长期停留的场所应采用符合现行国家标准《灯和灯系统的光生物安全性》GB/T 20145 规定的无危险类照明产品;(3)选用 LED 照明产品的光输出波形的波动深度应满足现行国家标准《LED 室内照明应用技术要求》GB/T 31831 的规定	—
	5.1.6	应采取措施保障室内热环境。采用集中供暖空调系统的建筑,房间内的温度、湿度、新风量等设计参数应符合现行国家标准《民用建筑供暖通风与空气调节设计规范》GB 50736 的有关规定;采用非集中供暖空调系统的建筑,应具有保障室内热环境的措施或预留条件	—
	5.1.7	围护结构热工性能应符合下列规定:(1)在室内设计温度、湿度条件下,建筑非透光围护结构内表面不得结露;(2)供暖建筑的屋面、外墙内部不应产生冷凝;(3)屋顶和外墙隔热性能应满足现行国家标准《民用建筑热工设计规范》GB 50176 的要求	—
	5.1.8	主要功能房间应具有现场独立控制的热环境调节装置	—
	5.1.9	地下车库应设置与排风设备联动的一氧化碳浓度监测装置	—
室内空气品质	5.2.1	★★★控制室内主要空气污染物的浓度	12
	5.2.2	★★★选用的装饰装修材料满足国家现行绿色产品评价标准中对有害物质限量的要求	8
水质	5.2.3	★直饮水、集中生活热水、游泳池水、采暖空调系统用水、景观水体等的水质满足国家现行有关标准的要求	8
	5.2.4	★生活饮用水水池、水箱等储水设施采取措施满足卫生要求	9
	5.2.5	★所有给水排水管道、设备、设施设置明确、清晰的永久性标识	8

续表

健康舒适

子项	条文编号	条文	满分
声环境 与光环境	5.2.6	★采取措施优化主要功能房间的室内声环境	8
	5.2.7	★★主要功能房间的隔声性能良好	10
	5.2.8	★充分利用天然光	12
室内热 湿环境	5.2.9	★★具有良好的室内热湿环境	8
	5.2.10	★优化建筑空间和平面布局,改善自然通风效果	8
	5.2.11	★★★设置可调节遮阳设施,改善室内热舒适	9
小结		一星推荐得分:40 二星推荐得分:55 三星推荐得分:75	100

生活便利

子项	条文编号	条文	满分
控制项	6.1.1	建筑、室外场地、公共绿地、城市道路相互之间应设置连贯的无障碍步行系统	—
	6.1.2	场地人行出入口 500m 内应设有公共交通站点或配备联系公共交通站点的专用接驳车	—
	6.1.3	停车场应具有电动汽车充电设施或具备充电设施的安装条件,并应合理设置电动汽车和无障碍汽车停车位	—
	6.1.4	自行车停车场所应位置合理、方便出入	—
	6.1.5	建筑设备管理系统应具有自动监控管理功能	—
	6.1.6	建筑应设置信息网络系统	—
出行与 无障碍	6.2.1	★场地与公共交通站点联系便捷	8
	6.2.2	★建筑室内外公共区域满足全龄化设计要求	8
服务设施	6.2.3	★提供便利的公共服务	10
	6.2.4	★★城市绿地、广场及公共运动场地等开敞空间,步行可达	5
	6.2.5	合理设置健身场地和空间	10
智慧运行	6.2.6	★设置分类、分级用能自动远传计量系统,且设置能源管理系统实现对建筑能耗的监测、数据分析和管理	8
	6.2.7	★★设置 PM_{10}、$PM_{2.5}$、CO_2 浓度的空气质量监测系统,且具有存储至少一年的监测数据和实时显示等功能	5
	6.2.8	★设置用水远传计量系统,水质在线监测系统	7
	6.2.9	★具有智能化服务系统	9
物业管理	6.2.10	★★★制定完善的节能、节水、节材、绿化的操作规程、应急预案,实施能源资源管理激励机制,且有效实施	5
	6.2.11	★★★建筑平均日用水量满足现行国家标准《民用建筑节水设计标准》GB 50555 中节水用水定额的要求	5
	6.2.12	★★★定期对建筑运营效果进行评估,并根据结果进行运行优化	12
	6.2.13	★★★建立绿色教育宣传和实践机制,编制绿色设施使用手册,形成良好的绿色氛围,并定期开展使用者满意度调查	8
小结		一星推荐得分:42 二星推荐得分:50 三星推荐得分:76	100

资源节约

子项	条文编号	条文	满分
控制项	7.1.1	应结合场地自然条件和建筑功能需求,对建筑的体形、平面布局、空间尺度、围护结构等进行节能设计,且应符合国家有关节能设计的要求	—
	7.1.2	应采取措施降低部分负荷、部分空间使用下的供暖、空调系统能耗,并应符合下列规定:1 应区分房间的朝向细分供暖、空调区域,并应对系统进行分区控制;2 空调冷源的部分负荷性能系数(IPLV)、电冷源综合制冷性能系数(SCOP)应符合现行国家标准《公共建筑节能设计标准》GB 50189 的规定	—
	7.1.3	应根据建筑空间功能设置分区温度,合理降低室内过渡区空间的温度设定标准	—
	7.1.4	主要功能房间的照明功率密度值不应高于现行国家标准《建筑照明设计标准》GB 50034 规定的现行值;公共区域的照明系统应采用分区、定时、感应等节能控制;采光区域的照明控制应独立于其他区域的照明控制	—
	7.1.5	冷热源、输配系统和照明等各部分能耗应进行独立分项计量	—
	7.1.6	垂直电梯应采取群控、变频调速或能量反馈等节能措施;自动扶梯应采用变频感应启动等节能控制措施	—
	7.1.7	应制定水资源利用方案,统筹利用各种水资源,并应符合下列规定:1 应按使用用途、付费或管理单元,分别设置用水计量装置;2 用水点处水压大于 0.2MPa 的配水支管应设置减压设施,并应满足给水配件最低工作压力的要求;3 用水器具和设备应满足节水产品的要求	—
	7.1.8	不应采用建筑形体和布置严重不规则的建筑结构	—
	7.1.9	建筑造型要素应简约,应无大量装饰性构件,并应符合下列规定:(1)住宅建筑的装饰性构件造价占建筑总造价的比例不应大于 2%;(2)公共建筑的装饰性构件造价占建筑总造价的比例不应大于 1%	—
	7.1.10	选用的建筑材料应符合下列规定:1 500km 以内生产的建筑材料重量占建筑材料总重量的比例应大于 60%;2 现浇混凝土应采用预拌混凝土,建筑砂浆应采用预拌砂浆	—
节地与土地利用	7.2.1	★节约集约利用土地	20
	7.2.2	★合理开发利用地下空间	12
	7.2.3	★采用机械式停车设施、地下停车库或地面停车楼等方式	8
节能与能源利用	7.2.4	★优化建筑围护结构的热工性能	15
	7.2.5	★供暖空调系统的冷、热源机组能效均优于现行国家标准《公共建筑节能设计标准》GB 50189 的规定以及现行有关国家标准能效限定值的要求	10
	7.2.6	★采取有效措施降低供暖空调系统的末端系统及输配系统的能耗	5
	7.2.7	★采用节能型电气设备及节能控制措施	10
	7.2.8	★★★采取措施降低建筑能耗	10
	7.2.9	★★结合当地气候和自然资源条件合理利用可再生能源	10
节水与水资源利用	7.2.10	★★使用较高用水效率等级的卫生器具	15
	7.2.11	★绿化灌溉及空调冷却水系统采用节水设备或技术	12
	7.2.12	★结合雨水综合利用设施营造室外景观水体,室外景观水体利用雨水的补水量大于水体蒸发量的 60%,且采用保障水体水质的生态水处理技术	8
	7.2.13	★使用非传统水源	15

资源节约

子项	条文 编号	条文	满分
节材与 绿色建材	7.2.14	★★★建筑所有区域实施土建工程与装修工程一体化设计及施工	8
	7.2.15	★合理选用建筑结构材料与构件	10
	7.2.16	★★★建筑装修选用工业化内装部品	8
	7.2.17	★★★选用可再循环材料、可再利用材料及利废建材	12
	7.2.18	★★★选用绿色建材	12
小结		一星推荐得分：82 二星推荐得分：95 三星推荐得分：137	200

环境宜居

子项	条文 编号	条文	满分
控制项	8.1.1	建筑规划布局应满足日照标准，且不得降低周边建筑的日照标准	—
	8.1.2	室外热环境应满足国家现行有关标准的要求	—
	8.1.3	配建的绿地应符合所在地城乡规划的要求，应合理选择绿化方式，植物种植应适应当地气候和土壤，且应无毒、易维护，种植区域覆土深度和排水能力应满足植物生长需求，并应采用复层绿化方式	—
	8.1.4	场地的竖向设计应有利于雨水的收集或排放，应有效组织雨水的下渗、滞蓄或再利用；对大于 $10hm^2$ 的场地应进行雨水控制利用专项设计	—
	8.1.5	建筑内外均应设置便于识别和使用的标识系统	—
	8.1.6	场地内不应有排放超标的污染源	—
	8.1.7	生活垃圾应分类收集，垃圾容器和收集点的设置应合理并应与周围景观协调	—
场地生态 景观	8.2.1	充分保护或修复场地生态环境，合理布局建筑及景观	10
	8.2.2	★★规划场地地表和屋面雨水径流，对场地雨水实施外排总量控制	10
	8.2.3	★充分利用场地空间设置绿化用地	16
	8.2.4	★室外吸烟区位置布局合理	9
	8.2.5	★★★利用场地空间设置绿色雨水基础设施	15
室外 物理环境	8.2.6	★场地内的环境噪声优于现行国家标准《声环境质量标准》GB 3096 的要求	10
	8.2.7	★建筑及照明设计避免产生光污染	10
	8.2.8	★场地内风环境有利于室外行走、活动舒适和建筑的自然通风	10
	8.2.9	★采取措施降低热岛强度	10
小结		一星推荐得分：40 二星推荐得分：51 三星推荐得分：74	100

提高与创新

子项	条文编号	条文	满分
一般规定	9.1.1	绿色建筑评价时，应按本章规定对提高与创新项进行评价	—
	9.1.2	提高与创新项得分为加分项得分之和，当得分大于 100 分时，应取为 100 分	—

提高与创新			
子项	条文编号	条文	满分
加分项	9.2.1	采取措施进一步降低建筑供暖空调系统的能耗	30
	9.2.2	采用适宜地区特色的建筑风貌设计,因地制宜传承地域建筑文化	20
	9.2.3	合理选用废弃场地进行建设,或充分利用尚可使用的旧建筑	8
	9.2.4	场地绿容率不低于 3.0	5
	9.2.5	采用符合工业化建造要求的结构体系与建筑构件	10
	9.2.6	★★★应用建筑信息模型(BIM)技术	15
	9.2.7	★★★进行建筑碳排放计算分析,采取措施降低单位建筑面积碳排放强度	12
	9.2.8	按照绿色施工的要求进行施工和管理	20
	9.2.9	采用建设工程质量潜在缺陷保险产品	20
	9.3.0	采取节约资源、保护生态环境、保障安全健康、智慧友好运行、传承历史文化等其他创新,并有明显效益	40
小结	一星推荐得分:0 二星推荐得分:0 三星推荐得分:22		100

12.2　增量成本

12.2.1　单位面积增量成本

我国地域辽阔,各地区经济发展水平差异较大,因此不同地区的增量成本有所不同,本节所列增量成本仅供参考。

单位面积增量成本如表 12.2-1 所示。

单位面积增量成本估算　　　　　　　　　　　　　表 12.2-1

评价等级	单位面积增量成本	
	住宅小区	公共建筑
一星级	10~15 元/m²	20~30 元/m²
二星级	30~35 元/m²	50~70 元/m²
三星级	80~95 元/m²	150~180 元/m²

12.2.2　分项增量成本

分项增量成本估算如表 12.2-2 所示。

分项增量成本估算　　　　　　　　　　　　　表 12.2-2

序号	技术名称	单位增量成本
1	透水铺装	透水砖:150 元/m²; 透水混凝土路面:150~270 元/m²; 植草砖:60 元/m²

序号	技术名称	单位增量成本
2	场地径流控制	浅沟:20～40 元/m;湿地:1000 元/m²; 下凹绿地:20 元/m²;渗透塘:400～600 元/m²
3	围护结构热工性能	围护结构热工性能提升 5%:20 元/m²; 围护结构热工性能提升 10%:40 元/m²; 围护结构热工性能提升 15%:60 元/m²
4	高效空调设备	能效比提高 1 个等级,增量成本提高 10%
5	排风热回收	空气处理增量投资约 3 元/(m³·h)
6	照明功率密度值	5 元/m²(建筑面积)
7	智能照明控制	5 元/m²(建筑面积)
8	节能电梯	1.2 万～1.5 万元/层
9	太阳能热水系统	集中式中央热水系统:1200 元/m²(集热板面积); 分户式承压系统:0.7 万元/户; 集中-分散式中央热水系统:2300 元/m²(集热板面积)
10	太阳能光伏发电	单晶硅系统:17～25 元/W; 多晶硅系统:10～15 元/W; 非晶硅系统:5～8 元/W
11	节水灌溉	单位绿化面积喷灌系统成本投入约 3 元/m²; 单位绿化面积微喷灌系统成本投入约 8 元/m²
12	雨水回用系统	人工湿地处理:约 3800 元/m³ 处理规模; 雨水调节沉淀池:约 5000 元/m³ 处理规模
13	中水回用系统 (不入户冲厕)	污废合流:约为 450 元/户; 污废分流:约为 1100 元/户
14	中水回用系统 (入户冲厕)	污废合流:约为 2050 元/户; 污废分流:约为 2750 元/户
15	光导照明系统	光导管 4000～5000 元/个
16	可调节外遮阳	中空内置百叶遮阳:500 元/m²; 卷帘外遮阳:手动 460 元/m²,电动 750 元/m²; 铝合金百叶外遮阳:1500～2000 元/m²
17	空气质量监测系统	监控点:2000 元/个
18	地下车库 一氧化碳监测	监控点:1500 元/个
19	能耗监测系统	5 万～10 万元

第13章 绿色建筑案例

13.1 西安高新区某学校

　　该项目为公共建筑,总占地面积120048.00m²,总建筑面积200237.45m²。地上建筑面积166834.63m²,地下建筑面积33402.82m²,建筑容积率1.364,建筑密度28.52%,绿地率36.15%。共有机动车停车位663个(含无障碍车位7个,新能源车位66个),其中地上38个,地下625个,非机动车位1495个。本项目主要包括:1号、2号、4号、7号、8号、10号教学楼,3号报告厅,5号实验楼,6号行政楼,9号科技艺术楼,11号剧场,12号教师公寓,13号餐厅及学生公寓,14号学生公寓,15号风雨操场,以及地下车库(见图13.1-1)。该项目按《绿色建筑评价标准》GB/T 50378—2019设计,获得预评价阶段二星级。

图 13.1-1　项目效果图

1. 安全耐久

（1）安全

1）场地选择：勘察表明，场地内无地裂缝等不良地质作用，适宜建设。场地避开了滑坡、泥石流等地质危险地段；场地无危险化学品、易燃易爆危险源的威胁，无电磁辐射、含氡土壤的危害。

2）外部设施：该项目外部设施主要为太阳能集热器、空气源热泵机组、空调室外机和钢雨棚，太阳能集热器、空气源热泵机组、空调室外机安装在屋面混凝土基础上，具备检修通道（见图13.1-2）；钢雨棚在混凝土施工时设置预埋件，且均位于建筑一层外门上方，具备安装、检修与维护条件。

3）内部设施：建筑内部的非结构件、设备及附属设施等连接牢固并能适应主体结构变形，机电安装采用抗振支吊架（见图13.1-3）。

图13.1-2　空调室外机　　　　　　　　　图13.1-3　抗振支吊架

4）保障人员安全的防护措施：采取措施提高阳台、外窗、窗台、防护栏杆等安全防护水平（见图13.1-4）；建筑物出入口均设外墙饰面、门窗玻璃意外脱落的防护措施，并与人员通行区域的遮阳、遮风或挡雨措施结合；利用场地或景观形成可降低坠物风险的缓冲区、隔离带（见图13.1-5）。

图13.1-4　过道防护栏杆　　　　　　　　　图13.1-5　绿化缓冲带

5）室内外地面或路面设置防滑措施：一般房间地砖地面采用6～10mm厚防滑地砖，包括音体室、多功能室、楼梯间等；有水房间地砖地面采用8～10mm厚防滑地砖，包括卫生间、更衣室、厨房区等（见图13.1-6）；入口处残疾人坡道采用花岗石面层坡道，并采用防滑条；汽车坡道采用金刚砂耐磨地坪面层，并采用防滑条；上人屋面铺设防滑地砖面层；楼梯踏步采用防滑条（见图 13.1-7）。

图 13.1-6 卫生间防滑地砖　　　　　　　　　　图 13.1-7 楼梯防滑踏步

6）人行主入口设置于北侧滨河南路上，学生可由此或西侧园区路的次入口进入校园。地下车库入口设两处，位于场地南侧及东侧（见图 13.1-8）。车行道路与人行道路不存在部分重合或交叉现象，二者分开设置，实现了人车分流（见图 13.1-9）。

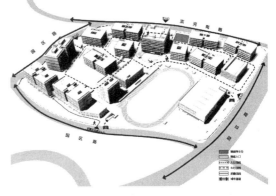

图 13.1-8 出入口人车分流　　　　　　　　　　图 13.1-9 小区内人车流线图

（2）耐久

1）建筑外门窗：本项目建筑外门窗安装牢固，其抗风压性能和水密性能均符合国家现行有关标准的规定（见图 13.1-10）。

图 13.1-10 外立面窗户

2）提升建筑部品部件耐久性的措施：活动配件选用长寿命产品，并考虑部品组合的同寿命性；不同使用寿命的部品组合时，采用便于分别拆换、更新和升级的构造。

3）采用耐久性好的防水和密封材料：防水和密封材料的耐久性符合现行国家标准《绿色产品评价 防水与密封材料》GB/T 35609 规定，其中，防水卷材耐久性能：拉伸性能保持率≥80%，低温弯折无裂纹；密封材料耐久性能：拉压循环无破坏（见图 13.1-11）。

4）采用耐久性好、易维护的室内装饰装修材料：墙面采用白色无机涂料，耐洗刷性≥5000（见图 13.1-12）；卫生间及厨房地板采用防滑地砖，其中，有釉砖耐磨性不低于 4 级，无釉砖耐磨坑体积不大于 $127mm^3$；活动室采用复合木地板，耐磨、减振、抗滑。

图 13.1-11 耐久性洁具

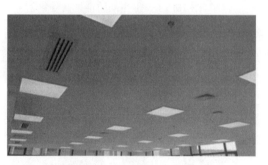

图 13.1-12 顶棚白色无机涂料

2. 健康舒适

（1）室内空气品质

1）控制室内主要空气污染物的浓度：项目设置新风系统，氨、甲醛、苯、总挥发性有机物、氡等污染物浓度低于现行国家标准《室内空气质量标准》GB/T 18883 规定限值的 20%；室内 PM2.5 年均浓度不高于 $25\mu g/m^3$，且室内 PM10 年均浓度不高于 $50\mu g/m^3$（见图 13.1-13～图 13.1-16 和表 13.1-1）。

图 13.1-13 教室装修图

图 13.1-14 报告厅装修图

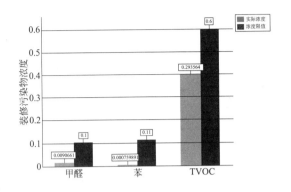

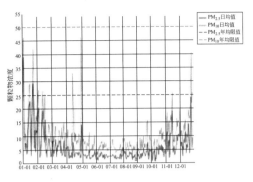

图 13.1-15　装修污染物浓度达标柱状图　　　　图 13.1-16　颗粒物浓度逐时达标图

主要功能房间颗粒物浓度模拟计算结果统计表　　　表 13.1-1

房间编号	房间类型	房间面积（m²）	污染物浓度			满足控制项限值	低于限值10%	低于限值20%
			甲醛（mg/m³）	苯（mg/m³）	TVOC（mg/m³）			
1	教室	101.25	0.0070	0.00053	0.23	满足	满足	满足
2	办公室	26.73	0.0085	0.00071	0.27	满足	满足	满足
3	会议室	71.60	0.0079	0.00066	0.25	满足	满足	满足
4	报告厅	837.30	0.0060	0.00053	0.19	满足	满足	满足
5	实验室	113.76	0.0076	0.00066	0.24	满足	满足	满足
6	多媒体教室	87.10	0.011	0.00091	0.36	满足	满足	满足
7	美术教室	113.71	0.0076	0.00066	0.25	满足	满足	满足
8	音乐教室	110.51	0.0071	0.00063	0.23	满足	满足	满足

2）装饰装修材料满足国家现行绿色产品评价标准中对有害物质限量的要求，如表 13.1-2 所示。

装饰装修材料满足标准对应表　　　表 13.1-2

序号	装饰装修材料名称	满足标准
1	涂料	《绿色产品评价 涂料》GB/T 35602-2017
2	木质地板	《绿色产品评价 人造板和木质地板》GB/T 35601-2017
3	陶瓷砖	《绿色产品评价 陶瓷砖(板)》GB/T 35610-2017
4	防水与密封材料	《绿色产品评价 防水与密封材料》GB/T 35609-2017
5	陶瓷砖	《绿色产品评价 陶瓷砖(板)》GB/T 35610-2017

3）采取措施避免厨房、餐厅、打印复印室、卫生间、地下车库等区域的空气和污染

物串通到其他空间；防止厨房、卫生间的排气倒灌：厨房通风系统按全面排风（含事故排风）、局部排风（油烟罩）及补风系统设计，选用油烟净化设施满足油烟排放浓度不超过 $2.0\mathrm{mg/m^3}$ 的标准，净化设备最低去除率不低于现行国家标准《饮食业油烟排放标准》GB 18483 的规定（见图 13.1-17）。卫生间设置机械排风系统，通过土建竖井排至大气。地下车库设有与排烟系统相结合的排风系统，并设置机械补风系统（平时送风利用车道自然补风）（见图 13.1-18）。汽车库设排风和排烟共用管道的系统，按单个防烟分区面积不大于 $2000\mathrm{m^2}$ 划分。一台排风机负担一个防烟分区，平时排风机低速挡运行，与 CO 探测联动。

图 13.1-17　厨房屋面油烟净化设施

图 13.1-18　地下车库排风系统

（2）给水排水系统

1）水质：该项目生活用水采用市政自来水，水质满足现行国家标准《生活饮用水卫生标准》GB 5749 要求；供暖水系统采用软化水，水质符合现行国家标准《采暖空调系统水质》GB/T 29044 的规定。

2）储水设施采取措施满足卫生要求：储水设施设置溢流管、通气管道和人孔上设置十八目不锈钢网，人孔加锁具，防止虫鼠进入；生活调节水箱上设置有水箱自动消毒设施（见图 13.1-19）。

3）给水排水管道、设备、设施设置明确、清晰的永久性标识：市政给水管为绿色，加压给水管为绿色加一道白环，消火栓管道为红色，自喷管道为管道本色加橙环，压力废水管道为黑色加白环（见图 13.1-20）。

（3）声环境

1）室内声环境：项目室内噪声源主要为设备机房；传播途径主要为固体振动传声以及空气传声；采取的主要措施：通过合理的平面及空间布局，将设备间均设置于地下室内，且设备均设置减振隔声措施进行降噪处理，有效减少了设备的噪声

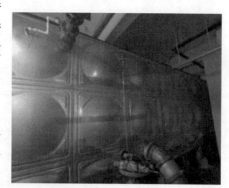

图 13.1-19　生活水箱

对上部主要功能房间的噪声干扰。主要功能房间的室内声环境噪声级达到现行国家标准《民用建筑隔声设计规范》GB 50118 中的高要求标准限值（见表 13.1-3）。

图 13.1-20　给水排水管道标识

主要功能房间室内噪声　　　　　　　　表 13.1-3

序号	房间	时段	室内背景噪声	低限限值	平均限值	高限限值	达标情况
1	教室	昼间	31.60	≤45	≤42.50	≤40	达到高限要求
		夜间	21.50	≤45	≤42.50	≤40	达到高限要求
2	办公室	昼间	31.80	≤40	≤37.50	≤35	达到高限要求
		夜间	22.50	≤40	≤37.50	≤35	达到高限要求
3	会议室	昼间	33.90	≤45	≤42.50	≤40	达到高限要求
		夜间	28.50	≤45	≤42.50	≤40	达到高限要求
4	餐厅	昼间	33.70	≤45	≤42.50	≤40	达到高限要求
		夜间	30.40	≤45	≤42.50	≤40	达到高限要求
5	宿舍	昼间	33.70	≤45	≤42.50	≤40	达到高限要求
		夜间	28.70	≤40	≤35.00	≤30	达到高限要求

　　2）围护结构隔声性能：该项目主要功能房间外墙采用 200mm 厚加气混凝土砌块＋100mm 厚岩棉板，外窗采用 6＋12 空气＋6Low-E 断桥铝合金中空玻璃，隔墙采用 200mm 厚加气混凝土墙板，楼板采用 120mm 厚钢筋混凝土＋20mm 厚 EPS 保温板，其隔声性能如表 13.1-4 所示。主要功能房间采用地板辐射供暖，楼板设置保温层，可有效降低楼板的撞击声压级（见表 13.1-5）。

围护结构的空气声隔声性能　　　　　　　表 13.1-4

主要功能房间名称/构件名称	空气声隔声量(dB)	单值评价量＋频谱修正量(dB)		
		低限要求	平均值	高限要求
外墙	48	45	47.5	50
窗	29	25	27.5	30
隔墙	48	45	47.5	50
楼板	48	45	47.5	50
门	29	20	22.5	25

楼板的撞击声隔声性能   表 13.1-5

主要功能房间 楼板部位	撞击声压级(dB)	单值评价量(dB)		
		低限要求	平均值	高限要求
普通楼板	56	75	70	65

（4）室内光环境

室内主要功能空间至少 60％的面积的采光照度值不低于采光要求的小时数（平均不少于 4h/d），如表 13.1-6、图 13.1-21 和图 13.1-22 所示。

教学楼主要功能房间采光照度达标面积   表 13.1-6

楼层	房间面积(m²)	采光计算面积(m²)	达标面积(m²)	达标面积比例(％)
一层	2577.44	2533.79	2229.39	88.0
二层	3221.98	3158.57	3067.66	97.1
三层	2898.55	2833.91	2531.65	89.3
四层	2854.92	2785.99	2492.28	89.5
五层	3071.03	3003.79	2607.89	86.8
汇总	14623.92	14316.06	12928.88	90.3

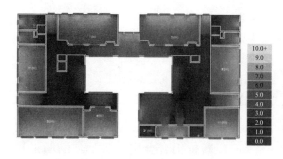

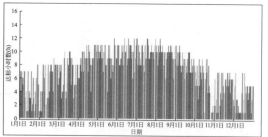

图 13.1-21　室内照度达标小时数分布图　　　　图 13.1-22　室内照度逐日达标小时数图

（5）室内风环境

采用 CFD 方法模拟该项目的室内自然通风效果，由模拟结果可知，过渡季典型工况下主要功能房间平均自然通风换气次数不小于 $2h^{-1}$ 的面积比例达到 70％，如表 13.1-7、图 13.1-23 和图 13.1-24 所示。

教学楼主要功能房间自然通风换气次数达标面积比例   表 13.1-7

楼层	主要功能房间面积(m²)	换气次数≥2h⁻¹ 的房间面积(m²)	达标面积比例(％)
1层	758.73	758.73	100
2～4层	832.03	832.03	100
5层	616.65	616.65	100
汇总	3871.47	3871.47	100

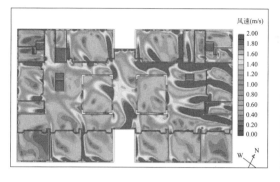

图 13.1-23 室内 1.2m 高度平面风速云图

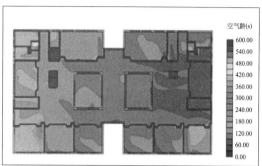

图 13.1-24 室内 1.2m 高度平面空气龄云图

（6）室内空气质量监测系统

地下车库设置空气质量监测系统，共布置 CO 探测点 47 个。CO 探测点与地下车库排风机联动控制。

（7）室内热湿环境

室内气流组织合理，无气流短路、无局部涡流、人员区域风速和温度满足《民用建筑供暖通风与空气调节设计规范》GB 50736—2012 要求。达到《民用建筑室内热湿环境评价标准》GB/T 50785—2012 规定的人工冷热源热湿环境整体评价 II 级的面积比例达到 80% 以上，如表 13.1-8 所示。

主要功能房间室内热环境参数达到整体评价 II 级的面积比例统计表　　表 13.1-8

1号、2号、4号、5号、7号、9号、10号教学楼			
主要功能房间	房间面积（m²）	室内热环境参数达到整体评价 II 级的面积（m²）	比例（%）
普通教室	1681.20	1681.20	100
功能教室	878.48	818.40	93.20
合计	2559.68	2499.60	97.65
3号、11号报告厅			
主要功能房间	房间面积（m²）	室内热环境参数达到整体评价 II 级的面积（m²）	比例（%）
报告厅	879.63	879.63	100
合计	879.63	879.63	100
6号行政楼			
主要功能房间	房间面积（m²）	室内热环境参数达到整体评价 II 级的面积（m²）	比例（%）
普通办公室 1	36.54	1534.68	100
普通办公室 2	71.34	998.76	100
普通办公室 3	113.10	565.50	100
阅览室	825.00	1650.00	100
合计	1045.98	4748.94	100

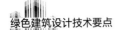

续表

8 号教学楼

主要功能房间	房间面积(m²)	室内热环境参数达到整体评价Ⅱ级的面积(m²)	比例(%)
普通教室	1698	1698	100
合计	1698	1698	100

12 号教室公寓

主要功能房间	房间面积(m²)	室内热环境参数达到整体评价Ⅱ级的面积(m²)	比例(%)
诊室	63.73	63.73	100
办公室	41.01	41.01	100
宿舍	3100.53	3100.53	100
总计	3205.27	3205.27	100

13 号学生公寓

主要功能房间	房间面积(m²)	室内热环境参数达到整体评价Ⅱ级的面积(m²)	比例(%)
餐厅	5836.11	5836.11	100
办公室	74.76	74.76	100
客房	8290.08	8290.08	100
总计	18639.99	18262.71	97.93

14 号学生公寓

主要功能房间	房间面积(m²)	室内热环境参数达到整体评价Ⅱ级的面积(m²)	比例(%)
普通办公	33.14	33.14	100
客房	8290.08	8290.08	100
总计	8323.22	8323.22	100

15 号风雨操场

主要功能房间	房间面积(m²)	室内热环境参数达到整体评价Ⅱ级的面积(m²)	比例(%)
保龄球室	361.39	361.39	100
体育馆场地	15040.47	15040.47	100
休息厅	161.17	0	0
治疗室	59.24	0	0
健身房	1295.01	1295.01	100
总计	17137.69	16917.28	98.7

3. 生活便利

（1）出行与无障碍

1）场地与公共交通站点联系便捷：场地出入口到达公共交通站点的步行距离不超过 500m；场地出入口步行距离 800m 范围内设有不少于 2 条线路的公共交通站点，如

图 13.1-25 和表 13.1-9 所示。

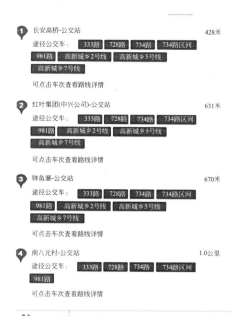

图 13.1-25 公共汽车站分布图

公共汽车站统计表 表 13.1-9

公交站名称	场地出入口步行至公交站的距离(m)	公交汽车线路名称	已建/规划
长安高桥	428	333 路、728 路、734 路、981 路、高新城乡 2 号线、高新城乡 5 号线、高新城乡 7 号线	已建
红叶集团(中兴公司)	631		已建
钵鱼寨	670		已建

2）建筑室内外公共区域满足全龄化设计要求：该项目依据《无障碍设计规范》GB 50763—2012，在以下部位考虑无障碍设施：建筑出入口平台、公共走道、无障碍电梯、无障碍楼梯、无障碍厕所、无障碍机动停车位以及轮椅席位（见图 13.1-26～图 13.1-28）。

图 13.1-26 无障碍坡道

图 13.1-27 无障碍车位

图 13.1-28 无障碍卫生间

（2）服务设施

1）该项目的电动汽车充电桩的车位数为 66 个，其中地上 6 个，地下 60 个，总机动车位数为 663 个，除去大巴车停车位 3 个，剩余电动汽车充电桩的车位数占总机动车位数等于 10%（见图 13.1-29）。非机动车位有 1495 个，均位于地上，分布在场地的北侧、西侧和南侧（见图 13.1-30）。

2）项目周边 300m 内有洨河生态公园，学校自带运动场地（见图 13.1-31）。

图 13.1-29　地下停车位　　　图 13.1-30　自行车停放处　　　图 13.1-31　操场

（3）智慧运行

1）能耗监测系统：设置分类、分级用能的能源管理系统，实现对建筑能耗的监测、数据分析和管理，对电、水、气、热以及其他能源消耗量进行监测，系统具有长期连续稳定运行的能力，具有与其他系统链接的接口，数据保存时间不少于 3 年（见图 13.1-32）。

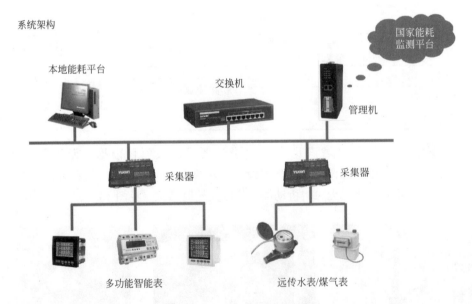

图 13.1-32　能耗监测系统图

2）智能照明：项目设智能照明控制系统集中控制照明，设智能照明控制开关；合理设计灯光控制方式，走廊、门厅、大堂、大空间、地下停车场等公共区域采取分区、定时、感应等节能控制措施，采用智能照明 i-BUS 系统，采光区域的照明控制独立于其他区域的照明控制；采光区域的人工照明随天然采光照度变化自动调节（见图 13.1-33）。

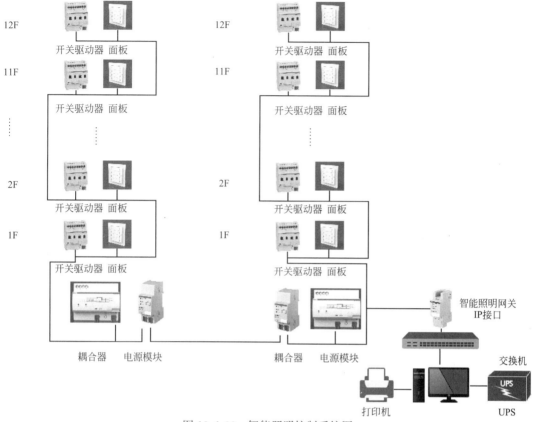

图 13.1-33 智能照明控制系统图

3）智能服务系统：项目设置信息设施系统、安全技术防范系统和专业业务系统等（见图 13.1-34），其中，信息设施系统包括：通信接入系统、综合布线系统、用户电话交换系统、信息网络系统、公共广播系统；安全技术防范系统包括：视频安防监控系统、出入口控制系统、电梯五方对讲系统、无障碍卫生间紧急报警系统；专业业务系统包括：多媒体教学系统、录播室专业工程等。

图 13.1-34 远程监控图

4. 资源节约

（1）节地与土地利用

1）容积率 1.364，集约利用土地（见图 13.1-35）；

2）地上总建筑面积 166834.63m²，地下总建筑面积 33402.82m²。地下空间主要作为地下停车库、设备机房，对地下空间进行了合理开发利用；

3）地面停车占地面积 639.32 m²，地面停车占地面积与其总建设用地面积的比例为 0.53%（见图 13.1-36）。

图 13.1-35　室外景观图

图 13.1-36　地面停车位

（2）节能与能源利用

1）建筑围护结构的热工性能提高幅度达到 10% 以上（见表 13.1-10 和表 13.1-11）。

办公楼、教学楼、实验楼、风雨操场围护结构保温做法及提高比例　表 13.1-10

部位	保温做法	传热系数 [W/(m²·K)]	标准限值 [W/(m²·K)]	提高比例 (%)
屋面	80mm 厚挤塑聚苯板	0.39	0.45	13.33
外墙	80mm 厚热固复合聚苯乙烯保温板	0.44	0.50	12.00
架空楼板	85mm 厚超细无机纤维保温层	0.40	0.50	20.00
地下室顶板	20mm 厚挤塑板＋10mm 厚超细无机纤维保温层	0.825	1.00	17.50
外窗	断桥铝合金 Low-E 6＋12Ar＋6	1.9	2.20	13.64

宿舍楼围护结构保温做法及提高比例　表 13.1-11

部位	保温做法	传热系数 [W/(m²·K)]	标准限值 [W/(m²·K)]	提高比例 (%)
屋面	125mm 厚挤塑聚苯板	0.26	0.30	13.33
外墙	95mm 厚热固复合聚苯乙烯保温板	0.39	0.45	13.33
架空楼板	85mm 厚超细无机纤维保温层	0.40	0.45	11.11
地下室顶板	20mm 厚挤塑板＋10mm 厚超细无机纤维保温层	0.825	1.00	17.50
外窗	断桥铝合金 Low-E 6＋12Ar＋6	1.9	2.20	13.64

2）高效空调机组：供暖空调系统的冷、热源机组能效均优于现行国家标准《公共建筑节能设计标准》GB 50189 的规定以及现行有关国家标准能效限定值的要求，多联机的制冷综合性能系数 IPLV 提高 16% 以上（见图 13.1-37）。

图 13.1-37 高效空调机组

3）采取有效措施降低供暖空调系统的末端系统及输配系统能耗：通风空调系统风机的单位风量耗功率比现行国家标准《公共建筑节能设计标准》GB 50189 的规定低 20%（见表 13.1-12）。

风机单位风量耗功率   表 13.1-12

编号	型号	风量（m³/h）	风压（Pa）	单位风量耗功率 [W/(m³·h)]	W_s 限值 [W/(m³·h)]	降低比例
1	HTFC-II-NO40	32800	345	0.160	0.27	41%
2	HTFC-I-NO18	16470	385	0.179	0.27	34%
3	HTFC-II-NO28	18000	316	0.147	0.27	46%
4	JSF-GH-IINO800	13900	340	0.158	0.27	42%
5	HTFC-I-NO25	23453	387	0.180	0.27	33%
6	JSF-GH-II-NO750	10027	446	0.207	0.27	23%

4）太阳能＋空气源热泵热水系统：利用太阳能热水、空气源热泵热水为 12 号教师公寓、13 号学生公寓、14 号学生公寓、15 号风雨操场提供生活热水，太阳能热水系统主要包括太阳能集热器、空气源热泵、太阳能热水箱和系统控制装置等。热水系统用于满足 12 号教师公寓、13 号学生公寓、14 号学生公寓、15 号风雨操场淋浴用，年总用水量 56753.85m³，太阳能热水量 25365.18m³，其余热水量由空气源热泵提供，可再生能源提供生活热水比例为 87.25%（见图 13.1-38）。

图 13.1-38 屋面太阳能集热器

5) 在满足眩光限值和配光要求的条件下，选用发光效率高、显色性好、使用寿命长、色温适宜并符合环保要求的光源。教学楼的一般场所采用 LED 灯或其他节能型灯具，功率因数大于 0.9，办公室、教室内灯具选用 LED 护眼灯。宿舍楼一般场所采用三基色节能型 T5 荧光灯（配用电子镇流器）、金属卤化物灯、LED 灯或其他节能型灯具，功率因数大于 0.9，大空间场所和室外空间采用金属卤化物灯、LED 灯（见图 13.1-39）。主要功能房间的照明功率密度值达到现行国家标准《建筑照明设计标准》GB 50034 规定的目标值。以 1 号教学楼为例，节能计算如表 13.1-13 所示。

主要功能房间照明节能计算表　　　　　　　　　　表 13.1-13

1 号教学楼				
主要功能房间		设计照度值(lx)		照明功率密度(W/m²)	
		实际值	标准值	实际值	目标值
房间类型	走道	95.90	100	2.21	3.50
	普通教室	322.06	300	7.23	8.00
	会议室	302.50	300	6.79	8.00
	办公室	302.50	300	6.79	8.00
	计算机教室	511.43	500	11.47	13.50
	教具室	104.17	100	2.34	3.50
	管理间	293.55	300	5.65	8.00
	卫生间	148.15	150	3.39	5.00
	门厅	109.27	100	2.50	3.50
	阶梯教室	324.61	300	7.28	8.00
	功能教室	322.06	300	7.23	8.00

图 13.1-39　现场室内灯具

（3）节水与水资源利用

1) 节水器具：全部卫生器具的用水效率等级达到 2 级（见表 13.1-14）。

节水器具统计表 表 13.1-14

用水器具名称	节水器具参数及特点	用水效率等级
洗脸盆	流量 0.125L/s	2 级
大便器	低水箱冲洗时坐便器,容积不大于 5L,0.10L/s	2 级
小便器	光电感应自闭冲洗阀,0.10L/s	2 级
蹲便器	脚踏开关自闭式冲洗阀,1.2L/s	2 级

2) 合理利用雨水回用进行绿化灌溉、道路浇洒及车库冲洗,非传统水源利用率达到 83.42%(见图 13.1-40、表 13.1-15)。

图 13.1-40 地埋式雨水回收系统

建筑总用水量及水量平衡统计表 表 13.1-15

序号	用水单位名称	用水量(t/a)
1	生活用水量	15660.00
2	绿化浇灌用水量	21700.60
3	道路浇洒用水量	1017.84
4	地下车库冲洗	5818.36
5	洗车用水	477.36
7	收集雨水量	24205.52
8	建筑用水量合计	44674.16
9	平均日用水量	122.39
10	收集非传统水量合计	24205.52
11	绿化灌溉、车库及道路冲洗、洗车用水总量	29014.16
12	绿化灌溉、车库及道路冲洗、洗车用水采用非传统水源的用水量占其总用水量的比例	83.42%

(4) 节材与绿色建材

1) 全装修:建筑所有区域实施土建工程与装修工程一体化设计及施工,如图 13.1-41 所示。

图 13.1-41　室内装修

2）大量采用高性能钢材，400MPa 级及以上受力普通钢筋用量的比例为 97.09%，如表 13.1-16 所示。

混凝土结构高强度钢筋汇总表　　　　　　　　　　表 13.1-16

合计高强度钢筋	t	16629.83
合计钢筋	t	17128.89
高强度钢筋比例		97.09%

3）现场所有混凝土均选用商品混凝土，所有砂浆均选用预拌砂浆。

4）建筑装修选用工业化内装部品占同类部品用量比例达到 50% 以上的部品种类为 1 种，采用的工业化内装部品为装配式轻质隔墙。

5）可再利用材料和可再循环材料使用重量占所有建筑材料总重量的比例为 5.32%（见表 13.1-17）。

可再利用材料和可再循环材料汇总表　　　　　　　表 13.1-17

项目	可循环材料重量（t）	材料总重量（t）	可循环材料比例（%）
合计	18600.85	349356.78	5.32

5. 环境宜居

（1）场地生态景观

1）项目雨水目标年径流总量控制率为 44.00%，如表 13.1-18 所示。

场地年径流总量计算表　　　　　　　　　　　　　表 13.1-18

雨水利用措施	控制的雨水量（m³）	场地年雨水控制总量（m³）
雨水回用（蓄积）	250（蓄水池容积）	29225.93
场地年降雨量（m³）	66422.56	
场地年径流总量控制率（%）	44.0%	

2）绿地：合理搭配乔木、灌木和草坪，灌木填补林下空间，地面栽种草坪，并采用植物拼种的种植方式，在垂直面上形成乔、灌、草空间互补和重叠的效果。绿地面积 43401.20 m²，绿地率 36.15%（见图 13.1-42、图 13.1-43）。

图 13.1-42 足球场　　　　　　　　　图 13.1-43 跑道

3）场地禁烟。

4）标识系统：建筑内外均设置便于识别和使用的标识系统，如图 13.1-44 所示。

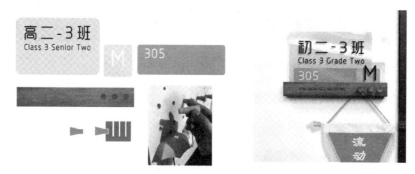

图 13.1-44 标识导视系统

5）垃圾分类：项目采用分类垃圾箱，分类收集后由环卫部门统一清运（见图 13.1-45）。

图 13.1-45 垃圾分类收集箱

（2）室外物理环境

1）夜景照明：建筑立面亮度在 $10cd/m^2$ 以下，满足现行行业标准《城市夜景照明设计规范》JGJ/T 163-2008 第 7.0.2 条第 6 款 E4 环境区域建筑立面的平均亮度最大允许值 $25cd/m^2$ 的要求（见图 13.1-46）。

图 13.1-46　室外夜景照明图

2）室外热环境：室外热环境应满足国家现行有关标准的要求，校区夏季逐时湿球黑球温度最大值 30.04℃，校区夏季平均热岛强度 1.41℃（见图 13.1-47、图 13.1-48）。

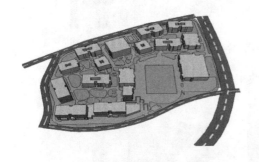

图 13.1-47　室外热环境效果图　　　　　　　图 13.1-48　室外热环境平面图

3）室外风环境：项目所在区域附近通风良好，用地范围内建筑周边人行区域风速最大风速约 2.8m/s，室外活动区的最大风速约 1.8m/s，建筑周边人行区域最大风速放大系数为 1.3（见图 13.1-49～图 13.1-51）；室内外压差高于 0.5Pa 的可开启外窗比例约为 85.61%。场地无漩涡和无风区（见图 13.1-52、图 13.1-53）。

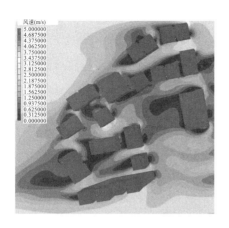

图 13.1-49 人行区 1.5m
高平面风速云图

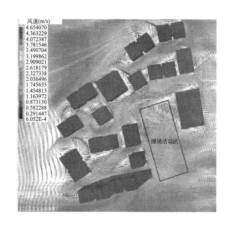

图 13.1-50 风速云图风速
矢量图

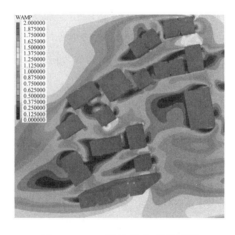

图 13.1-51 风速放大系数云图

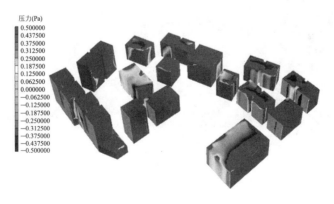

图 13.1-52 迎风面压差图

221

图 13.1-53　背风面压差图

13.2　渭南某展馆项目

渭南某展馆项目是其核心区的一个主要展示建筑项目位于渭南市经济技术开发区，建渭大道以北，建园路以南，振兴路以西，丽园路以东。项目用地面积221400m²，总建筑面积271549m²，地上建筑面积202316m²，地下建筑面积69233m²。绿地率38%，容积率0.91。机动车停车位1015辆，其中地上100辆，地下915辆；非机动车停车位4046辆，地上810辆，地下3236辆。展馆分主馆和副馆，总建筑面积16000m²，其中主馆9000m²，地上3层、副馆7000m²，地上3层。该展馆按《绿色建筑评价标准》GB/T 50378—2014设计，获得设计阶段三星级（见图13.2-1）。

图 13.2-1　渭南某展馆及其核心区效果图

1. 节地与室外环境

（1）场地选择

1）该项目位于陕西省渭南市经济技术开发区，地处新丝绸之路经济带的起点和枢纽位置。项目总规划范围约 2.8km²，东起永兴大道，西至丽园路，南至建渭大道，北至鸿渭大道；其核心区位于中国醇素城西南角。场地内不存在水系、湿地、农田和森林等资源。场地内及周边未发现有影响场地稳定性的不良地质作用，适宜建设。场地内无洪涝、滑坡、泥石流等自然灾害的威胁，无危险化学品、易燃易爆危险源的威胁，无电磁辐射、含氡土壤等危害。

2）场地交通

该项目用地正门口建渭大道上有一个公交站点（协力动力），建渭大道与振兴路十字口有一个公交站点（三环管业），建渭大道向西有一个公交站点（大吉村），如表 13.2-1 所示。

公共汽车站统计表   表 13.2-1

公交站名称	场地出入口步行至公交站的距离(m)	公交汽车线路名称	已建/规划
协力动力	100	316 路	已建
三环管业	330	316 路	已建
大吉村	700	316 路	已建

（2）室外环境

1）玻璃幕墙光污染：项目幕墙采用断桥铝合金 Low-E 中空玻璃，其可见光反射比小于 0.2，且经过模拟计算，幕墙对太阳光的反射主要集中在单体建筑周边及场地红线范围内，不会对周边道路造成影响（见图 13.2-2）。

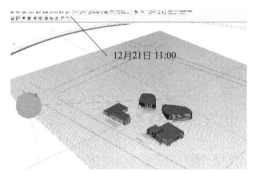
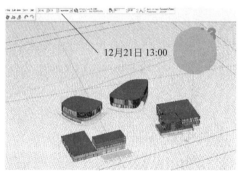

图 13.2-2 幕墙反射分析图

2）室外夜景照明光污染：该项目室外照明选用了照度较低的草坪灯、路灯。通过室外夜景照明光污染状况模拟分析可知，建筑立面亮度基本在 2.5 cd/m² 以下，不存在眩光污染，满足《城市夜景照明设计规范》JGJ/T 163-2008 的要求（见图 13.2-3）。

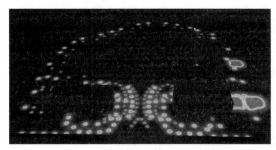
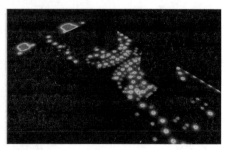

图 13.2-3 夜景照明模拟图

3）室外风环境：冬季、夏季和过渡季节工况下，项目所在区域附近通风良好，建筑物周围人行区距地面 1.5m 高度处最大风速约为 2.5m/s（见图 13.2-4），风速放大系数值在 0～1.875 之间，人行区域未出现漩涡和无风区，室外建筑布局有利于自然通风，在一定程度上能减弱建筑整体的冷热负荷。

（3）场地雨水基础设施

1）人工湖：场地内人工湖水面面积 20736m²，屋面雨水及道路雨水在进入收集系统前可通过地面坡向合理引导其进入地面生态设施进行调蓄、下渗和利用，保证了雨水在调蓄的入渗过程中有良好的衔接关系。收集径流雨水统一进入雨水回用设施进行过滤、消毒杀菌及排污后回用。

2）雨水蓄积池：场地在西南侧设置了一个 621m³ 的雨水蓄积池，在南侧地下室设置了一个 135m³ 的雨水蓄积池，与人工湖共同调蓄场地内的雨水，将场地的雨水年

图 13.2-4　人行区 1.5m 高平面风速云图

径流量控制在 84.79%，有效降低城市雨水管网的压力，且节约了市政水资源的消耗。

（4）场地绿化

项目绿化设计符合当地的气候条件，栽植多种类型的植物，乔木，灌木相结合，为使用者营造出舒适的办公环境（见图 13.2-5）。

图 13.2-5　景观水体及绿化图

2. 节能与能源利用

（1）建筑围护结构节能

屋面、外墙、架空楼板均采用高性能保温材料，幕墙采用三玻两腔，围护结构热工性能较《公共建筑节能设计标准》GB 50189—2015 提高 20％以上，极大地降低了建筑能耗（见表 13.2-2 和图 13.2-6～图 13.2-8）。

围护结构做法及热工性能指标对比表　　　　　　　　　　　表 13.2-2

围护结构部位		保温做法	传热系数[W/(m²·K)]		
			设计建筑	参照建筑	提升比例
屋面		岩棉板(150mm)+钢筋混凝土(100mm)	0.28	0.45	37.78％
外墙		岩棉板(120mm)+轻质实心复合条形墙板(150mm)	0.36	0.50	28％
架空楼板		国产絮状纤维喷涂(90mm)+钢筋混凝土(100mm)	0.38	0.50	24％
外窗（包括透明幕墙）	东向	断桥铝合金 Low-E 中空玻璃(5Low-E+12A+5+12A+5)	1.70	3.00	43.33％
	南向		1.70	2.70	37.04％
	西向		1.70	2.20	22.73％
	北向		1.70	2.40	29.17％
外窗（包括透明幕墙）SHGC 值	东向		0.32	—	—
	南向		0.32	0.52	38.46％
	西向		0.32	0.43	25.58％
	北向		0.32	—	—

图 13.2-6　岩棉保温板　　　　图 13.2-7　三玻两腔外窗　　　　图 13.2-8　无机纤维喷涂

（2）空调系统节能

1）高效冷热源：冷源采用两台制冷量为 2461kW 的磁悬浮变频离心式冷水机组，提供 6℃/13℃的冷水。冷却水进/出水温度为 32℃/37℃，冷水机组 COP 为 6.5，较标准要求提升 20.5％。热源引自市政热网的高压蒸汽管道。

2）排风能量热回收：项目大空间展厅、放映厅空调采用组合式热回收空气处理机组，热回收效率均大于60％（见图13.2-9）。机组落地安装于空调机房内。冬季，当排风温度高于新风温度时，开启送、排风主管上的电动风阀，同时关闭旁通管上的电动风阀；夏季，当排风温度低于新风温度时，开启送、排风主管上的电动风阀，同时关闭旁通管上的电动风阀；过渡季（当需要室外的新风直接进入室内时），关闭送、排风主管上的电动风阀，开启旁通管上的电动风阀。

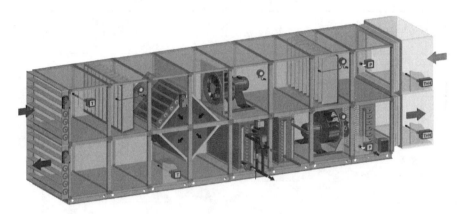

图 13.2-9 排风热回收机组

（3）电气节能

1）能耗监测系统：建筑能耗监测包括水能耗监测、电能耗监测、天然气能耗监测、供热供冷能耗监测等，完成数据采集、统计分析、远程管理及集中监控等功能（见图13.2-10）。其中电能耗监测又划分为照明插座用电、空调用电、动力用电、特殊用电等。暖通系统设置冷热量表，分别设置在中央空调总共冷管路和换热站二次热水总供回管路处。水系统分别对生活总供水、冷却塔总供水等进行监测。

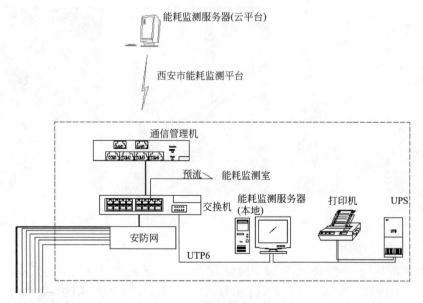

图 13.2-10 能耗监测系统图

2）高效绿色照明及节能控制：项目光源采用 LED 灯或 T5 荧光灯，荧光灯配用高功率因数电子镇流器。照明灯具的功率因数不低于 0.9。项目照明功率密度值按照《建筑照明设计标准》GB 50034—2013 规定的目标值进行设计。所有走廊、门厅、陈列/展览厅、休息厅等大空间区域均采用智能照明控制系统，在照明箱中分散安装控制模块，用于控制灯光等，控制模块采用标准导轨安装方式，按照分区域、分时段的方式控制灯具启闭；地下室车库照明采用分组控制方式；各设备房、设备井及卫生间等处就地设置照明开关控制；应急照明灯具有火灾报警系统强制点亮。

3. 节水与水资源利用

（1）直饮水系统

直饮水以市政自来水经过特殊工艺深度处理净化，经臭氧混合后密封于容器中且不含任何添加物，再通过紫外线灭菌，使水质达到国家饮用水标准，然后经过变频泵利用食品级独立管道直接输送到每个饮用点（见图 13.2-11）。该项目在地下车库设置直饮水机房。

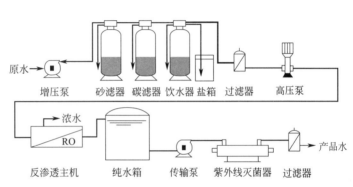

图 13.2-11　直饮水系统图

（2）一级节水器具

项目卫生洁具及配件符合现行标准《节水型生活用水器具》CJ/T 164 及《节水型产品技术条件与管理通则》GB 18870 的相关要求。所采用的坐便器、小便器及水嘴，分别满足相关标准中一级用水效率的要求（见表 13.2-3）。

节水器具参数表　　　　　　　　　　　　　　　　　　　　表 13.2-3

器具名称	器具类型	流量或用水量	备注
龙头	光电感应	出水量<0.1L/s	一级
坐便器	双挡坐便器	3L/4.5L 两挡	一级
大便器	自闭式冲洗阀	出水量<4L/次	一级
小便器	光电感应	出水量<2L/次	一级

（3）冷却塔节水

项目采用开式冷却塔，设置平衡管，降低冷却水泵停止时冷却水溢散（见图 13.2-12）。

（4）节水灌溉

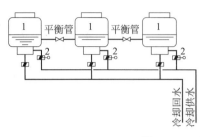
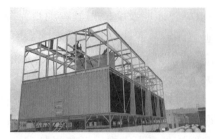

图 13.2-12　冷却塔节水图

　　绿化浇洒采用微喷灌，既可节约水资源，又能避免跑水现象，影响周边环境。同时，设置土壤湿度感应器，可以有效测量土壤容积含水量，使灌溉系统能够根据植物的需要启动或关闭，防止过旱或过涝情况出现（见图 13.2-13）。

图 13.2-13　节水灌溉及土壤湿度传感器

（5）非传统水源利用

　　项目收集场地内周边道路及绿地雨水，处理后用于冷却塔补水、绿化灌溉、景观水体补水、道路浇洒、地下车库冲洗以及酵素馆冲厕，不足水量用项目南侧接入的市政中水补给。非传统水源利用量 56495.31m³/a，建筑总用水量 316102.06m³/a，非传统水源利用率达到 17.87%（见表 13.2-4、图 13.2-14）。

建筑总用水量及水量平衡表　表 13.2-4

序号	用水单位名称	用水量(t/a)
1	生活用水量	259606.75
2	绿化浇灌用水量	42066
3	道路浇洒用水量	6376.32
4	地下车库冲洗水量	2078.59
5	洗车用水	974.4
6	酵素馆冲厕用水	5000.0
7	利用雨水量	10574.4
8	利用中水量	45920.91
9	建筑用水量合计	316102.06
10	非传统水量合计	56495.31
11	非传统水源利用率(%)	17.87%

图 13.2-14　雨水利用

4. 节材与材料利用

（1）钢框架结构

展馆结构体系为大跨度钢框架结构，沿建筑的纵向和横向用钢梁和钢柱组成的框架结构承重和抵抗侧力。钢框架结构能够提供较大的内部空间，建筑平面布置灵活，自重轻，抗震性能好，施工速度快，机械化程度高，结构简单，构建易于标准化和定型化（见图 13.2-15）。

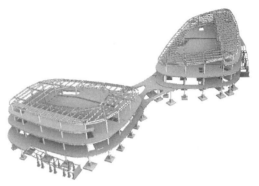

图 13.2-15　钢框架结构效果图

（2）预拌砂浆、预拌混凝土

现浇混凝土采用预拌混凝土。建筑砂浆采用预拌砂浆。且符合现行国家标准《预拌砂浆》GB/T 25181 及《预拌砂浆应用技术规范》JGJ/T 223 的规定。

（3）高强度钢用量比例达到 85% 以上，如表 13.2-5 和图 13.2-16 所示。

三级钢用量比例计算表　　　　　表 13.2-5

混凝土结构部分				钢结构部分			
材料名称、规格、型号	单位	数量		材料名称、规格、型号	单位	数量	
Φ10 以内圆钢筋	t	16.73		钢柱、室外楼梯钢柱（Q345B）	t	1446.84	
Φ10 以内Ⅲ级圆钢	t	90.82		钢梁、室外楼梯钢梁（Q345B）	t	1596.68	
Φ10 以外Ⅲ级圆钢	t	285.66		钢筋桁架楼承板	t	6.83	
合计高强度钢筋	t	376.48		合计高强度钢材	t	3043.52	
合计钢筋	t	393.22		合计钢材	t	3050.35	
高强度钢筋比例		95.75%		高强度钢材比例		99.78%	

图 13.2-16　钢筋、钢桁架图

（4）可循环材料利用

该项目可循环材料利用率达到 20.66％，如图 13.2-17、表 13.2-6 所示。

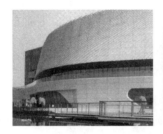

图 13.2-17　可循环材料

表 13.2-6

可再循环材料利用率计算表

		体积（m³）	密度（kg/m³）	质量（t）	可再循环材料总重量(t)	建筑材料总重量(t)	可循环材料利用率（%）
不可循环材料	混凝土	4914.19	2400.00	11794.06			
	水泥砂浆	130.87	1800.00	235.56			
	卷材防水	3832.71	2kg/m²	7.67			
	砌体	2390.78	1300.00	3108.01			
	XPS 保温板	197.61	35.00	6.92			
	玻璃纤维保温板	294.07	40.00	11.76			
	膨胀玻化微珠	52.02	300.00	15.60	3954.12	19139.89	20.66
	岩棉保温板	61.88	100.00	6.19			
可循环材料	钢筋	—	—	393.22			
	铁件	—	—	36.51			
	钢柱	—	—	1446.84			
	钢梁	—	—	1596.68			
	玻璃	43.18	2700.00	116.59			
	铝合金幕墙	49.81	2700.00	134.50			
	铝合金装饰条	85.11	2700.00	229.80			

5. 室内环境质量

（1）室内热舒适性

展馆大厅气流组织形式均为上送上回式，对其进行专项气流组织优化设计，室内人员活动区域风速为 0.20m/s 以下，风速均值分布在 0.12～0.15m/s 之间，风场比较均匀，且无局部涡流；人员区域温度分布均匀，室内温度基本保持 25～26℃，满足《民用建筑供暖通风与空气调节设计规范》GB 50736—2012 对夏季制冷设计要求；展馆高大空间的 PMV 均值总体分布在 -0.76～-0.43 之间，PPD 均值总体分布在 11.10％～15.80％ 之间，均满足室内热舒适性的要求。

（2）室内空气质量监测系统

展厅内热回收机组排风风机与 CO_2 探头联动，根据室内 CO_2 浓度变化调节排风量和新风量进风，使空气质量达到绿色环境的要求，实现节能运行（见图 13.2-18）。地下车库设置 CO 监测系统，与通风系统联动，自动控制送排风机组的运行，在保证车库空气质量的条件下实现节能运行（见图 13.2-19）。

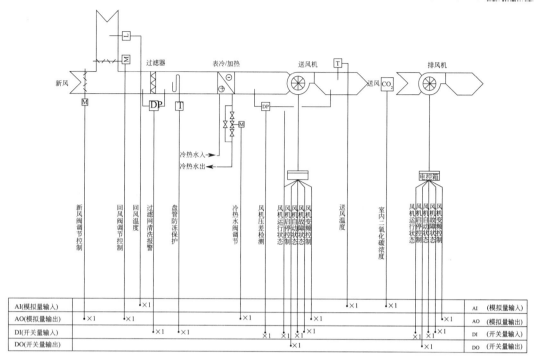

图 13.2-18 CO_2 与排风系统联动系统图

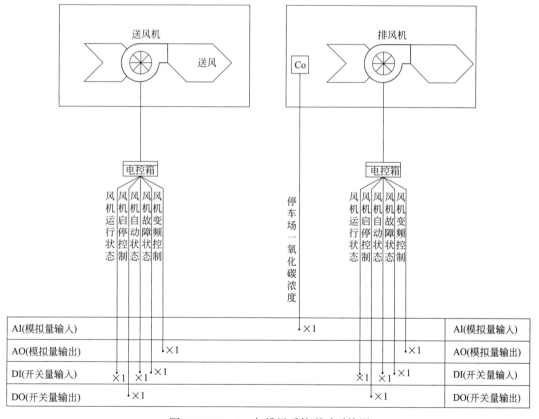

图 13.2-19 CO 与排风系统联动系统图

6. 提高与创新

应用建筑信息模型（BIM）技术：

（1）项目在方案设计优化过程中，通过参数化模型调整分析，对建筑体量形态进行优化设计（见图13.2-20）。设计阶段，采用Revit进行精细化协同建模和设计。通过BIM模型，可以直观地看到造型复杂部位的构造做法，使设备专业可更方便地布置管道与设备。利用BIM模型对管线及内部空间进行优化，减少了返工和浪费，节省了材料和人工费，也使内部空间变得更加合理和舒适。

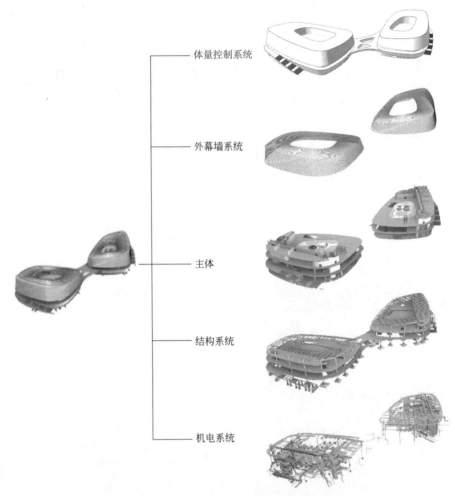

图13.2-20 BIM初步设计效果图

（2）在施工阶段，由于该项目外立面异性，多个方向均有变化，没有一处相同的剖面或墙体详图，因此在项目施工定位过程中，可充分利用BIM模型，实时拾取建筑坐标，对三维空间进行三维实体放线的数据支持（见图13.2-21）。同时，该项目净空要求高，设备机房空间复杂，管线综合排布难度大，设计阶段已对管线进行了深化设计，施工过程中，可继续根据现场的实际施工情况，再次进行深化排布，满足施工要求。

图 13.2-21 现场模型与实际工程对比图

附　　录

附录 1　国家层面绿色建筑相关政策

发布时间	发布部门	政策名称	相关内容
2020 年 7 月	住房城乡建设部、国家发展改革委等多部门	《绿色建筑创建行动方案》	到 2022 年,当年城镇新建建筑中绿色建筑面积占比达到 70%,星级绿色建筑持续增加,既有建筑能效水平不断提高,住宅健康性能不断完善,装配化建造方式占比稳步提升,绿色建材应用进一步扩大,绿色住宅使用者监督全面推广,人民群众积极参与绿色建筑创建活动,形成崇尚绿色生活的社会氛围
2019 年 9 月	住房城乡建设部	《住房城乡建设部/办公厅关于成立部科学技术委员会建筑节能与绿色建筑专业委员会的通知》	进一步推动绿色建筑发展,提高建筑节能水平,充分发挥专家智库作用
2018 年 12 月	住房城乡建设部	《海绵城市建设评价标准》《绿色建筑评价标准》在内的 10 项标准	旨在适应中国经济由高速增长阶段转向高质量发展阶段的新要求,以高标准支撑和引导我国城市建设、工程建设高质量发展
2017 年 4 月	住房城乡建设部	《建筑业发展"十三五"规划》	提高建筑节能水平;全面执行绿色建筑标准;推进绿色建筑规模化发展;完善监督管理机制
2017 年 3 月	住房城乡建设部	《建筑节能与绿色建筑发展"十三五"规划》	推动重点地区、重点城市及重点建筑类型全面执行绿色建筑标准,积极引导绿色建筑评价标识项目建设,力争使绿色建筑发展规模实现倍增,到 2020 年,全国城镇绿色建筑占新建建筑比例超过 50%,新增绿色建筑面积 20 亿 m^2 以上

附录 2　地方层面绿色建筑相关政策

地点	政策内容
北京	《北京市"十三五"时期民用建筑节能发展规划》(京建发〔2016〕386 号);绿色建筑示范区、重点产业功能区内的新建民用建筑,按照绿色建筑二星级及以上标准建设的建筑面积比例达到 40% 以上;北京城市副中心市级行政办公区全部建筑达到绿色建筑二星级以上水平,其中三星级绿色建筑比例达到 70%;在社会资金开发的房地产项目中鼓励执行绿色建筑二星级及以上标准

地点		政策内容
天津		《天津市绿色建筑管理规定》：本市新建政府投资的国家机关、学校、医院、博物馆、科技馆、体育馆等建筑，保障性住房，示范小城镇，以及单体建筑面积超过 2 万 m² 的机场、车站、宾馆、饭店、商场、写字楼等大型公共建筑，应当执行绿色建筑标准。其他民用建筑推行绿色建筑标准。鼓励政府投资建筑和大型公共建筑执行二星级以上绿色建筑标准。鼓励既有建筑改造和工业建筑执行绿色建筑标准
上海		《上海市绿色建筑"十三五"专项规划》(沪建建材〔2016〕776 号)：所有新建建筑全部执行绿色建筑标准，其中大型公共建筑、国家机关办公建筑按照绿色建筑二星级及以上标准建设。单体建筑面积 2 万 m² 以上大型公共建筑达到绿色建筑星级以上标准。低碳发展实践区、重点功能区新建公共建筑按照绿色建筑二星级及以上标准建设的比例不低于 70%
重庆		《重庆市住房和城乡建设委员会关于执行绿色建筑相关地方标准有关事项通知》(渝建绿建〔2020〕16 号)：2020 年 1 月 1 日起主城都市区中心城区范围内取得《项目可行性研究报告批复》的政府投资或以政府投资为主的公共建筑和取得《企业投资项目备案证》的社会投资建筑面积 2 万 m² 以上的大型公共建筑，执行二星级绿色建筑标准。以上项目应优先以《公共建筑节能(绿色建筑)设计标准》DBJ50-052-2020 作为二星级绿色建筑设计依据；2020 年 7 月 1 日前通过施工图审查的，可以《绿色建筑评价标准》GB/T 50378—2019 作为二星级绿色建筑设计依据；2020 年 7 月 1 日至 8 月 31 日期间通过施工图审查的，可以《绿色建筑评价标准》DBJ50/T-066-2020 作为二星级绿色建筑设计依据
河北		《河北省绿色建筑促进条例》：政府投资或者以政府投资为主的建筑，建筑面积大于 2 万 m² 的大型公共建筑，建筑面积大于 10 万 m² 的住宅小区，应按二星级及以上标准进行建设。《河北省绿色建筑创建行动实施方案》(2020 年 9 月)：2022 年，全省被动式超低能耗建筑达到 600 万 m²。大力发展被动式超低能耗建筑。以政府投资或以政府投资为主的办公、学校等公共建筑和集中建设的公租房、专家公寓、人才公寓等居住建筑，原则上按照被动式超低能耗建筑标准规划、建设和运行。2021 年，石家庄、保定、唐山市分别新开工建设 20 万 m² 被动式超低能耗建筑，其他设区市分别新开工 12 万 m²，定州、辛集市新开工 2 万 m²。2022 年新开工面积增速不低于 10%
山西		《山西省绿色建筑创建行动方案》(建标〔2020〕65 号)：创建绿色建筑创新项目。积极引导具备条件的项目创建超低能耗建筑、近零能耗建筑、高星级绿色建筑、A 级以上装配式建筑及绿色建材应用、健康住宅等示范工程。自 2020 年起，各设区市要结合实际、突出重点，按照《绿色建筑创新项目技术指导清单(试行)》要求，每年至少创建 1 个创新项目
内蒙古		《关于进一步推进内蒙古绿色建筑发展的通知》(内建科〔2017〕333 号)：按照国家和自治区要求，新建机关办公建筑、政府投资的公益性建筑、各类保障性住房(按照《绿色保障性住房技术细则》执行)、单体建筑面积 2 万 m² 以上的大型公共建筑等四类建筑要全部执行绿色建筑标准，按照一星级以上绿色建筑标准规划、设计和建造
辽宁	全省	《辽宁省绿色建筑条例》：城市、镇总体规划确定的建设用地范围内新建民用建筑(农村自建住宅除外)，应当按照绿色建筑标准进行规划建设。城乡规划主管部门应当在土地出让的规划条件中明确绿色建筑要求。《辽宁省推广绿色建筑实施意见的通知》(辽住建〔2019〕123 号)：全面推进绿色建筑发展。到 2019 年年底，全省城镇新建民用建筑中绿色建筑面积比重超过 44%；到 2020 年年底，全省城镇新建民用建筑中绿色建筑面积比重超过 50%
	沈阳市	《关于印发沈阳市促进建筑业持续健康发展工作方案的通知》(沈政办发〔2018〕27 号)：引导房地产开发项目执行绿色建筑标准，鼓励高星级绿色建筑示范工程建设，在土地出让环节增加绿色建筑指标要求。到 2020 年，城镇绿色建筑占城镇新建建筑比例力争达到 50% 以上
吉林		《吉林省绿色建筑创建实施方案》：自 2021 年 5 月 1 日起，全省城镇范围内的新立项及未通过施工图审查的民用建筑项目全面执行吉林省工程建设地方标准《绿色建筑设计标准》，实现城镇新建民用建筑执行绿色建筑标准的全覆盖。新建政府投资或以政府投资为主的公共建筑、社会投资建筑面积 2 万 m² 及以上的单体公共建筑，应按照一星级及以上绿色建筑标准设计建造

地点	政策内容
黑龙江	《黑龙江省绿色建筑行动实施方案》(〔2018〕35号):自2019年起,政府投资建筑、建筑面积大于3000m²的公共建筑、保障性住房和各类棚户区改造项目,全面执行绿色建筑标准;各市(地)中心城区规划范围内新建民用建筑,全面执行绿色建筑标准;各县(市)结合实际,逐年提高绿色建筑面积比例,确保完成年度绿色建筑目标
山东	《山东省绿色建筑创建行动实施方案》(建城〔2020〕68号):到2022年,建筑能效水平进一步提升,既有建筑节能改造和超低能耗建筑、近零能耗建筑发展扎实推进。推进新建建筑节能。城镇新建建筑严格执行建筑节能相关标准。积极发展超低能耗建筑、近零能耗建筑,围绕外围护结构、新风热回收、室内环境、气密性等关键环节,完善技术标准和评价指标体系。强化政策支持。引导金融机构开展金融服务创新,将绿色建筑、装配式建筑、超低能耗建筑及既有建筑节能改造等纳入高质量绿色发展项目库,针对绿色建筑创建行动提供更加优质的金融产品和金融服务
江苏	《江苏省绿色建筑发展条例》:本省新建民用建筑的规划、设计、建设,应当采用一星级以上绿色建筑标准。使用国有资金投资或者国家融资的大型公共建筑,应当采用二星级以上绿色建筑标准进行规划、设计、建设。鼓励其他建筑按照二星级以上绿色建筑标准进行规划、设计、建设
安徽	《绿色建筑创建行动实施方案》(建标〔2020〕65号):提升公共建筑运行能效水平。开展公共建筑能效提升重点城市建设,建立完善运行管理制度,推广合同能源管理与合同节水管理,推进公共建筑能耗统计、能源审计及能效公示。鼓励各市梳理学校、医院和国家机关办公建筑改造需求,结合围护结构装修、用能系统更新,开展公共建筑节能改造,推动超低能耗建筑、近零能耗建筑发展,推广可再生能源应用和再生水利用
浙江	《浙江省深化推进新型建筑工业化促进绿色建筑发展实施意见》(浙政办发〔2014〕151号):政府投资的国家机关、学校、医院、博物馆、科技馆、体育馆等建筑,杭州市、宁波市的保障性住房,以及单体建筑面积超过2万m²的机场、车站、宾馆、饭店、商场、写字楼等大型公共建筑,全面执行绿色建筑标准,并积极实施新型建筑工业化
福建	《福建省住房和城乡建设厅关于新建民用建筑全面执行绿色建筑标准的通知》(闽建科〔2017〕45号):自2018年1月1日起,凡列入施工图审查范围的新建民用建筑应符合一星级绿色建筑设计要求,其中政府投资或者以政府投资为主的公共建筑应符合二星级绿色建筑设计要求,鼓励其他公共建筑和居住建筑按照二星级以上绿色建筑标准进行设计
湖北	《湖北省绿色建筑创建行动实施方案》(鄂建文〔2020〕12号):到2022年,全省城镇新建居住建筑全面执行《低能耗居住建筑节能设计标准》,建筑能效水平提升10%左右。超低能耗建筑建设试点工作获得可行性经验。推动新建建筑能效提升。制(修)订发布湖北省《被动式超低能耗(居住)绿色建筑节能设计标准》和《低能耗居住建筑节能设计标准》,积极开展超低能耗建筑试点,提升城镇居住建筑能效。重点支持绿色建筑、既有建筑绿色节能改造、被动式超低能耗建筑等项目的实施
湖南	《关于大力推进建筑领域向高质量高品质绿色发展的若干意见》(湘建科〔2018〕218号):自2019年6月起,设区城市新建民用建筑应当按照绿色建筑标准规划、设计、建设,其中,长沙市、株洲市、湘潭市新建、改扩建政府投资的公益性建筑、大型公共建筑和社会投资在2万m²以上的大型公共建筑,以及位于生态敏感区、核心景观片区及区位优势明显、具有突出经济价值或社会价值项目,应当按照二星级绿色建筑及以上标准进行建设,其他市州2020年1月开始实施,县级及以下城镇逐步推广绿色建筑
河南	《河南省财政厅关于加快推动我省住房建设绿色发展的实施意见》(豫建〔2015〕111号):自2015年起,全省政府投资新立项的保障性住房项目全面执行绿色建筑标准;引导新建商品住房项目执行绿色建筑标准,逐步提高绿色商品房的比重,鼓励房地产开发企业建设绿色生态小区;鼓励城市新区集中连片发展绿色建筑,建设绿色生态区,其中二星级以上绿色建筑达到30%以上;鼓励农民在新建和改建农房时执行绿色建筑评级标准,推进绿色农房建设;选择资源禀赋条件较好的地方开展绿色重点小城镇试点示范,创建绿色低碳重点小城镇

地点		政策内容
江西	全省	《民用建筑节能和推进绿色建筑发展办法》(省政府令第217号):国家机关办公建筑,政府投资的学校、医院、博物馆、科技馆、体育馆等建筑,省会城市的保障房、机场、车站等大型公共建筑,以及纳入当地绿色建筑发展规划的项目应当按照绿色建筑标准规划和建设。鼓励其他民用建筑按照绿色建筑标准进行规划和建设
	南昌市	《南昌市推进绿色建筑发展管理工作实施细则(2017-2020)》(洪建发〔2017〕102号):以下新建(改建、扩建)建筑(区域)应按照绿色建筑的标准进行规划设计、建设和管理:(1)政府投资的国家机关、学校、医院、博物馆、科技馆、体育馆等建筑,保障性住房;(2)建筑单体或连体面积超过1万 m² 的机场、车站、宾馆、饭店、商场、写字楼等大型公共建筑;(3)新建建筑面积5万 m² 以上的住宅小区;(4)红谷滩新区辖区全部范围,高新技术开发区中心城规划范围内新建(改建、扩建)民用建筑全部按照绿色建筑的标准进行规划设计、建设和管理;(5)单体或连体地上建筑面积超过5万 m²,群体超过8万 m² 的大型公共建筑按照二星级绿色建筑的标准进行规划设计、建设和管理
广东		《广东省绿色建筑质量齐升三年行动方案(2018—2020年)》(粤建节〔2018〕132号):到2020年,全省城镇民用建筑新建成绿色建筑面积占新建成建筑总面积比例达到60%,其中珠江三角地区的比例达到70%,全省二星级及以上绿色建筑项目达到160个以上,创建出一批二星级及以上运行标识绿色建筑示范项目
广西	全区	《广西壮族自治区民用建筑节能条例》:城市规划区范围内新建民用建筑应当按照绿色建筑标准进行建设,使用财政性资金投资建设的机关办公建筑和大型公共建筑按照二星级以上绿色建筑标准进行建设
	南宁市	《南宁市绿色建筑和建筑节能管理规定(征求意见稿)》:新建下列项目应当按绿色建筑标准进行立项、土地出让、规划、建设和管理:(1)政府投资的国家机关、学校、医院、博物馆、科技馆、体育馆等公益性公共建筑;(2)在市辖范围,同时满足以下条件的保障性住房项目:1)2014年之后(含2014年)新立项;2)集中兴建且规模在2万 m² 以上;(3)单体建筑面积超过2万 m² 的机场、车站、宾馆、饭店、商场、写字楼等大型公共建筑;(4)2014年,建筑面积10万 m² 以上的住宅小区,应全面执行绿色建筑标准;2015年,建筑面积5万 m² 以上的住宅小区,应全面执行绿色建筑标准;自2016年起,市区范围内所有新建建筑全面执行绿色建筑标准;(5)五象新区核心区新建建筑全面执行绿色建筑标准。鼓励上述范围以外的其他建设项目执行绿色建筑标准
海南		《海南省绿色建筑设计说明专篇(2019年版)》(琼建科〔2017〕92号):建筑面积大于1000 m² 或超过5层的住宅建筑;建筑面积大于1000 m² 或超过5层的政府投资的国家机关、学校、医院、博物馆、科技馆、体育馆等建筑;单体建筑面积超过2万 m² 的机场、车站、宾馆、饭店、商场、写字楼等大型公共建筑等强制推广项目应按"新专篇"进行设计、图审
宁夏		《宁夏回族自治区绿色建筑发展条例》:国有资金投资或者国家融资的大型公共建筑,应当采用二星级以上绿色建筑标准进行规划、设计、建设。鼓励其他建筑按照二星级以上绿色建筑标准进行建设。《宁夏回族自治区绿色建筑创建行动实施方案》:提升建筑能效水效水平。鼓励设区市和经济发展较好的市县率先执行居住建筑75%节能设计标准。开展超低能耗建筑、近零能耗建筑试点示范,推广可再生能源应用和再生水利用。加强技术研发推广。着重开展绿色建筑技术体系研究,探索符合宁夏实际的绿色建筑技术路线,形成以被动式技术为主、主动式技术为辅、本土化的绿色建筑技术体系。探索宁夏零能耗技术运用、超低能耗绿色建筑技术研究和试点示范
新疆		《关于加快推进绿色建筑和绿色生态城区发展意见》:2015年在全区政府投资的公益性建筑、大型公共建筑(2万 m² 以上)及乌鲁木齐市、克拉玛依市保障性住房严格执行绿色建筑标准,鼓励其他地区保障性住房执行绿色建筑标准
青海		《青海省促进绿色建筑发展办法》:城市总体规划、镇总体规划确定的城镇建设用地范围内新建建筑,应当按照绿色建筑标准进行建设。国家机关办公建筑和公共建筑应当按照二星级以上绿色建筑标准进行建设。鼓励居住建筑按照二星级以上绿色建筑标准进行建设

地点		政策内容
陕西	全省	《陕西省绿色建筑行动实施方案》(陕政办发〔2013〕68号):从2014年1月1日起,凡政府投资建设的机关、学校、医院、博物馆、科技馆、体育馆等建筑,省会城市保障性住房,以及单体建筑面积超过2万 m² 的机场、车站、宾馆、饭店、商场、写字楼等大型公共建筑,全面执行绿色建筑标准。对未按绿色建筑标准进行规划设计、未提出绿色建筑等级水平及措施、未进行节能评估审查的建筑项目,不予审批、核准、备案,不予发放建设工程规划许可证,不得进行扩大初步设计的审查和批复;对未取得绿色建筑设计标识的,不予发放施工许可证。强调公共建筑需增加能耗监测系统。《陕西省民用建筑节能条例》县级以上人民政府根据本地区经济社会发展水平,推动绿色建筑发展,改进建筑建造方式,提高建筑的安全性、健康性和舒适性;绿色建筑按照节能、节水、节地、节材和环境保护的技术应用水平,分级评定,实行评价标识制度;下列新建建筑应当执行绿色建筑标准:(1)国家机关办公建筑和政府投资的学校、医院、博物馆、科技馆、体育馆等公益性建筑;(2)大型公共建筑;(3)建筑面积10万 m² 以上的居住小区;(4)城市新区、绿色生态城区的民用建筑
	西安市	市建发〔2021〕25号《关于印发西安市绿色建筑创建行动工作方案的通知》:城镇新建民用建筑执行《绿色建筑评价标准》GB/T 50378—2019,2021年起,新建建筑按照绿色建筑基本级及以上等级进行设计、建设;施工图设计文件应编制绿色建筑设计专篇;组织开展一星级绿色建筑评价标识工作(二星级、三星级绿色建筑标识分别由省住房和城乡建设厅、住房和城乡建设部授予),完善绿色建筑标识申报、审查、公示制度;建立标识撤销机制,对弄虚作假行为给予限期整改或直接撤销标识处理。采用全装修且不低于5万 m²的新建居住建筑,应达到一星级及以上等级;单体2万 m²及以上的新建公共建筑,新建党政机关办公建筑,政府投资的学校、医院、场馆等新建公益性建筑至少达到一星级。其中,城六区、开发区内的项目至少达到二星级;鼓励社会投资的其他项目按照绿色建筑星级标准设计、建设。加快绿色建筑由单体向区域化、规模化发展;高新区、经开区、曲江新区、浐灞生态区、航天基地、国际港务区列入西安市创建绿色生态居住小区试点,2021—2022年上述每个开发区每年至少申报1个绿色生态居住小区项目,且单体建筑至少达到一星级;高新区、浐灞生态区列入西安市创建绿色生态城区试点,至"十四五"末,各创建1个绿色生态城区项目,且单体建筑至少达到一星级,鼓励具备条件的项目达到二星级或三星级;引导鼓励农村自建住宅等新建建筑参照绿色建筑标准进行建设。
甘肃	全省	《关于进一步做好建筑节能绿色建筑工作的通知》:2020年,城镇新建建筑设计施工和竣工验收阶段100%执行建筑节能强制性标准;城镇新建绿色建筑竣工面积占城镇新建建筑竣工面积比例要达到50%以上(另有如《气候适应型城市建设试点方案》等其他规定的按照规定执行,但不得低于50%)
	兰州市	《加快推进绿色建筑工作的通知》:政府投资建设的国家机关、学校、医院、博物馆、科技馆、体育馆等建筑或单体建筑面积超过2万 m² 的大型公共建筑以及保障性住房建设全面执行绿色建筑标准,10万 m²以上的住宅小区全面执行绿色建筑标准,房地产开发项目和工业建筑项目全面推广执行绿色建筑标准,确保到2020年城镇新建绿色建筑比例达到60%以上。同时,绿色建筑相关审批、设计、审查、监管、验收等单位应相互配合,凡符合兰州市绿色建筑条件的项目,在项目设计时,设计单位应当依据国家和地方有关法规和标准,进行绿色建筑设计。未按规定进行设计、施工的项目,不得组织竣工验收
四川		《四川省建筑节能与绿色建筑发展"十三五"规划》(川建勘设科发〔2017〕280号):国家机关、学校、医院、保障性住房、棚户区改造安置住房等政府投资或使用财政资金的建设项目,单体建筑面积超过2万 m² 的大型公共建筑,新建建筑面积地上部分15万 m² 以上的住宅小区、绿色生态城区、节能改造、可再生能源建筑应用等示范性项目全面执行绿色建筑标准
云南		《关于大力发展低能耗建筑和绿色建筑的实施意见》(云政办发〔2015〕1号):对政府投资的学校、医院、博物馆、科技馆、体育场等建筑以及昆明市内单体建筑面积超过2万 m² 的机场、车站、宾馆、饭店、商场、写字楼等大型公共建筑全面执行绿色建筑标准,其中城镇保障性安居工程执行1星级绿色建筑标准。《云南省绿色建筑创建行动实施方案》(2020年8月):着力提升城镇建筑能效水效水平。探索推进温和地区近零能耗建筑技术开发、标准制定和工程应用,提高可再生能源建筑应用水平和质量。加强政策支持,推动绿色发展。积极推动绿色建筑、装配式建筑、超低能耗建筑、绿色建筑材料享受西部大开发税收优惠扶持政策

地点	政策内容
贵州	《加快绿色建筑发展的十条措施的通知》:自 2020 年 1 月 1 日起,6 个地级市市域、3 个自治州州府所在地城市规划区和贵安新区直管区城镇新建民用建筑全面按照绿色建筑标准进行设计和建设;全省城市规划区内政府投资公共建筑和社会投资大型公共建筑(单体建筑面积 2 万 m² 以上)应按照绿色建筑星级标准进行设计和建设。2020 年年底全省城镇新建民用建筑中绿色建筑面积比例达到 50% 以上。2021 年 1 月 1 日起,全省城镇新建民用建筑全部按照绿色建筑标准进行设计和建设。鼓励乡、村新建建筑按照绿色建筑标准进行设计和建造。鼓励各地在城市规划的新区、城市重要功能区、开发区、工业园区、旧城更新改造区开展绿色生态城区、绿色生态小区示范建设。新建绿色生态城区、绿色生态小区,计容建筑面积 10 万 m² 及以上住宅小区中按照星级绿色建筑标准进行设计和建设的比例不低于 50%。鼓励社会资本投资主体建设绿色生态小区
西藏	《西藏自治区绿色建筑设计标准》DBJ540001-2018 和《西藏自治区绿色建筑评价标准》DBJ540002-2018:推动西藏自治区绿色建筑发展,努力促进生态文明建设

附录 3　可再生能源应用政策要求

地点	政策内容
北京	《北京市"十三五"时期能源发展规划》(京政发〔2017〕18 号)规定:实施绿色能源行动计划,充分开发太阳能和地热能,有序开发风能和生物质能。推进分布式光伏、热泵系统在既有建筑的应用,新建建筑优先使用可再生能源,新增电源建设以可再生能源为主。实施"阳光双百"计划。加快分布式光伏在各领域应用,实施"阳光校园、阳光商业、阳光园区、阳光农业、阳光基础设施"五大阳光工程,鼓励居民家庭应用分布式光伏发电系统,推动全社会参与太阳能开发利用。积极探索利用关停矿区建设大型光伏地面电站。进一步扩大太阳能热水系统在城市建筑中的推广应用,鼓励农村地区太阳能综合应用。 《北京市太阳能热水系统城镇建筑应用管理办法》(京建法〔2012〕3 号)规定:本市行政区域内新建城镇居住建筑,以及宾馆、酒店、学校、医院、浴池、游泳馆等有生活热水需求且满足安装条件的公共建筑,应当配备生活热水系统,并应优先采用工业余热、废热作为生活热水热源。不具备采用工业余热、废热的,应当安装太阳能热水系统,并实行与建筑主体同步规划设计、同步施工安装、同步验收交用。鼓励具备条件的既有建筑通过改造安装使用太阳能热水系统。根据建筑功能特点、节能降耗和方便使用与维护等要求,合理确定太阳能集热系统的类型。(1)城镇公共建筑和 7～12 层的居住建筑,应设置集中式太阳能集热系统。(2)13 层以上的居住建筑,当屋面能够设置太阳能集热器的有效面积大于或等于按太阳能保证率 50% 计算的集热器总面积时,应设置集中式太阳能集热系统。(3)13 层以上的居住建筑,当屋面能够设置太阳能集热器的有效面积小于按太阳能保证率为 50% 计算的集热器总面积时,应采取集中式与分散式相结合的太阳能集热系统,亦可采用集中式太阳能集热系统与空气源热泵相结合的热水系统。(4)6 层以下的居住建筑可选用集中式或分散式太阳能热水系统
天津	《天津市可再生能源发展"十三五"规划》(津发改能源〔2016〕1154 号)规定:在政府投资或财政补助的公共建筑中率先开展光伏应用,支持屋顶面积大、用电负荷大、电网供电价格高的工业园区和大型商业综合体开展光伏发电应用。积极推动包括太阳能热利用、水力发电、污水源热泵、空气源热泵等在内的其他可再生能源开发利用。针对医院、学校、旅馆、游泳池、公共浴室等热水需求量大的公共建筑积极推广安装太阳能集中热水系统。 《天津市建筑节约能源条例》规定:新建建筑的供暖、制冷、热水和照明等,应当优先采用太阳能、浅层地热能等可再生能源。可再生能源利用设施应当与建筑主体工程同步设计、同步施工、同步验收。 《天津市居住建筑节能设计标准》DB29-1-2013 规定:当无条件采用工业余热、废热、深层地热作为热水系统热源时,生活热水系统应符合下列要求:(1)十二层及十二层以下住宅应采用太阳能热水系统;(2)经计算年太阳能保证率不小于 50% 的十二层以上住宅应采用太阳能热水系统;(3)有热水需求的其他居住建筑宜采用太阳能、空气源热泵、地源热泵等热水系统

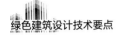

地点		政策内容
上海		《上海市能源发展"十三五"规划》的通知(沪府发〔2017〕14号)规定:积极推进太阳能利用多元化、创新化发展。重点依托工商业建筑、公共建筑屋顶、产业园区实施分布式光伏发电工程,推进"阳光校园"等专项工程。因地制宜发展生物质能和地热能。继续推进崇明绿色能源示范县建设。结合生活垃圾、畜禽粪便等废弃物综合处理,建设一批生物质能利用项目,推动生物质技术、产业和商业模式的创新。综合地质条件、地下空间和经济成本等因素,重点在规划新城镇、重点功能区等地区,有序推进地热能开发,力争新增地热能利用面积500万 m^2。 《关于进一步推进本市民用建筑太阳能热水系统应用的通知》(沪建管〔2013〕48号)规定:对新建有热水系统设计要求的公共建筑或者六层以下(含六层)住宅(包括保障性住房),应当进行太阳能热水系统与建筑一体化设计,其中住宅的太阳能热水系统或其他可再生能源热水系统的设计应用范围应当包括全体住户
河北	全省	《河北省促进绿色建筑发展条例》规定:新建住宅、宾馆、学生公寓、医院等有集中热水需求的民用建筑,应当结合当地自然资源条件,按照要求设计、安装太阳能、生物质能等可再生能源或者清洁能源热水系统。 《关于执行太阳能热水系统与民用建筑一体化技术的通知》(冀建质〔2008〕611号)规定:新建民用建筑应将太阳能热水系统作为建筑设计的组成部分,与建筑主体工程同步设计、同步施工,同步验收。十二层及以下的新建居住建筑和实行集中供应热水的医院、学校、饭店、游泳池、公共浴室(洗浴场所)等热水消耗大户,必须采用太阳能热水系统与建筑一体化技术;对具备利用太阳能热水系统条件的十二层以上民用建筑,建设单位应当采用太阳能热水系统。国家机关和政府投资的民用建筑,应带头采用太阳能热水系统
	邯郸市	《邯郸市民用建筑节能管理办法》(邯郸市人民政府令2009年第131号)规定:建设单位、设计单位应当在保证建筑物、构筑物工程质量和使用功能的前提下,应用成熟的太阳能、地热能等可再生能源以及其他节能技术、产品,提高民用建筑节能功效。十二层以下的新建居住建筑和实行集中供应热水的医院、学校、饭店、游泳池、公共浴室(洗浴场所)等建筑,必须采用太阳能热水系统与建筑一体化技术;对具备利用太阳能热水系统条件的十三层以上居住建筑,建设单位应当采用太阳能热水系统
	邢台市	《关于全面提升太阳能建筑一体化水平继续实施"太阳能建筑城"的意见》(政字〔2013〕18号)规定:全市范围内新建、改建民用建筑和实行集中供应热水的医院、学校、饭店、游泳池、公共浴室(洗浴场所)等热水消耗大户,要应用太阳能热水系统与建筑一体化技术
河南		《河南省绿色建筑创建行动实施方案》(豫建科〔2020〕370号)规定:推进可再生能源建筑应用。结合区域资源禀赋,持续推广太阳能光热一体化建筑,科学有序推进地热能开发利用。在集中供热管网未覆盖且地热资源富集地区,积极发展中深层水热型地热能供暖,因地制宜推进浅层地热能开发利用,逐步提高可再生能源建筑应用水平
山西		《山西省绿色建筑创建行动方案》规定:继续做好太阳能光热应用,因地制宜推广光伏、空气源热泵和浅层、中深层地热能应用。 《关于加快推进太阳能光热建筑应用的通知》(晋建科字〔2011〕132号)规定:在全省城镇新设计的十二层及以下的居住建筑、高层居住建筑的逆十二层和有生活热水需求的医院、学校、宾馆、洗浴场所等公共建筑强制推广应用太阳能光热系统
辽宁	沈阳市	《"健康沈阳2030"行动规划》规定:实施"蓝天行动",推进空气质量达标。优化能源结构调整,降低高污染能源消耗。实施严格的燃煤总量控制,提高清洁和可再生能源利用率,推进"煤改清洁能源"工程实施。 《关于进一步加强在建筑工程中推广应用太阳能技术的通知》(沈建发〔2007〕125号)规定:(1)从2007年8月1日起,在全市范围内,所有新建和改建的低层(别墅)和多层住宅建筑,均应进行太阳能热水系统一体化同步设计、施工和验收;对小高层、高层住宅及其他公共建筑,应根据建设单位和使用者的要求,确定是否进行太阳能热水系统的一体化应用。(2)新建低层(别墅)和多层住宅建筑不具备太阳能集热条件的,建设单位应当在报建时向市(开发区)建设行政主管部门申请认定;未经认定不采用太阳能热水系统的,不予受理设计审查。(3)鼓励小高层、高层住宅及其他公共建筑应用太阳能热水系统;鼓励其他可再生能源在建筑中应用的技术研究和示范工程建设

地点		政策内容
辽宁	锦州市	《辽宁省锦州市关于进一步加强全市民用建筑太阳能热水系统应用管理工作的通知》(锦建发〔2012〕54号)规定:新建十八层及以下居住建筑,十二层及以下宾馆、饭店、医院、学校、游泳池、公共浴室等有热水需求的公共建筑,必须充分利用楼顶、阳台、空地设计和安装太阳能热水系统。开发、建设单位当年(注:该通知 2012 年发布)开发的十八层以上的居住建筑,十二层及以上宾馆、饭店、医院、学校、游泳池、公共浴室等有热水需求的公共建筑鼓励推广采用
吉林		《全省城市生态保护与建设实施方案》规定:科学规划、合理推进天然气、风能、太阳能等清洁绿色能源的开发和利用。 《关于加快太阳能热水系统与建筑一体化推广应用工作的指导意见》(吉建发〔2011〕21号)规定:从文件下发之日起,省域内凡新建、改建、扩建的六层及以下住宅建筑(含商住楼)和医院病房、学校宿舍、宾馆、洗浴场所等热水消耗大户的公共建筑,必须应用太阳能热水系统。鼓励七层及以上住宅建筑、其他公共建筑采用太阳能热水系统
黑龙江		《黑龙江省工业强省建设规划(2019—2025年)》规定:太阳能。利用大型公共建筑及公用设施、工业园区等屋顶建设分布式光伏发电。集中打造齐齐哈尔、大庆、绥化和四煤城大型光伏发电基地。地热能。加大地热能源勘查力度,拓宽地热利用方向,促使地热产业依法、有序、快速发展,建设地热能综合开发利用示范基地。 《关于在全省建筑工程中加快太阳能热水系统推广应用工作的通知》(黑建科〔2007〕11号)规定:从2007年10月1日起,凡新建、改建的多层住宅建筑(含别墅),应首先推广应用太阳能热水系统;小高层、高层以及其他公共建筑鼓励推广应用太阳能热水系统;有条件的城市可逐步推行太阳能供暖、照明等其他太阳能利用技术;对具备条件的既有建筑,也要支持安装太阳能热水系统;政府机构的建筑和政府投资建设的建筑要带头使用太阳能热水系统。在进行建筑设计、施工、验收时,要做到太阳能系统与建筑工程同步设计、同步施工、同步验收、同步交付使用。要把太阳能热水系统的造价列入建筑工程投资总预算
山东		《山东省民用建筑节能条例》规定:县级以上人民政府应当根据经济社会发展、生态保护、可再生能源资源状况等实际情况,组织编制可再生能源建筑应用专项规划,并采取鼓励措施,推进太阳能、地热能、水能、风能、生物质能等可再生能源在建筑中的应用。建设单位在进行建设项目可行性研究时,应当对可再生能源利用条件进行评估;具备利用条件的,应当选择合适的可再生能源,用于供暖、制冷、照明和供应热水等。可再生能源利用设施应当与建筑主体工程同步设计、同步施工、同步验收。政府投资的民用建筑工程项目应当至少利用一种可再生能源。鼓励具备条件的既有建筑应用可再生能源。具备太阳能利用条件的新建建筑,应当采用太阳能热水系统与建筑一体化技术设计,并按照相关规定和技术标准配置太阳能热水系统。太阳能利用条件由省住房城乡建设主管部门会同有关部门确定。居住建筑采用地热能、太阳能等可再生能源供暖、制冷、供应热水的,其用电按照国家和省有关规定享受优惠政策。 早在2009年,山东省就出台了《关于加快太阳能光热系统推广应用的实施意见》,其中明确要求,全省县城以上城市规划区内扩建、新建、改建的十二层及以下住宅建筑和集中供应热水的公共建筑,必须应用太阳能光热系统,并与建筑进行一体化设计与施工。鼓励十二层以上高层住宅建筑逐步采用太阳能光热系统
江苏		《江苏省建筑节能管理办法》(2018年修改版)规定:新建建筑的供暖制冷系统、热水供应系统、照明设备等应当优先采用太阳能、浅层地能、工业余热、生物质能等可再生能源,并与建筑物主体同步设计、同步施工、同步验收。政府投资的公共建筑应当至少利用一种可再生能源。新建宾馆、酒店、商住楼等有热水需要的公共建筑以及新建住宅,应当按照规定统一设计、安装太阳能热水系统。鼓励既有居住建筑和宾馆、酒店、商住楼等有热水需要的公共建筑在进行节能改造时,设计、安装太阳能热水系统。鼓励江、河、湖、海附近的建筑使用地表水源热泵系统,并按照有关规定减免水资源费。采用地源热泵封闭循环技术,应当符合水环境保护标准。鼓励结合城市建筑物、公共设施建设一体化太阳能光伏并网发电设施。对道路、公园、车站等公共设施,应当推广使用太阳能光电照明系统。鼓励对建筑的屋顶、墙面等部位实施绿化。鼓励农村地区推广沼气等生物质能技术应用。 《关于加强太阳能热水系统推广应用和管理的通知》(苏建科〔2007〕361号)规定:自2008年1月1日起,江苏省城镇区域内新建十二层及以下住宅和新建、改建和扩建的宾馆、酒店、商住楼等有热水需求的公共建筑,应统一设计和安装太阳能热水系统。城镇区域内十二层以上新建居住建筑应用太阳能热水系统的,必须进行统一设计、安装

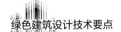

地点		政策内容
安徽	全省	《关于印发"十三五"节能减排实施方案的通知》(皖政〔2017〕93号)规定:在党政机关办公和业务用房、学校、医院、博物馆、科技馆、体育馆等新建建筑,率先全面执行节能强制性标准和绿色建筑标准。推进既有建筑绿色化改造,积极推广应用太阳能光伏光热、浅层地能、空气源、绿色照明、天然气分布式能源等产品和技术。 安徽省地方标准《太阳能热水系统与建筑一体化技术规程》规定:新建居住建筑应配置太阳能热水系统,有稳定热水需求的其他建筑应采用太阳能热水系统
	合肥市	《关于贯彻落实合肥市绿色建筑发展条例的实施意见》(合政〔2018〕63号)规定:鼓励开展太阳能热水、太阳能光伏、地源热泵、空气能等可再生能源建筑应用的研究、示范和推广。新建公共机构办公建筑和建筑面积达到1万m²以上的其他公共建筑,统一设计并安装一种以上与建筑能耗水平相适应的可再生能源利用系统。宾馆、医院等有热水系统设计要求的公共建筑和新建居住建筑,应当统一设计并安装太阳能、空气能等可再生能源热水系统。鼓励既有民用建筑在绿色化改造时,设计、安装太阳能等可再生能源利用系统。 《合肥市促进建筑节能发展若干规定》(合肥市人民政府令第160号)规定:民用建筑的供暖制冷系统、热水供应系统和照明设备应当优先采用太阳能、浅层地能、生物质能等可再生能源以及工业余热,并与工程主体同步设计、同步施工、同步验收。新建建筑面积在1万m²以上的公共建筑应当至少利用一种可再生能源。除法律、法规、规章规定的情形外,新建18层以下居住建筑以及18层以上居住建筑的逆向12层,新建、改建、扩建宾馆、酒店、医院等有生活热水需求的公共建筑,应当安装太阳能热水系统;不具备太阳能热水系统安装条件的,应当经专业评估机构评估并予以公示。太阳能热水系统应当与建筑物主体同步设计、同步施工、同步投入使用
浙江	全省	《浙江省可再生能源开发利用促进条例》规定:新建民用建筑应当按照《浙江省实施〈中华人民共和国节约能源法〉办法》的规定利用可再生能源。鼓励已建民用建筑推广应用可再生能源。 《浙江省建筑节能管理办法》(浙江省人民政府令第234号)规定:新建、改建、扩建建筑工程的节能设计和既有建筑的节能改造工程,应当尽可能利用太阳能、地热能等可再生能源。其中,新建12层以下的建筑,应当将太阳能利用与建筑进行一体化设计。《浙江省民用建筑可再生能源应用标准》(征求意见稿)中规定:在12层(含)以下(12层以上上部6层)新建住宅建筑中应为全体住户配置太阳能热水系统,有地源热泵系统用于空调、供暖和生活热水的住宅除外。新建公共机构办公建筑或建筑面积10000m²以上的公共建筑,应根据当地气候和自然资源条件,充分利用太阳能、地热能、空气能等可再生能源
	宁波市	《宁波市民用建筑节能管理办法》规定:重点推广太阳能光热利用、太阳能光伏发电、太阳能照明、地源热泵、水源热泵、风力发电等可再生能源技术在民用建筑中的应用。建筑工程施工图设计文件节能专篇中应包含可再生能源利用专项说明。新建有生活热水系统的公共建筑、12层以下的居住建筑以及12层以上居住建筑的逆6层,应当将太阳能利用与建筑进行一体化设计。对具备可再生能源利用条件的建筑,建设单位应当选择合适的可再生能源,用于供暖、制冷、照明和热水供应等。政府投融资的民用建筑项目及新建建筑面积在2万m²以上的商场、酒店、医院等公共建筑,应当至少利用一种可再生能源,并应出具专家论证意见。新建民用建筑物的可再生能源应用设施应当与建筑物主体工程同步设计、同步施工、同步验收。鼓励既有民用建筑改造时对可再生能源应用设施同步改造
福建	全省	《关于加强民用建筑可再生能源推广应用和管理的通知》(闽建办科函〔2019〕31号)规定:加大太阳能光热系统在酒店、医院、学校等有集中热水需求建筑中的推广力度。鼓励在具备条件的建筑工程中应用太阳能光伏系统,积极创建智能光伏试点示范。引导沿江、邻河、近海的新建大型公共建筑中推广应用地表水地源热泵技术。拓展可再生能源在建筑领域的应用形式,推广高效空气源热泵技术和产品

地点		政策内容
福建	福州市	《关于加强民用建筑可再生能源推广应用和管理的通知》规定:全市新建民用建筑应积极推广应用以下可再生能源技术:(1)太阳能与建筑一体化供应生活热水和供暖空调;太阳能光电转换和照明;(2)地表水及地下水源热泵技术供热制冷;(3)利用土壤源热泵技术供热制冷;(4)利用污水源热泵技术供热制冷;(5)农村地区利用太阳能、生物质能等进行供热、炊事等。自2010年1月1日起,全市范围内新建、改建、扩建民用建筑应采用上述可再生能源应用技术。12层及以下住宅(含商住楼)必须统一设计和安装应用太阳能热水系统。鼓励13层以上的居住建筑和其他公共建筑,农村集中建设的示范村、镇统一设计和安装应用太阳能热水系统。具备条件的民用建筑要积极采用浅层水源、污水源和土壤源等热泵技术供热制冷;居住建筑楼梯间与民用建筑的庭院应积极采用太阳能光伏技术照明
湖北	全省	《绿色建筑创建行动实施方案》(鄂建文〔2020〕12号)规定:进一步推动可再生能源建筑规模化应用,政府投资新建公共建筑和既有大型公共建筑节能改造时应选择应用一种以上可再生能源,其他新建建筑合理选用太阳能和空气能热水系统。鼓励选择应用光伏屋顶发电、太阳能路灯工程等,支持太阳能、地热能等可再生能源一体化、多元化、规模化应用发展。 《关于加强太阳能热水系统推广应用和管理的通知》(鄂建〔2009〕89号)规定:自2010年1月1日起,全省城市城区范围内所有具备太阳能集热条件的新建12层及以下住宅(含商住楼)和新建、改建、扩建的宾馆、酒店、医院病房大楼、老年人建筑、学校宿舍、托幼建筑及政府机关和财政投资的建筑等有热水需求的公共建筑,应统一设计和安装应用太阳能热水系统。太阳能热水系统要与建筑同步设计、同步施工、同步验收、投入使用和维护管理。太阳能热水系统的造价应列入建筑工程总预算。鼓励13层以上的居住建筑和其他公共建筑、农村集中建设的居住点统一设计和安装应用太阳能热水系统。鼓励既有建筑安装太阳能热水系统,为避免安装时产生矛盾,安装前业主委员会要协调统一各业主的意见,明确经费来源并委托物业服务企业做好安装的相关事宜
	武汉市	《武汉市2020年建筑节能、绿色建筑和装配式建筑发展目标任务及工作要点》规定:加强设计、施工、验收过程监管,严格执行武汉市可再生能源建筑规模应用和管理的有关规定,宾馆、医院等有稳定热水需求的公共建筑、100m以下居住建筑以及2万m²以上公共建筑凡未设计、安装可再生能源系统的不得通过施工图审查,不得同意组织工程验收,不予办理竣工验收备案,鼓励其他符合应用条件的建筑工程应采用太阳能、空气能、浅层地能等可再生能源。 《关于进一步加强可再生能源建筑规模应用和管理的通知》(武城建〔2013〕139号)规定:从2013年7月1日起,武汉市范围内新建、改建、扩建的18层及以下住宅(含商住楼)、宾馆、酒店、医院病房大楼、老年人公寓、学生宿舍、托幼建筑、健身洗浴中心、游泳馆(池)等热水需求较大的建筑,应统一同期设计、同步施工、同时投入使用太阳能热水系统。18层以上居住建筑的上部统一设计并安装太阳能热水系统,比例应达30%以上。政府办公建筑、公益性公共建筑和2万m²以上的大型公共建筑,应在太阳能热水系统和地源热泵空调系统中选择一种可再生能源建筑应用
广东	全省	《广东省绿色建筑条例》规定:鼓励执行高于国家和省的节能标准,发展超低能耗、近零能耗建筑。鼓励在民用建筑中推广应用可再生能源。 《广东省绿色建筑量质齐升三年行动方案(2018—2020年)》规定:促进绿色建筑应用可再生能源。加大政策激励,推进绿色建筑利用可再生能源。鼓励各地在高星级绿色建筑、绿色生态城区和绿色建筑示范项目中将可再生能源建筑应用比例作为约束性指标。加大可再生能源在酒店、公寓、学校、医院等公共建筑应用力度,对节能效果及示范带动效应较好的可再生能源建筑应用项目给予建筑节能专项资金奖励。 《关于发展广东省太阳能产业的意见》规定:政府直接投资或补贴需要热水供应的各种新建公共建筑,包括新建的学校、工厂、办公楼、幼儿园、体育场馆、医院、酒店、养老院、孤儿院、康复中心、监狱、标志性建筑、公益性建筑等,要按国家规定推广应用太阳能热水系统。在年日照时数大于2200h、年太阳辐照量大于5000mJ/m²的地区,符合要求的新建民用建筑和进行建筑节能改造及供热系统节能改造的既有建筑,要按国家规定推广应用太阳能热水系统

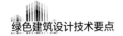

地点		政策内容
广东	广州市	《广州市绿色建筑量质齐升三年行动实施方案（2018—2020年）》规定：积极推动广州开发区新能源综合利用国家级示范区建设，重点推广分布式建筑屋顶光伏电站和建筑光伏一体化电站，在有条件的城镇建筑屋顶，采取"政府引导、企业自愿、金融支持、社会参与"的方式，建设独立的"就地消纳"分布式建筑屋顶光伏电站和建筑光伏一体化电站，促进分布式光伏应用发展；鼓励绿色建筑利用可再生能源，将可再生能源建筑应用列为申报绿色建筑、绿色校园等市级示范项目的约束性指标。 《广州市绿色建筑和建筑节能管理规定》（广州市人民政府令第92号）规定：新建12层以下（含12层）的居住建筑和实行集中供应热水的医院、宿舍、宾馆、游泳池等公共建筑，应当统一设计、安装太阳能热水系统，不具备太阳能热水系统安装条件的，可以采用其他可再生能源技术措施替代
	珠海市	《珠海经济特区绿色建筑管理办法》（市政府119号令）规定：新建的使用财政性资金投资的大中型公共建筑，社会投资的大型公共建筑应当至少利用一种可再生能源。市建设主管部门应当根据市分布式太阳能发展规划等可再生能源发展规划，划定具体实施的建筑范围。分布式太阳能光伏发电系统应当与建筑主体一体化设计，同步施工、同步验收。 《珠海市建筑节能办法》（珠海市人民政府令第68号）规定：珠海市具备太阳能集热条件的新建十二层以下住宅建筑，建设单位应当为全体住户配置太阳能热水系统。新建十二层以下住宅建筑不具备太阳能集热条件的，建设单位应当在报建时向市建设行政主管部门申请认定；市建设行政主管部门认定不具备太阳能集热条件的，应当予以公示；未经认定不配置太阳能热水系统的，不得通过建筑节能分部工程验收
	深圳市	《深圳市绿色建筑促进办法》（市政府令第326号）规定：鼓励具备太阳能系统安装和使用条件的新建民用建筑，按照技术经济合理原则安装太阳能光伏系统。鼓励公共区域采用光伏发电和风力发电。鼓励在既有建筑的外立面和屋面安装太阳能光热系统或者光伏系统。 《深圳市人居环境保护与建设十二五规划》规定：对于十二层及以下的建筑，太阳能热水系统覆盖全体住户；十二层以上的建筑，太阳能热水系统覆盖不少于十二层的住户且屋顶全部铺设太阳能集热板（去除消防安全等必要通道和阴影遮挡）。鼓励太阳能热水系统覆盖全体住户。新建保障性住房全部安装太阳能热水系统。鼓励有热水需求的新建公共建筑、工业厂房和既有建筑安装太阳能热水系统，政府给予一定的资金补贴
广西	全区	《可再生能源建筑应用后期监管工作指导意见》（桂建科〔2018〕32号）规定：在1万m²以上使用中央空调的公共建筑和以政府投资为主的建筑，集中供应热水的宾馆、酒店、医院、学校、养老院建筑，七层以上的住宅建筑，建筑面积超过（含）5万m²的建筑群，绿色生态小区以及绿色生态城区内建筑等，鼓励推广应用可再生能源，因地制宜地建设区域可再生能源站。鼓励既有公共建筑采用可再生能源建筑应用技术实施节能综合改造
	南宁市	《关于在工程规划许可阶段对民用建筑节能强制性标准执行情况采取承诺制的通知》（南住建〔2020〕99号）规定：建设单位、设计单位承诺书包括的主要内容：承诺按规定组织开展对可再生能源建筑应用的研究论证，并至少选用一种可再生能源技术进行规模化应用；本单位（人）承诺本项目应确保建筑节能、绿色建筑措施、可再生能源建筑应用设施与主体工程同步设计、同步施工、同步验收交付使用
海南		《海南省能源发展"十三五"规划》规定：推进可再生能源建筑应用，推广太阳能光伏技术与建筑一体化应用，强化可再生能源建筑应用的全过程监管，把可再生能源建筑应用纳入建筑工程质量管理的闭合环节。 《海南省太阳能热水系统建筑应用管理办法》（海南省人民政府令第227号）规定：城镇规划区以及旅游度假区、开发区、产业园区、成片开发区内的12层以下（含12层）的住宅建筑以及单位集体宿舍、医院病房、酒店、宾馆、公共浴池等公共建筑，新建、改建、扩建民用建筑，或者具备安装应用条件的在建和既有民用建筑，应当统一配建太阳能热水系统。据悉，政府将根据不同的建筑类别，补助企业为太阳能热水系统增量投资的30%～50%

地点		政策内容
宁夏		《宁夏回族自治区民用建筑节能办法》(宁夏回族自治区人民政府令(第 22 号))规定:政府投资的民用建筑项目应当优先采用太阳能、地热能和其他可再生能源。民用建筑项目的建设(开发)单位,应当将可再生能源应用技术、材料和设备用于建筑物的热水供应、供暖、制冷、照明、光伏发电系统,并与民用建筑主体工程同步设计、同步施工、同步验收。各级人民政府应当促进太阳能、沼气、秸秆等可再生能源在农村房屋建设中的应用。新建居住民用建筑和有热水需求的其他民用建筑,应当配置太阳能热水系统。建设(开发)单位应当依据技术规范,在民用建筑的设计和施工中,为太阳能利用提供必备条件。凡是采用太阳能热水系统的民用建筑项目,并与建筑主体工程同步设计、同步施工、同步验收的,在规定的容积率之外,可以按项目所应用的太阳能集热器面积 1:1 的比例,增加该项目的建筑面积指标。 《宁夏回族自治区民用建筑太阳能热水系统应用管理办法》(宁建发〔2009〕273 号)规定:自 2010 年 1 月 1 日起,在自治区 5 个设区市城区范围内,符合以下条件的民用建筑必须统一配建太阳能热水系统:(1)12 层以下的住宅、宿舍和公寓;(2)政府机关办公楼、医院、学校、托儿所、幼儿园、招待所、旅馆、宾馆、商场、公共浴池等具有太阳能热水系统应用条件、有集中热水需求的公共建筑;对没有纳入以上范围的具有太阳能热水系统应用条件的民用建筑工程,应按照标准要求预留太阳能热水系统安装位置
青海		《青海省绿色建筑创建行动实施方案》规定:因地制宜推动太阳能、分布式发电、地热源、空气源热泵等新能源技术应用,推行太阳能光热、光电等新能源技术建筑。新建、改建、扩建宾馆、酒店、医院等有生活热水需求的公共建筑,应当安装太阳能热水系统。面积在 5000m² 以上的新建公共建筑项目,应当至少利用一种清洁能源。 《青海省绿色建筑行动实施方案》(青政办〔2013〕135 号)规定:新建十八层以下居住建筑,以及十八层以上居住建筑的逆向十二层,新建、改建、扩建宾馆、酒店、医院等有生活热水需求的公共建筑,应当安装太阳能热水系统
甘肃		《关于推进太阳能热水系统建筑规模化应用的指导意见》规定:新建、改建、扩建的民用建筑。特别是多层住宅、宿舍和公寓,以及政府机关办公楼、医院、学校、托儿所、幼儿园、招待所、旅馆、宾馆、商场、公共浴池等有集中热水需求并具有太阳能热水系统应用条件的公共建筑,在满足结构安全性的前提下,应当优先安装太阳能热水建筑一体化系统
内蒙古		《内蒙古自治区民用建筑节能和绿色建筑发展条例》规定:建设单位在确定建筑物供暖、制冷、通风、照明和热水供应等方案时,应当对太阳能、地热能等可再生能源利用条件进行评估,具备条件的应当使用可再生能源。政府投资新建的公共建筑和既有大型公共建筑实施节能改造时,应当选择应用一种以上可再生能源。新建 12 层以下的居住建筑和医院、学校、宾馆、游泳池、公共浴室等公共建筑,建设单位应当将太阳能系统与建筑同时设计,并按照相关规定和技术标准配置太阳能系统。前款规定的民用建筑类型经评估不具备太阳能利用条件的,建设单位应当报盟行政公署、设区的市人民政府住房和城乡建设行政主管部门备案
新疆	全区	《关于在民用建筑工程中推行太阳能热水系统的通知》(新建科〔2014〕1 号)规定:自 2014 年 4 月 1 日起,各地新建居住建筑及有热水需求的其他民用建筑,应按规定配置太阳能热水系统。其中,2014 年各地应选定 30% 以上的市(县)推行太阳能热水系统,2015 年各地应选定 60% 以上的市(县)推行太阳能热水系统,有条件的地区可结合当地实际扩大实施量,2017 年起全部推行太阳能热水系统。各地应将太阳能热水系统作为建筑设计的组成部分,与建筑主体工程同步设计、同步施工,同步验收
	乌鲁木齐市	《全面推进绿色建筑发展的实施方案》(乌政办〔2017〕73 号)规定:进一步提高可再生能源使用量占建筑总能耗的比例,编制可再生能源建筑应用规划。推行新型太阳能储能技术的应用,进一步加快在居住建筑和有热水需求的公共建筑中科学推行太阳能热水系统工作。在新农村建设中试点推广太阳能集中利用。探索在清洁能源建筑应用中建立运行、维护、合同能源管理、融资等新模式

续表

地点		政策内容
陕西	全省	《陕西省绿色建筑创建行动实施方案》规定:推广可再生能源建筑应用,持续做好太阳能光热、光伏建筑应用;以关中、陕南等地区地热资源相对富集区为重点,推进地热资源供热保护性开发利用,因地制宜推广中深层地热能供热、浅层供热制冷
	西安市	《关于进一步规范化办事程序做好建筑节能和绿色建筑相关工作的通知》规定:切实推广可再生能源应用。扩大太阳能光热光伏系统与建筑一体化的应用,创建一批太阳能光热、太阳能光伏、污水源热泵、土壤源热泵建筑应用示范工程;在全市范围内全面推广地热能中深层换热技术和污水源(再生水)供热制冷技术,替代传统热源供暖模式。加快可再生能源与建筑一体化应用。主城区及西咸新区、高新区、经开区、曲江新区、浐灞生态区、国际港务区要加大可再生能源应用,新建可再生能源应用面积要占新建建筑总量的30%;其他远郊区县及阎良区、临潼区、高陵区、鄂邑区、蓝田县、周至县每年至少要有两个新建项目应用可再生能源,且应用面积不低于 10 万 m^2 。加大太阳能热水系统的应用。新建工程建设项目在初步设计阶段须考虑太阳能集热器的选型、热水用量和安装位置;对 12 层以上居住工程建设项目由于自身或外界影响,太阳能热水器的安装条件受限或使用经济性较差,达到国家标准《住宅建筑设计规范》GB 50096—2011 及大寒日 2h 冬至日 1h 规定,可由建设单位委托项目设计单位出具太阳能热水系统应用专项意见,并对其负责;新建宾馆饭店、幼儿园、会所、健身场馆等生活热水需求的项目必须安装太阳能热水系统
云南		《关于贯彻执行〈太阳能热水系统与建筑一体化设计施工技术规程〉加快太阳能热水系统规范应用工作的通知》规定:从 2008 年 5 月 1 日起,云南省新建建筑项目中 11 层以下的居住建筑和 24m 以下设置热水系统的公共建筑,必须配置太阳能热水系统

附录 4　装配式建筑政策要求

地点	政策内容
全国	住房城乡建设部《"十三五"装配式建筑行动方案》:到 2020 年,全国装配式建筑占新建建筑的比例达到 15%以上。其中重点推进地区达到 20%以上;积极推进地区达到 15%以上;鼓励推进地区达到 10%以上
北京	《2020 年生态环境保护工作计划和措施的通知》:继续稳步推进装配式建筑工作,力争 2020 年实现装配式建筑占新建建筑面积比例达到 30%以上。《北京市装配式建筑、绿色建筑、绿色生态示范区项目市级奖励资金管理暂行办法》:鼓励建设单位实施绿色建造,对装配式建筑项目首次给予财政资金奖励。对按照通知实施的,预制率不低于 40%的住宅项目,按照《北京市人民政府办公厅关于加快发展装配式建筑的实施意见》实施的装配率不低于 70%且预制率不低于 50%时的项目,和自愿实施的,装配率不低于 50%,且建筑高度在 60m(含)以下时预制率不低于 40%、建筑高度在 60m 以上时预制率不低于 20%的项目,均给予 180 元/m^2 的奖励资金。绿色建筑单个项目最高奖 800 万元
天津	《天津市装配式建筑"十三五"发展规划》:到 2020 年,全市装配式建筑占新建建筑面积的比例将达 30%以上,重点推进地区实施比例达到 100%,建成国家装配式建筑示范城市。天津经济技术开发区管委会《促进绿色发展暂行办法》(津开发〔2020〕16 号):鼓励企业建设高等级装配式建筑项目。按照《装配式建筑评价标准》(GB/T51129—2017),A 级装配式建筑 50 元/m^2 ,单个项目补贴总额不超过 100 万元;AA 级装配式建筑项目 100 元/m^2 ,单个项目补贴总额不超过 200 万元;AAA 级装配式建筑项目 200 元/m^2 ,单个项目补贴总额不超过 300 万元

地点		政策内容
上海		《关于本市装配式建筑单体预制率和装配率计算细则(试行)的通知》(沪建建材〔2016〕601号):2016年起,除下述范围以外,符合条件的新建民用、工业建筑应全部按装配式建筑要求实施,建筑单体预制率不应低于40%或单体装配率不低于60%。(1)总建筑面积5000m² 以下,新建公建项目;(2)总建筑面积5000m² 以下,新建居住建筑;建筑高度100m以上的新建居住建筑,落实装配式建筑单体预制率不低于15%或单体装配率不低于35%;(3)总建筑面积2000m² 以下,新建工业厂房、配套办公、研发等项目;(4)建设项目的构筑物、配套附属设施(垃圾房、配电房等);(5)技术条件特殊,不适宜实施装配式建筑的建设项目。《上海市建筑节能和绿色建筑示范项目专项扶持办法》(沪住建规范联〔2020〕2号):(1)修订装配式建筑项目按照评价标准调整补贴方式,对评价等级达到AA的,补贴每平方米60元,达到AAA的每m² 补贴100元,同时将建筑规模要求放宽为1万m² 以上。(2)将超低能耗建筑示范项目作为新增补贴项目类型,建筑面积要求为0.2万m² 以上,补贴标准定为每平方米300元
重庆		《关于加快发展装配式建筑促进建筑产业现代化的通知》(渝建〔2019〕436号):全市保障性住房和建筑面积2000m² 以上的政府投资、主导建设的建筑工程项目,桥梁、综合管廊、人行天桥等市政设施工程项目,应根据渝府办发〔2017〕185号文件要求从相应时间节点起,采用装配式建筑或装配式建造方式。主城各区已建成学校、幼儿园、医院、养老院、政府机关等100米范围内噪声敏感区域的出让地块,应根据渝府办发〔2017〕185号文件要求从相应时间节点起,将装配式建筑实施要求纳入土地出让条件。从2020年1月1日起,主城各区以招拍挂方式出让宗容计容建筑规模10万m² 及以上的国有土地应在供地方案中明确装配式建筑实施要求。从2020年起,主城各区每年在建设项目供地面积总量中实施装配式建筑的面积比例不低于30%(其中两江新区不低于50%),并逐年增长5%,装配率应满足我市相关规定
河北	全省	《2020年全省建筑节能与科技和装配式建筑工作要点》:(1)2020年主要目标为全省超低能耗建筑累计建设达到350万m²,城镇新建绿色建筑占新建建筑比例达到85%以上,装配式建筑占城镇新建建筑面积比例达到20%以上;(2)大力发展绿色建筑和超低能耗建筑,配合省发展改革委出台支持绿色建筑、超低能耗建筑发展的若干政策,抓好贯彻落实。抓好重点示范项目建设,实现设区市超低能耗建筑示范项目全覆盖。服务雄安新区开展"绿色建筑发展示范区"建设,加强对张家口市、崇礼冬奥场馆绿色建筑相关工作指导;(3)强化建筑节能监管,完善节能监管制度,落实监管责任,严格执行城镇居住建筑75%、公共建筑65%节能标准;(4)启动省"十四五"装配式建筑发展规划编制工作,明确发展目标,支持政策和保证措施,指导各市装配式建筑发展规划编制工作。培育装配式建筑示范市,培育省装配式建筑产业基地,提高基地覆盖率和发展质量;(5)选择2~3个市作为钢结构装配式住宅建设试点市,创新组织模式、完善产业链条,推动项目建设,推动全省钢结构装配式住宅发展。《关于推动钢结构装配式住宅建设的通知》:(1)以唐山市、沧州市为试点市,开展为期3年的钢结构装配式住宅建设试点。试点市要制定工作方案,每年新建不少于5万m² 钢结构装配式住宅;(2)试点市要以提升住宅品质为核心,研发和推广适宜钢结构装配式住宅的"三板"体系等部品部件和安全可靠的连接技术,加强钢结构装配式农房建设技术研究,加大装配化装修技术产品和BIM等信息化技术应用力度;(3)试点市要在公租房等保障性住房项目中推行钢结构装配式住宅,鼓励房地产开发企业建设钢结构装配式住宅,支持有条件的项目进行规模化示范;鼓励易地扶贫搬迁项目采用钢结构装配式建造方式,引导农村居民自建住房采用钢结构装配式建造方式
	石家庄市	《关于加快推进装配式建筑工作的通知》(石住建办〔2020〕8号):2020年起,桥西区、裕华区、长安区、新华区、高新区新建建筑面积40%以上采用装配式建造,鹿泉区、栾城区、藁城区(含正定新区)、平山县新建建筑面积30%以上采用装配式建造,其他县(市、区)新建建筑面积20%以上采用装配式建造。此外,建设单位签订土地出让合同后,向住建局提出申请建设符合国家或河北省《装配式建筑评价标准》的装配式建筑(装配率不低于50%)并做出承诺,住建局出具同意建设装配式建筑的函后,自然资源和规划局对装配式建筑在规划总平面图及建设工程规划许可证中予以说明,落实其地上建筑面积3%不计入容积率的奖励政策。《2020年全市建筑节能、绿色建筑与装配式建筑工作方案》:(1)新开工建设装配式建筑不低于100万m²(含装配式混凝土结构、钢结构、木结构);(2)新培育1个省级装配式建筑产业基地,力争再建成一条预制混凝土构件生产线);(3)积极抓好被动式超低能耗建筑技术、绿色建筑技术、装配式建筑技术等10项新技术等示范建设;(4)重点支持被动式超低能耗建筑、高星级绿色建筑和装配式建筑及基地建设等示范性项目奖励

续表

地点		政策内容
河北	保定市	《保定市绿色建筑专项计划（2020-2025年）》：（1）将阜平县、望都县打造为保定市装配式建筑示范县；（2）稳步实施装配式建筑技术。到2025年，全市装配式建筑面积占新建建筑面积的比例达到40%。其中，主城区装配式建筑面积占新建建筑面积的比例达到50%。（3）到2035年，全面推广装配式建筑技术，全市装配式建筑面积占新建建筑面积的比例达到60%
	衡水市	《关于进一步推进全市装配式建筑发展的通知》：（1）商品住宅项目落实其外墙预制部分的建筑面积（不超过采用装配式建造方式地上建筑面积的3%）不计入容积率的奖励政策。装配式建筑要求和设计标准将装配式建筑设计文件纳入施工图审查范围；（2）2020年主城区装配式建筑占城镇新建建筑面积比例均要达到25%以上，其他县（市）装配式建筑占城镇新建建筑面积比例均要达到20%以上；（3）大力培育扶持装配式建筑产业基地，桃城区、冀州区、饶阳县等作为试点区域，加快推进构建部品生产企业的基地建设，分别建设完成一个年生产力至少5万m³以上的装配式建筑构件生产基地；（4）装配式建筑采用项目配建方式建设。以出让方式取得国有土地使用权的学校、医院、体育馆等新建公共建筑使用装配式建造方式的配建面积比例达到项目总建筑面积的50%以上；（5）政府主导的棚户区改造项目，装配式建造方式的配建面积比例达到项目总建筑面积的30%以上
	邢台市	《关于进一步推进全市装配式建筑工作的通知》：（1）对采用装配式方式建设的商品房建筑项目，工程施工进度达到正负零，可优先办理商品房预售许可；（2）按照20%以上比例进行调配某单项建设项目进行集中采用装配式建造方式，但采用装配式建造方式的建设项目应较其他项目先行开工建设；（3）满足全市装配式建筑占比20%以上比例的基础上进行统筹调配集中建，但采用装配式建造方式的建设项目应较其他项目先行开工建设；（4）全市范围内2020年度办理施工许可新开工项目中装配式建筑占比达到20%以上；（5）各地要把装配式建筑发展纳入绿色建筑专项规划，明确装配式建筑发展目标、重点发展区域，加大装配式建筑工程项目落实力度
山西		《关于加快推进我省建筑业高质量发展的意见》：（1）支持一批具有装配式、绿色建造能力的企业，推动行业转型升级；（2）积极为本地建筑业企业牵线搭桥，与省内、国内具备装配式建造技术的企业、院校合作，引进先进建造理念、技术，完善管理体制，促进建造方式升级换代，发展一批具备装配式建造能力的企业；（3）2020年，太原市要实现具有装配式、绿色建造能力的企业数不少于30家，其他市不少于2家
内蒙古		2020年，全区新开工装配式建筑占当年新建建筑面积的比例达到10%以上，其中，政府投资工程项目装配式建筑占当年新建建筑面积的比例达到50%以上，呼和浩特市、包头市、赤峰市装配式建筑占当年新建建筑面积的比例达到15%以上，呼伦贝尔市、兴安盟、通辽市、鄂尔多斯市、巴彦淖尔市、乌海市装配式建筑占当年新建建筑面积的比例达到10%以上，锡林郭勒盟、乌兰察布市、阿拉善盟装配式建筑占当年新建建筑面积的比例达到5%以上。2025年，全区装配式建筑占当年新建建筑面积的比例力争达到30%以上，其中，政府投资工程项目装配式建筑占当年新建建筑面积的比例达到70%，呼和浩特市、包头市装配式建筑占当年新建建筑面积的比例达到40%以上，其余盟市均力争达到30%以上
辽宁		《关于大力发展装配式建筑的实施意见》（辽政办发〔2017〕93号）：积极推进装配式建筑试点示范，以政府投资项目引领带动装配式建筑的市场化发展。学校、医院、商业、办公等公共建筑以及保障性住房原则上采用装配式建筑。鼓励引导开发建设单位采用装配式建筑技术
吉林		《关于大力发展装配式建筑的实施意见》（吉政办发〔2017〕55号）：国有资金投资（以国有资金投资为主）的体育、教育、文化、卫生等公益性建筑、保障性住房、棚户区改造及市政基础设施等项目应率先采用装配式建筑。鼓励引导社会投资项目因地制宜采用装配式建筑
黑龙江		《关于推进装配式建筑发展的实施意见》（黑政规〔2017〕66号）：政府投资或主导的文化、教育、卫生、体育等公益性建筑，以及保障性住房、旧城改造、棚户区改造和市政基础设施等项目应率先采用装配式建筑。鼓励引导社会投资项目因地制宜发展装配式建筑并创建装配式建筑示范项目。大力发展预制混凝土结构（PC）和钢结构建筑。在大型公共建筑和工业厂房优先采用装配式钢结构；在具备条件的特色地区、风景名胜区以及园林景观、仿古建筑等领域，倡导发展现代木结构建筑；在农房建设中积极推进轻钢结构；临时建筑、工地临建、管道管廊等积极采用可装配、可重复使用的部品部件。积极推广使用预制内外墙板、楼梯、叠合楼板、阳台板、梁和集成化橱柜、浴室等构配件、部件部品

地点		政策内容
山东	全省	《2020年装配式建筑和超低能耗建筑示范计划任务》:(1)装配式建筑示范项目应符合山东省《装配式建筑评价标准》要求,建筑面积不少于5000m²,在2020年内开工建设,钢结构装配式住宅项目优先列为示范;(2)2020年装配式建筑计划任务全省合计33.1万m²
	济南市	《关于促进济南绿色建设国际产业园发展十条政策》:符合现行装配式建筑评价标准要求的装配式建筑,其预制外墙建筑面积不超过规划总建筑面积3%的部分,不计入建筑容积率;因采用墙体保温技术增加的建筑面积不计入容积率核算;对符合二星级及以上绿色建筑标准的住宅项目,在取得《建筑工程施工许可证》后且施工进度达到主体施工正负零时,可提前申请办理《商品房预售许可证》,预售监管资金即征即返;在先行区直管区范围内购买二星级及以上绿色建筑商品住宅的,不受济南市限购政策约束
	潍坊市	《大力推进装配式建筑工作方案的通知》:进一步明确装配式建筑相关标准、应用范围和应用比例;打造装配式建筑小镇(示范园区),不断提升装配式建筑应用范围和应用比例,年内完成新开工装配式建筑面积110万m²;2020年12月底前,举办全市装配式建筑培训会议,针对装配式建筑相关政策和技术规范,邀请业内知名专家教授授课,组织行业主管部门和相关企业管理技术人员集中学习,不断提高工作水平。寒亭和高新两个装配式建筑小镇(示范园区)分别完成厂房竣工验收、投产试运行和科研楼竣工交付使用
	济宁市	《2020年济宁市绿色建筑与装配式建筑工作要点和任务分解方案的通知》:(1)装配式建筑项目须满足山东省《装配式建筑评价标准》DB37/T5127—2018的要求,装配率不应低于50%;(2)2020年,市城市规划区和所属县(市)装配式建筑占新建建筑比例分别达到25%、15%以上。在全市范围强制推广应用预制楼梯板、预制叠合楼板、预制内墙板;(3)2020年年底,试点地区钢结构装配式住宅累计面积各不少于2万m²,鼓励其他地区新建商品住宅和政府投资或主导的新建住宅项目采用钢结构装配式建设;(4)对全市新建装配式建筑项目开展预评价工作。抓好装配式建筑专项验收,严把施工图审查,强化落实施工、监管、验收责任
	青岛市	《青岛市绿色建筑与超低能耗建筑发展专项规划(2021—2025)》从绿色建筑、超低能耗建筑与近零能耗建筑、装配式建筑、绿色生态城区和绿色生态城镇等4方面提出了未来5年建设目标、重要任务和保障措施。作为山东省首个采取装配式建筑评价的城市,近年来青岛的装配式建筑推广工作走在了全省前列。截至目前,全市累计开工装配式建筑1856万m²,2020年前四个月装配式建筑预评价完成224万m²。全市培育的16家省市两级装配式建筑产业化基地,总产能每年可供2000万m²装配式建筑使用。根据相关规划,2020年,青岛市装配式建筑占新建建筑比例将达到40%以上,到2025年,相应比例更要达到50%以上
江苏	全省	《关于进一步明确新建建筑应用预制内外墙板预制楼梯板预制楼板相关要求的通知》(苏建函科〔2017〕1198号):对于混凝土结构建筑,应采用内隔墙板、预制楼梯板、预制叠合楼板,鼓励采用预制外墙板;对于钢结构建筑,应采用内隔墙板、预制外墙板;外墙优先采用预制夹心保温板等自保温墙板;单体建筑中强制应用的"三板"总比例不得低于60%。鼓励住宅工程在满足上述要求的基础上,积极采用预制阳台、预制遮阳板、预制空调板等预制部品(构件),提高单体建筑的预制
	南京市	《南京市关于进一步明确装配式建筑指标控制及奖励政策执行等相关事项的通知》(宁建筑产业办〔2019〕89号):到2020年,全市装配式建筑占新建建筑的比例达到30%以上,住宅建筑成品住房交付比例达到50%以上。应当采用装配式建筑技术建设项目的具体控制指标包括:同一地块内必须100%采用(可不包括单体建筑面积不超过5000m²的配套建筑。配套建筑是指建设项目中独立设置的构筑物、垃圾房、配套设备用房、门卫房、售楼处、活动中心等);住宅建筑单体预制装配率不低于50%,公共建筑单体预制装配率应不低于40%;住宅建筑(三层及以下的低层住宅除外)应100%实行全装修成品住房交付(可不包括单体建筑面积不超过5000m²的配套建筑)

地点		政策内容
安徽	全省	《2020年安徽省住建系统大气污染防治工作方案》:加快完善装配式建筑技术标准体系,加强国家级装配式示范城市、基地建设指导和监督,坚持质量安全和宜装配则装配原则,因地制宜选择适合本地区的钢结构、装配式混凝土结构等装配式建筑技术。《关于促进装配式建筑产业发展的意见》(皖政〔2020〕21号):到2020年末,各设区的市普遍培育或引进设计施工一体化企业;全省培育10个左右省级装配式建筑产业基地,产能达到1000万 m^2,装配式建筑占到新建建筑面积的15%。到2025年,各设区的市培育或引进设计施工一体化企业不少于3家,并形成集设计、生产、施工于一体的装配式建筑企业;全省培育50个以上省级装配式建筑产业基地,3~5个省级装配式建筑产业园区,产能达到5000万 m^2,装配式建筑占到新建建筑面积的30%,基本形成立足安徽、面向长三角的装配式建筑产业基地
	合肥市	《合肥市2020年装配式建筑工作要点》:(1)2020年全市装配式建筑规模力争达到1000万 m^2,装配式建筑占新建建筑的比例力争达到20%;(2)重点推进区域、积极推进区域2020年新建装配式建筑面积分别不低于80万 m^2、50万 m^2。全市特色小镇、美丽乡村示范区及农村住房连片改造等建设项目采用装配式建筑达到2000户以上,各县(市)区原则上应有一处200户以上的装配式农房集中示范区
浙江		《2020年全省建筑工业化工作要点》:(1)实现全年新开工装配式建筑占新建建筑面积达到30%以上;累计建成钢结构装配式住宅500万 m^2 以上,其中钢结构装配式农房20万 m^2 以上;(2)推进装配式建筑与绿色施工、数字建造深度融合,加大BIM技术的推广应用;(3)推广应用装配式建筑项目管理平台,利用物联网等信息技术,实现全省装配式建筑全过程管理追踪和维护;(4)至2020年底,杭州、宁波、绍兴市新开工建设钢结构装配式住宅面积分别达70万 m^2、50万 m^2 和40万 m^2 以上
福建		《城乡建设厅关于印发落实建筑业重点工作的通知》:大力推广预制内外墙板、楼梯板、楼板,积极在市政道路工程推广预制路缘石、预制检查井等构件,在城市桥梁、大型公共建筑、农村住宅推广钢结构,鼓励框架结构工程项目稳步推广预制竖向受力构件
湖北	全省	《省人民政府关于促进全省建筑业改革发展二十条意见》(鄂政发〔2018〕14号):从2018年10月1日起,全省政府投资工程项目满足装配式建筑技术条件的,50%以上项目采用装配式建造方式要求
	武汉市	《武汉市2020年发展装配式建筑工作要点》:(1)全市新开工装配式建筑的面积不小于400万 m^2,力争达到450万 m^2。各区严格落实规划管理部门明确的装配式建造要求。(2)大力推进装配式建筑工程示范。各区确定的装配式建筑工程示范不得少于2个
湖南		《湖南省人民政府办公厅关于加快推进装配式建筑发展的实施意见》(湘政办发〔2017〕28号):各市州中心城市下列项目应当采用装配式建筑:(1)政府投资建设的新建保障性住房、学校、医院、科研、办公、酒店、综合楼、工业厂房等建筑;(2)适合于工厂预制的城市地铁管片、地下综合管廊、城市道路和园林绿化的辅助设施等市政公用设施工程;(3)长沙市区二环线以内、长沙高新区、长沙经开区,以及其他市州中心城市中心城区社会资本投资的适合采用装配式建筑的工程项目
河南	全省	《关于大力发展装配式建筑的实施意见》(豫政办〔2017〕153号):(1)到2020年年底,全省装配式建筑占新建建筑面积的比例达到20%,政府主导的项目达到50%;其中郑州市新建建筑面积的比例要达到30%,政府主导项目要占60%以上;(2)到2025年年底,全省装配式建筑占新建建筑面积的比例达到40%,政府主导的项目达到100%。《2020年全省住房城乡建设系统大气污染防治攻坚战工作方案》:到2020年年底新开工装配式建筑占比达到20%
	郑州市	《郑州市人民政府关于大力推进装配式建筑发展的实施意见》(郑政文〔2017〕37号):2018年起总建筑面积5万 m^2 以上的新建保障性住房项目,以及政府和国有企业投资的总建筑面积2万 m^2 以上的新建(扩建)学校、医院、养老建筑等项目原则上应采用装配式建筑技术建设;总建筑面积10万 m^2 以上的新建商品住房项目,总建筑面积3万 m^2 以上或单体建筑面积2万 m^2 以上的新建商业、办公等公共建筑项目应采用装配式建筑技术建设;全市装配式建筑占新建建筑的面积比例不低于10%,保障性住房及政府和国有企业投资实施装配式建筑的面积比例不低于30%,并逐年提高装配式建筑面积。到2020年,全市装配式建筑占新建建筑的面积比例达到30%以上

地点		政策内容
河南	濮阳市	《关于加快推进装配式建筑发展的实施意见》:(1)在濮注册的装配式建筑生产企业年度新增税收地方留成部分,由受益财政按50%比例奖励企业。开发企业、建筑企业采用装配式建筑且建筑装配率在50%以上的(含50%),两年内由受益财政按企业年度缴纳所得税税款地方留成部分的10%奖励企业;(2)大力发展装配式混凝土建筑和钢结构建筑,积极推进钢结构住宅发展,以及单体建筑面积超过2万 m² 的大型公共建筑优先应用钢结构;(3)使用住房公积金贷款购买采用装配式建筑技术建设成品商品住宅的,单笔住房公积金贷款额度最高可上浮20%;(4)对满足装配式建筑要求的商品房项目,工程形象进度达到正负零及以上,可申请办理商品房预售许可证;(5)对采用装配式建筑技术建设(采用预制外墙或预制夹芯保温墙体)的项目,优先参与各类工程建设领域的评选、评优,优先推荐申报鲁班奖、优质工程奖、国家绿色建筑创新奖等;(6)在交通运输上,给予开辟载运车辆"绿色通道"等优惠政策
	洛阳市	《洛阳市发展装配式建筑激励办法》:(1)到2020年年底,全市装配式建筑(装配率不低于50%,下同)占新建建筑面积的比例达20%以上,其中保障性住房及政府和国有企业投资项目达到50%以上,并逐年提高装配式建筑比例。到2025年年底,全市装配式建筑占新建建筑面积的比例力争达到40%以上,符合条件的政府投资项目全部采用装配式建造方式建设。(2)市级财政给予装配式建筑项目奖励资金,对装配率达到50%~60%(不含)的给予30元/m² 奖励资金,对装配率达到60%(含)以上的给予40元/m² 奖励资金,单个项目奖励最高不超过300万元。政府投资或主导的采用装配式建造方式建设的项目,增量成本计入建设成本。(3)装配式建筑项目经装配式建筑主管部门预评价,达到预评价要求并在其商品房预售许可证办理完成后,由市财政拨付项目奖励资金的50%,项目完工并达到设计要求的拨付剩余奖励资金
江西		《关于加快钢结构装配式住宅建设的通知》(赣建建〔2020〕13号):(1)各地要积极推广钢结构装配式住宅在保障性住房、搬迁安置房、商品住宅等方面的应用,明确具体建设比例。(2)鼓励房地产开发企业建设钢结构装配式住宅,支持有条件的项目进行规模化示范。(3)鼓励易地扶贫搬迁项目采用钢结构装配式建造方式,因地制宜引导农村居民自建住房采用轻钢结构装配式建造方式。(4)南昌市、九江市、赣州市、抚州市、宜春市、新余市等作为省钢结构装配式住宅建设试点城市,要制定本地区推进钢结构装配式住宅建设试点工作方案并上报省厅,要在政策机制、技术创新、产业培育、人才培养等方面先试先行,及时总结有效做法和成功经验
广东	全省	《广东省人民政府办公厅关于大力发展装配式建筑的实施意见》(粤府办〔2017〕28号):(1)珠三角城市群,到2020年年底前,装配式建筑占新建建筑面积比例达到15%以上,其中政府投资工程装配式建筑面积占比达到50%以上;到2025年年底前,装配式建筑占新建建筑面积比例达到35%以上,其中政府投资工程装配式建筑面积占比达到70%以上。(2)常住人口超过300万的粤东西北地区地级市中心城区,要求到2020年年底前,装配式建筑占新建建筑面积比例达到15%以上,其中政府投资工程装配式建筑面积占比达到30%以上;到2025年年底前,装配式建筑占新建建筑面积比例达到30%以上,其中政府投资工程装配式建筑面积占比达到50%以上。(3)全省其他地区,到2020年年底前,装配式建筑占新建建筑面积比例达到10%以上,其中政府投资工程装配式建筑面积占比达到30%以上;到2025年年底前,装配式建筑占新建建筑面积比例达到20%以上,其中政府投资工程装配式建筑面积占比达到50%以上
	广州市	《关于加强设计阶段落实装配式建筑实施要求》:土地出让公告注明"受让人须采用装配式建筑的建造方式"但未明确装配式建筑面积比例要求的,受让人应全部采用装配式建筑的建造方式;对达不到装配式建筑设计深度,或其装配率计算、装配式建筑预评价不符合装配式建筑评价标准的项目,不得出具施工图审查合格书;建设单位不得擅自要求设计单位降低装配式建筑的比例和技术要求。《关于优化装配式建筑实施范围》:(1)按照相关规定须实施装配式建筑的建设项目,属于下列情形的建设内容可免于实施装配式建筑:独立设置的垃圾房、门卫房等配套设备用房;居住建筑类项目中非居住功能的建筑,地上建筑面积不超过3000m² 的社区服务中心、幼儿园等独立配套建筑,其地上建筑面积总和不超过10000m²,且其与本项目地上总建筑面积之比不超过10%的;公共建筑类项目中单体建筑面积为5000m²(含)以下且项目地上总建筑面积为10000m²(含)以下的。(2)对于建设用地招拍挂出让条件或土地出让合同中载明须采用装配式建筑建造的建设项目,可在扣除符合本通知第一条规定的免于实施装配式建筑的建筑面积之后,再按照用地出让条件或土地出让合同要求实施装配式建筑,且应满足国家或省现行的装配式建筑评价标准要求

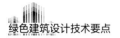

地点		政策内容
广东	中山市	《加快发展装配式建筑的实施意见》(中府办〔2018〕47号):(1)近期(2019—2021年):自2019年1月1日起(以建设工程规划许可证批准时间为准),政府投资单体建筑面积大于(含)3000m²的新建建筑和纳入市保障性住房建设计划的项目应采用装配式建筑;单体建筑面积大于(含)3000m²的新建工业建筑(含厂房及配套办公楼和宿舍)宜采用装配式建筑;计容建筑面积大于(含)10万m²(以建设工程规划许可证为准)的新建居住区、单体地上建筑面积超过10000m²的新建居住建筑和单体地上建筑面积大于(含)20000m²的新建公共建筑宜采用装配式建筑。(2)远期(2022—2025年):计容建筑面积大于(含)5万m²(以规划许可证为准)的新建居住区、单体地上建筑面积超过5000m²的新建居住建筑和单体地上建筑面积大于(含)10000m²的新建公共建筑宜采用装配式建筑。实施标准:采用装配式建筑的项目应符合国家、广东省和本市的相关标准和规定。装配式混凝土建筑中楼板、楼梯、空调板、窗台及非承重外(内)隔墙等部位鼓励采用装配式部品部件;承重梁、柱和剪力墙等构件根据实际情况逐步采用装配式部品部件
	深圳市	《深圳市装配式建筑发展专项规划(2018—2020)》:2020年装配式建筑的实施范围为:(1)新建住宅、宿舍、商务公寓等居住建筑;(2)建筑面积3万m²及以上的新建公共建筑;(3)建筑面积3万m²以上的新建厂房、研发用房。根据深圳市建筑产业化协会主编的《深圳市装配式建筑政策解读与项目指引》(2020年第一版):装配式建筑在设计阶段,建设单位应按照《关于做好装配式建筑项目实施有关工作的通知》(深建规〔2018〕13号)有关要求完成技术评审工作,技术评审由建设单位自行组织。一般情况下,装配式建筑技术评审应在初步设计完成后、办理施工许可证前召开,应确保项目设计图纸、装配式建筑项目实施方案等深度满足评分规则各技术项要求。《关于进一步明确装配式实施范围和相关工作要求的通知》(深建设〔2020〕1号):《专项规划》中的下列新建建筑,可自行选择合适的装配式建筑技术,不作评分要求:(1)单体建筑面积5000m²及以下的新建建筑;(2)建设用地内配建的非独立占地的公共配套设施(包括物业服务用房、社区健康服务中心、文化活动室、托儿所、幼儿园、公交场站、停车场、垃圾房等)、非独立成栋公共配套宿舍;(3)除住院部以外的医疗卫生类建筑;(4)除教学、办公以外的教育类建筑;(5)交通、市政、园林类建筑;(6)文物、宗教、涉及国家安全和保密等特殊类建筑。《专项规划》中的厂房、研发用房参照《装配式建筑评分规则》中的公共建筑进行装配式建筑技术评分
广西	全区	《广西壮族自治区装配式建筑发展"十三五"专项规划》(桂建管〔2017〕102号):到2020年年底,全区装配式建筑占新建建筑面积的比例达到20%以上。南宁、柳州、玉林、贺州4个试点城市为重点推进地区,比例不低于22%;桂林、梧州、北海、钦州、贵港、百色6个城市为积极推进地区,比例不低于20%;防城港、河池、来宾、崇左4个市为鼓励发展地区,比例不低于15%。到2025年年底,全区装配式建筑占新建建筑面积的比例达到30%以上
	南宁市	《南宁市装配式建筑发展规划(2017—2020)的通知》:政府投资建设的学校、医院、交通、体育、科技、文化等公共建筑项目全面实施装配式建筑。在市政工程中积极推广使用工厂化预制构件,适用于工厂预制的地铁管片、地下综合管廊、城市道路和桥梁项目全部采用装配式建筑。集中兴建且具有一定规模的保障性住房、棚户区改造项目、拆迁安置房项目全面采用装配式建筑,其中每年度新开工保障性住房项目采用住宅全装修的比例应不低于50%,到2020年,保障性住房项目实现全部采用全装修。加强政策引导,推动装配式建筑成为商品住宅开发的主要建设模式。以土地供应环节为抓手,试点片区全面落实"招拍挂"出让地块的装配式建筑建设要求,其他区域以成品住宅项目为重点推进落实"招拍挂"出让地块的装配式建筑建设要求,到2020年实现商品住宅开发项目全面采用装配式建筑建设
海南		《关于大力发展装配式建筑的实施意见》(琼府〔2017〕100号):到2020年,政府投资的新建公共建筑以及社会投资的、总建筑面积10万m²以上的新建商品住宅项目和总建筑面积3万m²以上或单体建筑面积2万m²以上的新建商业、办公等公共建筑项目,具备条件的全部采用装配式方式建造。到2022年,具备条件的新建建筑原则上全部采用装配式方式进行建造。《关于加快推进装配式建筑发展的通知》(琼府办函〔2020〕127号):(1)加大监管,对拟不采用装配式方式建造的项目从严把控;积极推动政府投资的公共建筑、社会投资的具有一定规模的公共建筑优先采用装配式结构建造;鼓励装配式结构企业与大专院校、科研院所等开展产—学—研合作;并且以试点示范带进海南省的装配式建筑发展。(2)到2022年底,各市县年度商品住宅实施计划项目中,采用装配式方式建造的比例应不低于80%。经申请并由省住房城乡建设厅审核确定达到国家装配式建筑评价标准的项目,可适当增加该项目年度商品住宅计划指标。(3)各市县政府要限期出台落实装配式建筑的容积率奖励实施办法,确保《关于大力发展装配式建筑的实施意见》中规定的容积率奖励政策全面落实,即按装配式方式建造的商品房项目,且满足国家装配式建筑认定标准的,可享受不超过3%的容积率奖励

地点		政策内容
宁夏	全区	《关于大力发展装配式建筑的实施意见》(宁政办发〔2017〕71号):从2017年起,各级人民政府投资的总建筑面积3000m²以上的学校、医院、养老等公益性建筑项目,单体建筑面积超过10000m²的机场、车站、机关办公楼等公共建筑和保障性安居工程,优先采用装配式方式建造。社会投资的总建筑面积超过50000m²的住宅小区、总建筑面积(或单体)超过10000m²的新建商业、办公等建设项目,应因地制宜推行装配式建造方式。到2020年,全区基本形成适应装配式建筑发展的政策和技术保障体系,装配式建筑占同期新建建筑的比例达到10%。在现有基础上建成5个以上自治区级建筑产业化生产基地,创建2个国家建筑产业化生产基地,培育3家以上集设计、生产、施工为一体的工程总承包企业,或形成一批以优势企业为核心、涵盖全产业链的装配式建筑产业集群。到2025年,基本建立装配式建筑产业制造、物流配送、设计施工、信息管理和技术培训产业链,满足全区装配式建筑的市场需求,形成一批具有较强综合实力的企业和产业体系,全区装配式建筑占同期新建建筑的比例达到25%。建成8个以上自治区级建筑产业化生产基地,创建3个以上国家建筑产业化生产基地,培育5个以上具有现代装配建造水平的工程总承包企业或产业联盟,形成6个以上与之相适应的设计、施工、部品部件规模化专业生产企业
	银川市	《银川市关于大力推进装配式建筑发展的实施方案》(银政办发〔2018〕51号):以市辖三区(兴庆区、金凤区、西夏区)、滨河新区和贺兰县、永宁县、灵武市城市规划区为装配式建筑重点推进区域。从2018年起,装配式建筑重点推进区域内:(1)政府投资的总建筑面积3000m²以上的学校、医院、养老等公益性建筑项目、单体建筑面积超过10000m²的公共建筑,优先采用装配式方式建造。(2)社会投资的总建筑面积超过50000m²的住宅小区、总建筑面积(或单体)超过10000m²的新建商业、办公等建设项目,应因地制宜推行装配式建造方式。(3)新纳入保障性安居工程、棚户区改造建设计划项目、厂房、物流等项目及其配套建筑,优先采用装配式方式建造。(4)城市管廊建设项目积极开展装配式建筑工程试点示范,到2020年,新建管廊建设项目中50%以上优先采用装配式方式建造。2018年,装配式建筑占同期新建建筑的比例达到5%以上,装配率不低于30%;2020年装配式建筑占同期新建建筑的比例达到15%以上,装配率不低于35%;2025年装配式建筑占同期新建建筑的比例达到30%以上,装配率不低于40%。装配式建筑评价、认定方式,按照自治区相关政策执行。具体目标:采用装配式方式建造的建筑工程,应当满足建筑物横向构配件(包括预制楼梯、迭合楼板或钢筋桁架楼承板等)全部预制装配化,竖向非承重构件全部使用预制墙板的要求,逐步提高柱、剪力墙等竖向承重构件预制装配水平。积极推广使用建筑保温与结构一体化、成品钢筋配送和高性能成品门窗等构配件。鼓励装饰与保温隔热材料一体化应用和建筑全装修。到2018年,新建小区在规划设计条件审定时,明确采用装配式建造方式建设的建筑要占总建筑面积的15%以上且不少于1栋;到2020年,新建小区在规划设计条件审定时,明确采用装配式建造方式建设的建筑要占总建筑面积的20%以上且不少于1栋;到2025年,新建小区在规划设计条件审定时,明确采用装配式建造方式建设的建筑要占总建筑面积的40%以上且不少于1栋
新疆	全区	《关于大力发展自治区装配式建筑的实施意见》:以乌鲁木齐市、克拉玛依市、吐鲁番市、库尔勒市、昌吉市为积极推进地区,其余城市为鼓励推进地区,因地制宜发展混凝土结构、钢结构等装配式建筑。到2020年,装配式建筑占新建建筑面积的比例,积极推进地区达到15%以上,鼓励推进地区达到10%以上。到2025年,全区装配式建筑占新建建筑面积的比例达到30%
	乌鲁木齐市	《关于加快推进乌鲁木齐市装配式建筑发展的通知》(乌政办〔2020〕72号):(1)装配式建筑是指用预制部品部件在工地装配而成的建筑,包括装配式混凝土结构、钢结构、现代木结构,以及其他符合装配式建筑技术要求的结构体系,装配率不低于50%,室内采用全装修。(2)政府投资的保障性安居工程、办公楼、医院、学校、幼儿园、文化体育场馆、市政综合管廊、工业园区标准厂房、公交站台等新建项目应100%按照装配式建筑建造。(3)甘泉堡经济技术开发区、水磨沟区红光山会展片区、达坂城区新型建筑产业园和建筑新材料产业园作为我市装配式建筑应用示范区,新建建筑应100%按照装配式建筑建造。(4)鼓励引导社会投资项目建设装配式建筑,建筑面积在10万~20万m²的项目,装配式建筑建设比例不低于10%;建筑面积在20万m²以上的项目,装配式建筑建设比例不低于15%;积极扩大装配式桥梁的应用规模

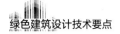

地点		政策内容
青海		《关于推进装配式建筑发展的实施意见》(青政办〔2017〕141号):以西宁市、海东市为装配式建筑重点推进区域,重点发展预制混凝土结构、钢结构装配式建筑,其他地区结合实际,因地制宜发展以钢结构为主的装配式建筑。到2020年,基本建立适应我省装配式建筑的技术体系、标准体系、政策体系和监管体系。全省装配式建筑占同期新建建筑的比例达到10%以上,西宁市、海东市装配式建筑占同期新建建筑的比例达到15%以上,其他地区装配式建筑占同期新建建筑的比例达到5%以上。创建1~2个国家级装配式建筑示范城市和1~2个国家级装配式产业基地。2018年起,西宁市、海东市装配式建筑项目供地占建筑项目招拍挂土地的比例不少于10%,每年增长不低于3%,新建保障性住房、财政资金和国有企业全额投资的建筑工程优先采用装配式建造方式。《2020年青海省建筑业工作要点》:大力发展装配式建筑。指导西宁、海东市出台推广装配式建筑的具体政策,加大对青南地区钢结构装配式建筑推广应用力度,组织编制《青海省轻钢结构住宅技术导则》,结合农房抗震改造试点,加大对农牧区钢结构装配式建筑推广应用力度,促进建筑业转型升级
陕西	全省	《关于大力发展装配式建筑的实施意见》(陕政发〔2017〕15号):2017年6月30日起,新建保障性住房项目和财政资金、国有企业全额投资的房建工程应采用装配式建造方式。西安、宝鸡、咸阳、渭南等市要积极推动装配式农房建设。2018年起,装配式建筑项目供地占建筑项目招拍挂土地的比例不少于10%,以后年度每年增长不低于3个百分点(重点推进地区)。《关于进一步规范和加强装配式建筑工作的通知》(陕建发〔2019〕1118号):住宅、公寓楼、员工宿舍、村镇农房等居住建筑,办公、教学、医院、宾馆、写字楼和大跨度的商业、场馆等公共建筑,标准厂房和仓库等工业建筑,适合工厂预制的地下综合管廊、城市道路、市政桥梁、园林绿化辅助设施等市政公用设施工程项目,应推广采用装配式混凝土结构建筑、钢结构建筑、钢混组合结构建筑、木结构建筑。各城市城区政府投资、国有企业全额投资的上述项目,装配式建筑实施区域内社会投资的建筑工程,总建筑面积10000m²及以上的,应严格执行《关于大力发展装配式建筑的实施意见》,采用装配式建筑。装配式建筑项目预制装配率:2018年2月1日前完成报建的项目,应不低于15%;2020年12月30日起报建的项目,西安市、西咸新区应不低于30%,宝鸡市、咸阳市、延安市、榆林市应不低于20%
	西安市	《关于印发西安市加快推进装配式建筑发展实施方案的通知》(市政办发〔2017〕47号):2017年6月30日起,具备装配式建设技术应用条件的政府投资项目,三环内区域和各开发区以及国家、省、市绿色生态城区内建设项目,应当采用装配式建筑技术进行建设,且装配率不低于20%。新建保障性住房项目、城改拆迁安置房项目和政府性资金投资项目,国有企业全额投资的房建工程,农村新型墙体材料示范项目应采用装配式建造方式且装配率不低于30%。到2020年,三环外主城区和长安区、临潼区、阎良区、高陵区等积极推进区域,装配式建筑占新建建筑比例不低于50%;户县、周至县、蓝田县鼓励推进区域,装配式建筑占新建建筑比例不低于30%
甘肃		《关于进一步推进装配式建筑工作的通知》:鼓励商品住宅采用装配式建造方式建造,大跨度、大空间、100m以上的超高层建筑、市政桥梁和单体建筑面积超过2万m²的公共建筑,积极推广应用装配式钢结构
四川	全省	《关于大力发展装配式建筑的实施意见》(川办发〔2017〕56号):大力推广应用装配式混凝土结构、钢结构等建筑结构体系,政府投资项目要率先采用装配式建筑,引导鼓励社会投资项目提高装配式建筑比例。根据装配式建筑产业发展规划要求,在建设用地规划设计条件中明确一定比例的装配式建筑,并逐年提高。到2020年,全省装配式建筑占新建建筑的30%,装配率到30%以上,其中五个试点城市装配式建筑占新建建筑35%以上;新建住宅全装修达到50%。到2025年,装配率到50%以上的建筑,占新建建筑的40%;新建住宅全装修达到70%。《2020年全省推进装配式建筑发展工作要点》:(1)创新监管方式,积极推行工程总承包,加大装配式建筑推广应用,持续推动装配式建筑发展,加快形成装配式建筑发展的市场机制和环境;(2)2020年,全省新开工装配式建筑4600万m²,成都3000万m²、广安120万m²、乐山120万m²、眉山120万m²、绵阳120万m²、宜宾120万m²、泸州80万m²、凉山80万m²、德阳80万m²、内江80万m²;其他市(州)在年度新建建筑中明确一定比例的装配式建筑,单体建筑装配率不得低于30%。钢结构装配式住宅建设试点城市开工建设1~2个钢结构装配式住宅示范项目。全省新增10个省级装配式建筑产业基地;(3)成都、广安、乐山、眉山、西昌5个试点城市和具备一定条件的市(州)要进一步加大推广力度,政府投资保障房、人才公寓、学校医院、办公楼、停车场等工程项目装配率提高到50%以上

地点		政策内容
四川	成都市	《关于进一步推进装配式建筑发展的实施意见（征求意见稿）》：全市新建房屋建筑工程项目（含民用、工业建筑工程项目），原则上应全部采用装配式方式建设，以下情况除外：（1）可适当调整范围：因抗震、超限、特殊用途等技术原因无法完全满足装配式建筑建设要求的房屋建筑工程项目，可适当调整装配率。装配率调整办法由住建部门另行制定。（2）可不实施范围：总建筑面积小于 1 万 m² 的房屋建筑工程项目（以宗地为单位，并宗项目从高要求，下同）；总建筑面积大于 1 万 m²（含）的房屋建筑工程项目中，独立设置且总建筑面积小于 1 万 m² 的配套房；工业建筑工程项目中生产工艺有特殊要求的生产性用房
云南	全省	《关于大力发展装配式建筑的实施意见》（云政办发〔2017〕65 号）：政府和国企投资、主导建设的建筑工程应使用装配式技术，鼓励社会投资的建筑工程使用装配式技术，大力发展装配式商品房及装配式医院、学校等公共建筑。各地要确定商品房住宅使用装配式技术的比例，并逐年提高。到 2020 年，初步建立装配式建筑的技术、标准和监管体系；昆明市、曲靖市、红河州装配式建筑占新建建筑面积比例达到 20%，其他每个州、市至少有 3 个以上示范项目。到 2025 年，力争全省装配式建筑占新建建筑面积比例达到 30%，其中昆明市、曲靖市、红河州达到 40%；装配式建筑的技术、标准和监管体系进一步健全；形成一批涵盖全产业链的装配式建筑产业集群，将装配式建筑产业打造成为西南先进、辐射南亚东南亚的新兴产业。《云南省绿色装配式建筑及产业发展规划（2019—2025）年》（云建科〔2019〕123 号）：2020 年，装配式建筑占新建建筑面积比例达到 15% 以上，昆明、曲靖、红河、玉溪、楚雄等省级重点推进地区力争达到 20%，保山、文山、西双版纳、大理、德宏等省级积极推进地区实现自定发展目标，昭通、普洱、临沧、丽江、迪庆等省级鼓励推进地区实现因地制宜的发展。全省新建建筑全装修成品交房面积力争达到 30%，装配式混凝土建筑力争全部达到装配化装修标准。2025 年，装配式建筑占新建建筑面积比例达到 30% 以上；昆明、曲靖、红河、玉溪、楚雄等省级重点推进地区力争达到 40%，省级积极推进地区鼓励推进地区实现有序发展。新建建筑装配化全装修成品交房建筑力争达到 50% 以上
	昆明市	《关于大力发展装配式建筑的通知》（昆政办〔2018〕37 号）：昆明市行政区域范围内，凡新建的政府和国企投资、主导的建设工程，自 2018 年起，应当使用装配式技术。对以招拍挂方式取得昆明市规划区范围内国有土地使用权的商品房开发项目，根据项目情况在土地交易条件中明确使用装配式技术的比例，并在施工图审查及竣工验收环节进行审查。2020 年起为装配式建筑全面推广应用期。装配式项目占当年开工面积的比例不低于 20%，每年增长 5%，至 2025 年不低于 40%。市政桥梁、地下综合管廊、轨道交通等项目，除必须采用现浇部分外，全部采用预制装配式
贵州	全省	《贵州省大力发展装配式建筑三年行动计划（2018—2020 年）（征求意见稿）》：到 2020 年年底，全省培育 10 个以上国家级装配式建筑示范项目、20 个以上省级装配式建筑示范项目，建成 5 个以上国家级装配式建筑生产基地、10 个以上省级装配式建筑生产基地、3 个以上装配式建筑科研创新基地，培育一批龙头骨干企业形成产业联盟，培育 1 个以上国家级装配式建筑示范城市；全省采用装配式建造的项目建筑面积不少于 500 万 m²，装配式建筑占新建建筑面积的比例达到 10% 以上，积极推进地区达到 15% 以上，鼓励推进地区达到 10% 以上。主要目标：在公共建筑、工业建筑、基础设施建设以及民用建筑中广泛推荐装配式建筑应用。主要任务：在文化体育、教育医疗、交通枢纽、商业仓储、工业生产、养老养生等建筑中积极采用混凝土和钢结构装配式建筑应用；在经济发达地区的农村自建、旅游景区配套建筑中重点推进木结构装配式建筑应用
	贵阳市	《关于进一步加快发展装配式建筑的实施意见》（筑府办发〔2018〕25 号）：从 2018 年 10 月 1 日起，全市建筑规模 2 万 m² 以上的棚户区改造安置项目（货币化安置除外），以及公共建筑和政府投资的办公建筑、学校、医院等适用装配式建筑技术的建设项目，应采用装配式建造；对以土地招拍挂方式取得地上建筑规模 10 万 m² 以上的新建项目，不少于建筑规模 30% 的建筑积极采用装配式建造，其中，装配式建筑专项发展规划中明确区域及相应建筑规模的新建项目，应按规划要求采用装配式建造；鼓励桥梁、管廊、轨道、人行天桥等市政设施积极采用装配式建造技术

绿色建筑设计技术要点

续表

地点	政策内容
西藏	《关于推进高原装配式建筑发展的实施意见》：在以国家投资为主导的文化、教育、卫生、体育等公共建筑，边境地区小康村建设、保障性住房、灾后恢复重建、易地扶贫搬迁、市政基础设施、特色小城镇、工业建筑建设项目中，2020年前，相关项目审批部门要选择一定数量可借鉴、可复制的典型工程作为政府推行示范项目。"十四五"期间，相关项目审批部门要确保国家投资项目中装配式建筑占同期新建建筑面积的比例不低于30%